高大連携
微分積分学

編集顧問　山田忠男
編著者代表　服部泰直
　　　　　　正村　修

学術図書出版社

はじめに

　本書は高校と大学初年次における微分積分学の橋渡し的な教科書を目指して，大学と高校の教員が共同で執筆したものです．本書で扱う内容は1変数の微分積分のみです．大学における微分積分学の教科書として1変数のみの微分積分ではいかにも不十分に感じられる方も多いかと思いますが，私たちがあえて偏微分，重積分や微分方程式を扱わず，1変数関数だけについて述べた最も大きな理由は，高校における数学 III から大学における微分積分へのより柔軟な接続を目指したかったからです．高校を卒業するまでに高校において学ぶ数学，特に数学 III の内容を完全に理解することは難しいかもしれません．高校での理解が不十分なまま，理工系学部に進学した学生は数学 III の内容を前提とした大学で学ぶ微分積分学の授業に抵抗を感じてしまうことになりかねません．本書は，このような大学初年次において微分積分学を学ぶ上でのつまずきのもとになる問題を少しでも取り除くことを意図して書かれたものです．そのために，「大学初年次において何を学ばなければならないのか」を踏まえつつも，高校における数学 III の教科書を参考にして本書を構成しました．従いまして，本書の大きな流れは数学 III とほぼ同様になっています．具体的に本書で学ぶ内容を述べますと，次のようになります．

　第1章では，数列や関数の極限について述べています．ここでは，高校では学ばなかった極限の厳密な定義を与え，それを詳しく説明しています．そして，数列や関数の極限の主な性質を説明し証明を与えています．数列の極限を厳密に説明するときに必要となる実数が持つ性質についても解説しています．第2章では，微分係数，微分可能性や導関数の定義を与え，基本的な関数の導関数とその基本的な性質を述べています．第3章では，微分法の応用として，接線の方程式，平均値の定理，関数の最大値・最小値や関数のグラフの概形の求め方などが述べられています．また，テイラーの定理についても説明します．第

4章では，関数の定積分，不定積分の定義とその基本的な性質を述べます．また，広義積分についても触れます．第5章では，積分法の応用として，様々な図形の面積，体積や曲線の長さについて述べています．

本書を通じて微分積分学を学んでいく過程で理解を深め，また，自身の理解を確認するために，各章にはいくつかの問いがあり，章末には練習問題があります．練習問題の中には，過去に出題された大学入試問題も含まれています．難易度が高い問題も含まれていますが，読者の理解度を確認するとともに，数学の問題を解く喜びを感じていただきたく願っています．さらに，私たち著者が大学や高校での日常的な授業の中で感じていることや，本書の内容の補足説明などを本書の各所にコラムとして述べました．

本書の読者としては，主に
- 意欲的な高校生
- 理工系学部の初年次生
- 高校の数学教員

を想定して執筆しました．理工系学部の初年次生に対しては，高校における数学Ⅲの学習内容との接続を重視し，また，高校の数学教員に対しては高校における微分積分学の授業の補足的内容を提供することを目指しました．そのために，本書で扱う内容については初歩的な事柄に限定しましたが，その説明には十分な厳密性に注意して述べました．高校の数学Ⅲでは立ち入らず，また，数理系の学生以外の理工系学部の学生に対しては直接には必要ではないかもしれない極限の厳密な定義やその扱い方，いわゆる ε-N 論法や ε-δ 論法についても述べてあります．それは，高校の教員が数学Ⅲの内容についてより厳密な内容を再確認するときや，微分積分学により強い興味を持った学生のさらなる数学的好奇心に応えたいと考えたからです．

本書を手にとっていただいた方々すべてに，本書が多少なりとも微分積分学の学習，理解に役立てることを願っています．

平成 25 年 1 月

著者一同

目　次

はじめに　　　　　　　　　　　　　　　　　　　　　　　　　i

第 1 章　極　限　　　　　　　　　　　　　　　　　　　　　1
- 1.1　はじめに 1
- 1.2　数列の極限 (極限が 0 の場合) 3
- 1.3　数列の極限 (一般の場合) 9
- 1.4　実数とその性質 15
- 1.5　関数の極限 23
- 1.6　関数の連続性 32
- 1.7　無限級数 39
- 1.8　無限級数の収束・発散 43
- 1.9　べき級数 50

第 2 章　微分法　　　　　　　　　　　　　　　　　　　　　57
- 2.1　微分係数と微分可能性 57
- 2.2　導関数 63
- 2.3　微分の基本公式 65
- 2.4　合成関数の微分法 70
- 2.5　逆関数の導関数 73
- 2.6　三角関数の導関数 80
- 2.7　逆三角関数とその導関数 82
- 2.8　対数関数・指数関数の導関数 86
- 2.9　第 n 次導関数 89
- 2.10　陰関数の導関数 91
- 2.11　曲線の媒介変数表示と導関数 93

第3章 微分法の応用　97

- 3.1 接線の方程式 97
- 3.2 平均値の定理 102
- 3.3 関数の値の変化 114
- 3.4 関数の最大値・最小値 126
- 3.5 曲線の凹凸 128
- 3.6 テイラーの定理 138
- 3.7 第2次導関数と極値 149
- 3.8 微分法の不等式・方程式への応用 ... 155

第4章 積分法　164

- 4.1 区分求積法から積分へ 164
- 4.2 定積分の定義 166
- 4.3 定積分の基本的な性質 170
- 4.4 微分と積分の関係 (微分積分学の基本定理) ... 171
- 4.5 不定積分 173
- 4.6 部分積分法と置換積分法 176
- 4.7 広義積分 180
- 4.8 ベータ関数とガンマ関数 184

第5章 積分法の応用　191

- 5.1 定積分と面積 191
- 5.2 定積分と体積 205
- 5.3 曲線の長さ 217

問と練習問題の解答　225

参考文献　277

おわりに　278

索引　280

極 限

まず，次の数の並び (数列) を考える．
$$1, \frac{1}{2}, \frac{1}{3}, \frac{1}{4}, \ldots, \frac{1}{n}, \ldots$$
この列において，n が大きくなればなるほど (右に行けば行くほど)，数は限りなく 0 に近づいていく．このことは，直観的には明らかであろう．

ここで少し立ち止まって考えてみよう．「0 に限りなく近づく」とはどういう意味だろうか．直観的には理解しているように思えても，正確に説明しようとすると意外と難しく感じられないだろうか．

この章の目的は，「限りなく近づく」という意味，すなわち極限と呼ばれる概念について，感覚的にも厳密な意味の上でも正しく理解することである．

1.1 はじめに

まず，数列の定義を確認しよう．実数を並べた $a_1, a_2, \ldots, a_n, \ldots$ を $\{a_n\}$ のように表し，**数列**と呼ぶ．たとえば，$1, \frac{1}{2}, \frac{1}{3}, \ldots, \frac{1}{n}, \ldots$ を表す $\left\{\frac{1}{n}\right\}$ や，$1, 3, 5, 7, \ldots$ を表す $\{2n-1\}$ は数列である．

高校の範囲では，数列 $\{a_n\}$ が α に収束する ($\lim_{n \to \infty} a_n = \alpha$) とは

> 自然数 n を限りなく大きくしていくと，a_n は限りなく α に近づく

ときをいい，α を $\{a_n\}$ の極限という，などとして説明される．しかしこれはあくまでも感覚的である．「限りなく大きくする」や「限りなく近づく」という

表現では，雰囲気を知ることはできるものの，正確に論じるには限界がある．以下でそれを見ていく．

例 1.1 数列 $\{a_n\}$ が

$$1,\ 2,\ 0.1,\ 2,\ 0.01,\ 2,\ 0.001,\ 2,\ 0.0001,\ \ldots$$

となっているとき，$\lim_{n\to\infty} a_n = 0$ ではないように思える．しかし，奇数限定で n を大きくすると，a_n は限りなく 0 に近づいているので，ある意味で「自然数 n を限りなく大きくしていくと，a_n は限りなく 0 に近づく」ということに明確に反しているわけではないようにも思える．

例 1.2 数列 $\{a_n\}$ の値が常に 0 である場合，すなわち

$$0,\ 0,\ 0,\ 0,\ 0,\ \ldots$$

ならば，明らかに $\lim_{n\to\infty} a_n = 0$ であるように思えるが，a_n は最初からずっと 0 のままなのであるから，常識的には「a_n が 0 に近づく」とはいわないようにも思える．本当に $\lim_{n\to\infty} a_n = 0$ といっていいのだろうか？

例 1.3 $\lim_{n\to\infty} a_n = 0$ である数列 $\{a_n\}$ に対しては，

$$\lim_{n\to\infty} \frac{a_1 + a_2 + \cdots + a_n}{n} = 0$$

が成り立つことが知られているが，一体どうやって示すのだろうか？ 感覚的には成り立っているように思えるが，感覚的に正しければそれでいいのだろうか？

このように不明確なことが多いのは「限りなく大きくする」や「限りなく近づく」という説明が曖昧，すなわち

「極限」の定義 (約束，ルール) が曖昧

であることに尽きる．以降において，極限の正しい定義とその性質について述べていく．

○コラム 1 (数列)

数列 $\{a_n\}$ において，その "並び順" が重要である．すなわち，2 つの数列 $\{a_n\}$, $\{b_n\}$ において，同じ数を用いた数列であってもその並び順が違えば異なる数列である．たとえば，数列 $1, \dfrac{1}{2}, \dfrac{1}{3}, \dfrac{1}{4}, \dfrac{1}{5}, \ldots$ と数列 $1, \dfrac{1}{3}, \dfrac{1}{2}, \dfrac{1}{5}, \dfrac{1}{4}, \ldots$ は異

なる数列である.
 (以下, 写像に不慣れな場合は読み飛ばしてよい) 厳密にいえば, 数列は自然数の集合 $\mathbb{N}$ から実数の集合 $\mathbb{R}$ への写像 $f : \mathbb{N} \to \mathbb{R}$ として定義される. 写像 $f : \mathbb{N} \to \mathbb{R}$ が与えられたとき, すべての自然数 n に対して $a_n = f(n)$ とし, f を $\{a_n\}$ と表して, 数列と呼ぶ.

1.2 数列の極限 (極限が 0 の場合)

実数について必要最低限の説明を与える. 実数は, 四則演算と大小関係の定義された数直線

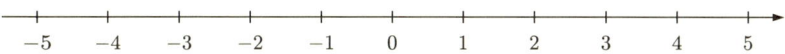

の点と考えてよいのであるが, 実数が何であるかを正確に説明するのは意外と難しいため, まずは次の性質を認めて話を進めることにする.

> h が正の実数ならば, どんな[1] 正の数 K に対しても,
> $$nh > K$$
> となる自然数 n が存在する.

これは, 正の実数 h がどんなに小さく, 正の実数 K がどんなに大きくとも,
$$h + h = 2h, \quad h + h + h = 3h, \quad h + h + h + h = 4h, \quad \cdots$$
のように h を足し続けていけば, いつかは K よりも大きくなる, という実数の基本的な性質である. 当然成り立つ性質のように感じると思うが, 厳密な議論の展開には疑念をさしはさむ余地がある. ただ, いまのところはこのことを認めよう[2]. 証明は定理 1.8 (第 **1.4** 節) で述べる.

それでは極限の話に戻ろう. 手始めとして, 数列の極限が 0 であることのみについて定義し, 感覚をつかもう.

---

[1] 「どんな〜に対しても」以外に, 同じ意味で「すべての〜に対しても」,「任意の〜に対しても」という表現が使われることがある.
[2] この性質は**アルキメデスの原理**と呼ばれる. 実数 α を超えない最大の整数を $[\alpha]$ と表すが, この数が存在することはアルキメデスの原理から示される. これらについては, あとの節 (コラム 5) で補足説明する.

定義 1.1 数列 $\{a_n\}$ が 0 に**収束する**とは，

> どんな正の数 ε に対しても，ある自然数 m が存在して，
> その m 以上のすべての自然数 n に対して $|a_n| < \varepsilon$

が成り立つときをいい，このとき 0 を $\{a_n\}$ の**極限**という．数列 $\{a_n\}$ が 0 に収束するとき，$\lim_{n\to\infty} a_n = 0$, $n \to \infty$ のとき $a_n \to 0$, または単に $a_n \to 0$ などと書く．

つまり $\lim_{n\to\infty} a_n = 0$ であるとは，どんな正の数 ε を与えても，m 番目以降の a_n について $-\varepsilon < a_n < \varepsilon$ が成り立つような自然数 m が見つけられるときをいう．

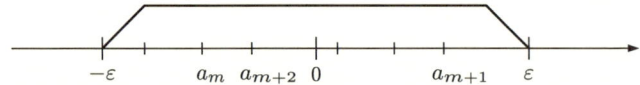

このとき，自然数 m は ε のとり方に依存して定まることに注意する．一般的には，ε が小さくなればなるほど，m は大きな自然数になる．最も重要なポイントは，最初に与える正の数 ε が何でもよいということである．すなわち，

> どんなに (小さな) 正の数 ε を与えても，
> ある番号以降ではずっと $|a_n| < \varepsilon$

となることが，$\lim_{n\to\infty} a_n = 0$ の定義である．

○コラム 2 (極限の定義)

定義 1.1 の文章構造は，なかなか難しい．
次のように書いた方がわかりやすい場合もあるだろう．

> どんな正の数 ε に対しても，次を満たす自然数 m が存在する．
> m 以上のすべての自然数 n に対して $|a_n| < \varepsilon$.

これを論理記号 $\Longrightarrow$ を用いて次のように書くこともできる．

> どんな正の数 ε に対しても，次を満たす自然数 m が存在する．
> $n \geqq m \Longrightarrow |a_n| < \varepsilon$.

いずれにせよ，わかりやすい表現で理解すればよい．

また注意しておきたいこととして，この定義において，($\lim_{n\to\infty} a_n = 0$ の記号で用いている以外で) ∞ という (何やら怪しげな) 記号は出てこないということが挙げられる．単に「どんな正の数に対して」や「〜のすべての自然数に対して」という，明確な表現で定義が構成されていることを再確認して欲しい．

では，章の最初に出てきた $\lim_{n\to\infty} \dfrac{1}{n} = 0$ を，この定義に当てはめて考えてみよう．

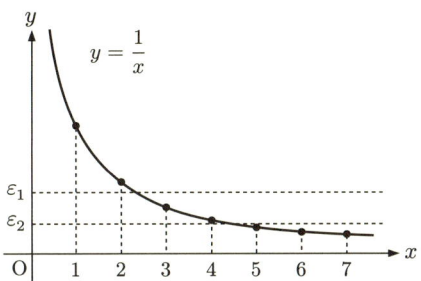

上図において，正の数 ε をどのように与えたとしても，ある番号以降では $\left|\dfrac{1}{n}\right| < \varepsilon$ となることが予想できる．たとえば上図のように正の数 $\varepsilon_1, \varepsilon_2$ を与えると，$n \geqq 3$ となる自然数 n に対して $\left|\dfrac{1}{n}\right| < \varepsilon_1$ となり，また $n \geqq 5$ となる自然数 n に対して $\left|\dfrac{1}{n}\right| < \varepsilon_2$ となる．このように，ε の与え方により条件を満たす m は異なっていてよい．より一般の場合について説明する．どんな正の数 ε に対しても，$\dfrac{1}{m} < \varepsilon$ を満たす自然数 m は必ず存在する[3]ので，そのような自然数 m を 1 つ決めると，m 以上のすべての自然数 n に対して，$|a_n| = \dfrac{1}{n} \leqq \dfrac{1}{m} < \varepsilon$ となる．これで定義 1.1 が確認できたので，$\lim_{n\to\infty} \dfrac{1}{n} = 0$ であることがいえた．

また，次が成立していることも定義から示される．

定理 1.1 $\{a_n\}, \{b_n\}$ を数列とし，M を実数とする．このとき，
(1) $\lim_{n\to\infty} a_n = 0$, $\lim_{n\to\infty} b_n = 0$ ならば $\lim_{n\to\infty} (a_n + b_n) = 0$．
(2) $\lim_{n\to\infty} a_n = 0$ ならば $\lim_{n\to\infty} Ma_n = 0$．

---

[3] アルキメデスの原理から直ちに示される ($h = \varepsilon$, $K = 1$ とおく)．

証明 (1) まず任意に $\varepsilon > 0$ をとる．$\lim_{n \to \infty} a_n = 0$ であるので，正の数として $\varepsilon/2$ を選ぶと，次を満たす自然数 m が存在する．
$$n \geqq m \implies |a_n| < \frac{\varepsilon}{2}.$$
同様に $\lim_{n \to \infty} b_n = 0$ であるので，次を満たす自然数 l が存在する．
$$n \geqq l \implies |b_n| < \frac{\varepsilon}{2}.$$
ここで，自然数 m と l の大きい方を p とおくと，p 以上のすべての自然数 n に対して，
$$|a_n + b_n| \leqq |a_n| + |b_n| < \frac{\varepsilon}{2} + \frac{\varepsilon}{2} = \varepsilon$$
となり，$\lim_{n \to \infty} (a_n + b_n) = 0$ は示された．

(2) まず任意に $\varepsilon > 0$ をとる．$\lim_{n \to \infty} a_n = 0$ であるので正の数として $\dfrac{\varepsilon}{|M|+1}$ を選ぶと，次を満たす自然数 m が存在する．
$$n \geqq m \implies |a_n| < \frac{\varepsilon}{|M|+1}.$$
したがって，m 以上のすべての自然数 n に対して
$$|Ma_n| = |M||a_n| \leqq |M|\frac{\varepsilon}{|M|+1} < \varepsilon$$
となり，$\lim_{n \to \infty} Ma_n = 0$ は示された． ∎

○コラム 3 (収束の証明のコツ)

さて，上の証明を再度確認してみよう．まず収束の定義に従って任意に $\varepsilon > 0$ をとる．(1) の証明においては，$\varepsilon > 0$ に対してではなく，$\dfrac{\varepsilon}{2}$ に対して自然数 m, l をとり，また，(2) の証明においては $\dfrac{\varepsilon}{|M|+1}$ に対して自然数 m をとっていることに注意しよう．そして，このようにして定めた自然数を使って，与えられた数列が収束するための条件 (定義) が満たされていることが示される．しかし，どこから $\dfrac{\varepsilon}{2}$ や $\dfrac{\varepsilon}{|M|+1}$ が出てきたのか不自然な印象を受けるであろう．どのようにして $\dfrac{\varepsilon}{2}$ や $\dfrac{\varepsilon}{|M|+1}$ を求めているかというと，実際には，証明の最後の式 ((1) においては，$|a_n + b_n| \leqq |a_n| + |b_n| < \dfrac{\varepsilon}{2} + \dfrac{\varepsilon}{2} = \varepsilon$, (2) においては $|Ma_n| = |M||a_n| \leqq |M|\dfrac{\varepsilon}{|M|+1} < \varepsilon$) をあらかじめ計算しておいて，正数 ($\dfrac{\varepsilon}{2}$ や

$\dfrac{\varepsilon}{|M|+1}$) に対してどのくらいの自然数を求めておけば，与えられた数列が収束することの定義を満たすかということを確かめているのである．上記のような証明や定義のしかたを一般に ε-N 論法という．ε-N 論法における証明においては，上記のように $\dfrac{\varepsilon}{2}$ や $\dfrac{\varepsilon}{|M|+1}$ を求めることが実際の証明をするうえで本質的である．

問 1.1 数列 $\{a_n\}$ が 0 に収束するとき，$b_n = a_{n+1}$ ($n \geq 1$) で与えられる数列 $\{b_n\}$，および $c_n = a_{n-1}$ ($n \geq 2$) (ただし c_1 は任意の数) で与えられる数列 $\{c_n\}$ は，いずれも 0 に収束することを証明せよ．

問 1.2 数列 $\{a_n\}$, $\{b_n\}$ について，ある番号以降では $a_n = b_n$ が成り立つとする．もし $\{a_n\}$ が 0 に収束するならば，$\{b_n\}$ も 0 に収束することを証明せよ．

この問からわかるのは，数列の極限を考える際には，最初の有限項は無関係であるということである．たとえば，数列 $\{a_n\}$ の極限を考える際には，最初の有限項を除いてしまっても問題がないのである．

次ははさみうちの原理と呼ばれる有名かつ有用な性質である．

定理 1.2 $\{a_n\}$, $\{b_n\}$ を数列とする．このとき，$\displaystyle\lim_{n\to\infty} a_n = 0$, かつ任意の自然数 n に対して $0 \leq b_n \leq a_n$ ならば，$\displaystyle\lim_{n\to\infty} b_n = 0$.

証明 まず任意に $\varepsilon > 0$ をとる．$\displaystyle\lim_{n\to\infty} a_n = 0$ であるので次を満たす自然数 m が存在する．
$$n \geq m \implies |a_n| < \varepsilon.$$
これと定理の仮定より，$n \geq m$ となる任意の自然数 n に対して，
$$-\varepsilon < 0 \leq b_n \leq a_n \leq |a_n| < \varepsilon \quad \text{すなわち} \quad |b_n| < \varepsilon$$
となり (いまは $0 \leq a_n$ なので，実際は $a_n = |a_n|$ である)，$\displaystyle\lim_{n\to\infty} b_n = 0$ が示された． ∎

問 1.3 定理 1.2 における不等式 $0 \leq b_n \leq a_n$ は，ある自然数 m 以上のすべての自然数 n に対して成立していれば十分であることを示せ．

上で述べたことを用いて，次の性質を示してみよう．

例題 1.1 $0 < t < 1$ のとき $\{t^n\}$ は 0 に収束することを証明せよ．

証明 $\dfrac{1}{t} > 1$ であるため，$h = \dfrac{1}{t} - 1$ とおくと $h > 0$ である．二項展開を用いて
$$\left(\frac{1}{t}\right)^n = (1+h)^n = 1 + nh + {}_nC_2 h^2 + \cdots + nh^{n-1} + h^n > nh$$
すなわち $0 < t^n < \dfrac{1}{hn}$ がいえる．ここで定理 1.1 および $\dfrac{1}{n} \to 0$ から $\dfrac{1}{hn} \to 0$ が導かれる．したがって，定理 1.2 より $t^n \to 0$ が示される． ∎

問 1.4 次を証明せよ．
(1) $\displaystyle\lim_{n \to \infty} \frac{3}{n} = 0$　　　　(2) $\displaystyle\lim_{n \to \infty} \frac{1}{n^2} = 0$

(3) $\displaystyle\lim_{n \to \infty} \left(\frac{3}{n} + \frac{1}{n^2}\right) = 0$　　(4) $0 < t < 1$ のとき，$\displaystyle\lim_{n \to \infty} n t^n = 0$

この節の終わりに，定義に基づいて，第 **1.1** 節における例 1.1～1.3 を検証してみよう．

例 1.1 における数列 $\{a_n\}$ は 0 に収束しない．なぜならば，もし数列 $\{a_n\}$ が 0 に収束するならば，正の数として 1 を選んだとき，収束の定義から，次を満たす自然数 m が存在する．
$$n \geqq m \Longrightarrow |a_n| < 1.$$
しかし，これは，すべての偶数 n に対して $a_n = 2$ であることに矛盾する．したがって，数列 $\{a_n\}$ は 0 に収束しない．

例 1.2 における数列 $\{a_n\}$ が 0 に収束することは明らか（コラム 4 を参照）．

最後に例 1.3 を証明しよう．すなわち $\displaystyle\lim_{n \to \infty} a_n = 0$ のとき，
$$\lim_{n \to \infty} \frac{a_1 + a_2 + \cdots + a_n}{n} = 0$$
であることを示す．任意に $\varepsilon > 0$ をとる．$\displaystyle\lim_{n \to \infty} a_n = 0$ であるので，正の数として $\varepsilon/2$ を選ぶと，次を満たす自然数 m が存在する．
$$n \geqq m \Longrightarrow |a_n| < \frac{\varepsilon}{2}.$$

また、m が固定されたため、$\left\{\dfrac{a_1+a_2+\cdots+a_{m-1}}{n}\right\}$ という n に関する数列は、$\dfrac{1}{n} \to 0$ と定理 1.1 より 0 に収束する．したがって，正の数として $\varepsilon/2$ を選ぶと，次を満たす自然数 l が存在する．

$$n \geqq l \implies \left|\frac{a_1+a_2+\cdots+a_{m-1}}{n}\right| < \frac{\varepsilon}{2}.$$

ここで，自然数 m と l の大きい方を p とおくと，p 以上のすべての自然数 n に対して，

$$\left|\frac{a_1+a_2+\cdots+a_n}{n}\right| \leqq \left|\frac{a_1+a_2+\cdots+a_{m-1}}{n}\right|$$
$$+ \frac{|a_m|+|a_{m+1}|+\cdots+|a_n|}{n}$$
$$< \frac{\varepsilon}{2} + \frac{\frac{\varepsilon}{2}(n-m+1)}{n} < \varepsilon$$

となり，$\displaystyle\lim_{n\to\infty}\dfrac{a_1+a_2+\cdots+a_n}{n}=0$ が示された．

○コラム 4 (明らか)

例 1.1〜1.3 における数列の収束の検証において，例 1.2 の数列 $\{a_n\}$ が 0 に収束することは明らかであると述べた．数学の教科書で用いられる「明らか」とは「直観的に明白である」という意味ではなく，「証明は簡単 (明白) なので読者に譲る」という意味である．これ以降も「明らか」という言葉が出てくるが，読者は，その「明らか」な事実の証明を考えながら読み進めてほしい．

なお，例 1.2 の数列 $\{a_n\}$ が 0 に収束することは，以下のように証明される．

証明 任意に $\varepsilon > 0$ をとる．このとき $m=1$ とおけば，$n \geqq m$ を満たすすべての自然数 n に対して

$$|a_n| = 0 < \varepsilon$$

が成り立つ．よって，$\{a_n\}$ は 0 に収束する． ∎

上の証明で $m=1$ とおいたが，この場合，m としてはどのような自然数でもよい．「$n \geqq m \implies |a_n| < \varepsilon$」を満たす自然数 m が存在することを示すために，具体的な自然数を与えたのである．

1.3 数列の極限 (一般の場合)

一般の極限，すなわち極限が 0 とは限らない場合について考えよう．

定義 1.2 数列 $\{a_n\}$ が実数 α に**収束する**とは，数列 $\{a_n - \alpha\}$ が 0 に収束するときをいう．このとき，α を $\{a_n\}$ の**極限**といい，$\lim_{n\to\infty} a_n = \alpha$, $n \to \infty$ のとき $a_n \to \alpha$，または単に $a_n \to \alpha$ などと書く．

結局，$\lim_{n\to\infty} a_n = \alpha$ の定義は次のようになる．

> 任意の正の数 ε に対して，ある自然数 m が存在して，
> その m 以上のすべての自然数 n に対して $|a_n - \alpha| < \varepsilon$.

$\{a_n\}$ が α に収束することは，$\{\alpha - a_n\}$ が 0 に収束することや，$\{|a_n - \alpha|\}$ が 0 に収束することと同値であることは，定義および絶対値の性質から明らかであろう．以下に収束，極限に関連する性質を述べていく．

定理 1.3 $\lim_{n\to\infty} a_n = \alpha$, $\lim_{n\to\infty} b_n = \beta$, M を実数とする．このとき次が成り立つ．
(1) $\lim_{n\to\infty} (a_n + b_n) = \alpha + \beta$.
(2) $\lim_{n\to\infty} M a_n = M\alpha$.
(3) $\lim_{n\to\infty} a_n b_n = \alpha\beta$.
(4) $\beta \neq 0$ のとき，$\lim_{n\to\infty} \dfrac{a_n}{b_n} = \dfrac{\alpha}{\beta}$.

証明 (1), (2) は定義および定理 1.1 から容易であるので読者の練習とする (問 1.5)．(3), (4) の証明にははさみうちの原理 (定理 1.2) を用いる．

(3) まず，$a_n \to \alpha$ であることから，正の数として 1 を選ぶと，次を満たす自然数 m が存在する．
$$n \geqq m \implies |a_n - \alpha| < 1.$$
したがって $n \geqq m$ のとき，次が成立する．
$$\begin{aligned}
0 &\leqq |a_n b_n - \alpha\beta| \\
&= |(a_n - \alpha)(b_n - \beta) + \alpha(b_n - \beta) + \beta(a_n - \alpha)| \\
&\leqq |a_n - \alpha||b_n - \beta| + |\alpha||b_n - \beta| + |\beta||a_n - \alpha| \\
&\leqq |b_n - \beta| + |\alpha||b_n - \beta| + |\beta||a_n - \alpha|.
\end{aligned}$$

1.3 数列の極限 (一般の場合)

ここで，右辺の
$$|b_n - \beta| + |\alpha||b_n - \beta| + |\beta||a_n - \alpha|$$
は定理 1.1 を使うことで 0 に収束するのがわかる．したがって，定理 1.2 から $\{|a_n b_n - \alpha\beta|\}$ は 0 に収束することがいえたので，$\{a_n b_n - \alpha\beta\}$ が 0 に収束，すなわち $\{a_n b_n\}$ が $\alpha\beta$ に収束することが示された．

(4) 証明するには $\lim_{n\to\infty} \dfrac{1}{b_n} = \dfrac{1}{\beta}$ を示せば十分である (なぜか？)．

次に注意しておきたいのは，極限 $\lim_{n\to\infty} \dfrac{1}{b_n}$ の考え方である．まず $\beta \neq 0$ であることから，ある自然数 m が存在して，
$$n \geqq m \implies \frac{|\beta|}{2} < |b_n|$$
がいえる (なぜか？)．したがって，$n \geqq m$ ならば $b_n \neq 0$ であるため $\dfrac{1}{b_n}$ は値をもつが，$n < m$ ならば $b_n \neq 0$ とは限らないため，$\dfrac{1}{b_n}$ が値をもたないかも知れない．しかし，問 1.2 の後にも述べたように，極限を考える際，数列の最初の有限項は除いてしまっても問題は生じない．したがって，極限 $\lim_{n\to\infty} \dfrac{1}{b_n}$ は，数列 $\left\{\dfrac{1}{b_n}\right\}$ の最初の $m-1$ 項を無視して考えるのである．さて，$n \geqq m$ のとき，
$$0 \leqq \left|\frac{1}{b_n} - \frac{1}{\beta}\right| = \frac{|b_n - \beta|}{|b_n||\beta|} \leqq \frac{|b_n - \beta|}{\frac{|\beta|}{2}|\beta|}$$
となる ($b_n = \beta$ の場合もあるので 2 つ目の不等号で等号が成り立つこともある) が，右辺は定理 1.1 を使うことで 0 に収束するのがわかる．これで $\left\{\dfrac{1}{b_n}\right\}$ が $\dfrac{1}{\beta}$ に収束することが示された． ∎

問 1.5 定理 1.3 の (1), (2) を証明せよ．

問 1.6 定理 1.3 の (4) の証明において，「$\lim_{n\to\infty} \dfrac{1}{b_n} = \dfrac{1}{\beta}$ を示せば十分である」，「ある自然数 m が存在して，$n \geqq m \implies \dfrac{|\beta|}{2} < |b_n|$ がいえる」とあるが，その理由を説明せよ．

一般の極限値に対しても，はさみうちの原理は成立する．

定理 1.4 $\{a_n\}$, $\{b_n\}$, $\{c_n\}$ を数列とする．このとき，$\lim_{n\to\infty} a_n = \alpha$, $\lim_{n\to\infty} c_n = \alpha$, かつ任意の自然数 n に対して $a_n \leqq b_n \leqq c_n$ ならば，$\lim_{n\to\infty} b_n = \alpha$.

証明 条件から，任意の自然数 n に対して $0 \leqq b_n - a_n \leqq c_n - a_n$ が成立し，$\lim_{n\to\infty}(c_n - a_n) = 0$ であるので，最初に示したはさみうちの原理 (定理 1.2) を用いることで $\lim_{n\to\infty}(b_n - a_n) = 0$ が示される．ここで，定理 1.3 を用いることで
$$\lim_{n\to\infty} b_n = \lim_{n\to\infty}((b_n - a_n) + a_n) = \lim_{n\to\infty}(b_n - a_n) + \lim_{n\to\infty} a_n = 0 + \alpha = \alpha$$
がいえ，定理は示された． ∎

また，次の定理も重要である．

定理 1.5 $\lim_{n\to\infty} a_n = \alpha$, $\lim_{n\to\infty} b_n = \beta$ とする．このとき任意の n に対して $a_n \leqq b_n$ ならば，$\alpha \leqq \beta$ が成立する．

証明 背理法により証明する．$\beta < \alpha$ と仮定する．正の数として $\dfrac{\alpha - \beta}{2}$ を選ぶと，$\lim_{n\to\infty} a_n = \alpha$ かつ $\lim_{n\to\infty} b_n = \beta$ より，次を満たす自然数 m と l が存在する．
$$n \geqq m \implies |a_n - \alpha| < \frac{\alpha - \beta}{2},$$
$$n \geqq l \implies |b_n - \beta| < \frac{\alpha - \beta}{2}.$$
ここで，自然数 m と l の大きい方を p とおくと，p 以上のすべての自然数 n に対して
$$\alpha - \beta = (\alpha - a_n) + (a_n - b_n) + (b_n - \beta) \leqq |a_n - \alpha| + 0 + |b_n - \beta| < \alpha - \beta$$
となり，矛盾が生じる．したがって，$\alpha \leqq \beta$ が成立する． ∎

注意 1.1 $a_n < b_n$ $(n = 1, 2, \ldots)$ であっても $\alpha < \beta$ であるとは限らない．たとえば，$a_n = -\dfrac{1}{n}$, $b_n = \dfrac{1}{n}$ とおくと，$a_n < b_n$ $(n = 1, 2, \ldots)$ であるが $\lim_{n\to\infty} a_n = 0 = \lim_{n\to\infty} b_n$ である．

定理 1.5 を用いて，収束すれば極限が 1 つだけである (一意である) ことを示す．

定理 1.6(極限の一意性)　数列 $\{a_n\}$ が収束するならば，極限は 1 つに定まる．

証明　数列 $\{a_n\}$ が α にも β にも収束すると仮定する．任意の n に対して $a_n \leqq a_n$ が成立するため，定理 1.5 を 2 回用いて $\alpha \leqq \beta$ および $\beta \leqq \alpha$ が導かれ，すなわち $\alpha = \beta$ がいえる．よって，極限は一意である．

ここまで $\lim_{n \to \infty} a_n = \alpha$ の定義と性質について見てきた．この定義は一見しただけで理解するには難しいが，何度も触れ，時間をかけることで，少しずつ理解が深まっていくはずであるので，焦らずにじっくりと学んでほしい．

なお，数列は，それが収束しないときには，**発散する**という．特に，

> 任意の正の数 M に対して，ある自然数 m が存在して
> その m 以上のすべての自然数 n に対して $M < a_n$．

が成り立つとき，$\{a_n\}$ は $+\infty$ に発散するといい，$\lim_{n \to \infty} a_n = +\infty$ と書く．同様に

> 任意の負の数 M に対して，ある自然数 m が存在して
> その m 以上のすべての自然数 n に対して $a_n < M$．

が成り立つとき，$\{a_n\}$ は $-\infty$ に発散するといい，$\lim_{n \to \infty} a_n = -\infty$ と書く．

例題 1.2　$\lim_{n \to \infty} \dfrac{1 + 2 + \cdots + n}{n^2}$ を求めよ．

解答　$\lim_{n \to \infty} \dfrac{1 + 2 + \cdots + n}{n^2} = \lim_{n \to \infty} \dfrac{\frac{n(n+1)}{2}}{n^2} = \lim_{n \to \infty} \dfrac{n^2 + n}{2n^2}$
$= \lim_{n \to \infty} \dfrac{1 + \frac{1}{n}}{2} = \dfrac{1}{2}.$

例題 1.3　k を自然数とするとき，$\lim_{n \to \infty} \dfrac{1}{n^k} = 0$，$\lim_{n \to \infty} n^k = +\infty$ を証明せよ．

証明 k, n が自然数のとき，明らかに $n \leqq n^k$ が成り立つので，$0 < \dfrac{1}{n^k} \leqq \dfrac{1}{n}$ がいえる．したがって，はさみうちの原理 (定理 1.4) より $\displaystyle\lim_{n\to\infty} \dfrac{1}{n^k} = 0$ が示された．

次に，$\displaystyle\lim_{n\to\infty} n^k = +\infty$ を示すために任意に $M > 0$ をとる．アルキメデスの原理により，$m > M$ をみたす自然数 m が存在する．このとき $n \geqq m$ である任意の n に対して $n^k \geqq m^k \geqq m > M$ であるので，$\displaystyle\lim_{n\to\infty} n^k = +\infty$ が示された． ∎

例題 1.4 $a > 1$ のとき，$\displaystyle\lim_{n\to\infty} a^n = \infty$ および $\displaystyle\lim_{n\to\infty} \dfrac{a^n}{n!} = 0$ を証明せよ．

証明 前半は例題 1.1 と同様に二項定理を用いる．すなわち $a = 1 + h$ とおくと $h > 0$ である．$a^n > nh$ だから，任意の正の数 M に対して $mh > M$ を満たす自然数 m をとれば，m 以上のすべての自然数 n に対して $a^n > M$ である．よって $\displaystyle\lim_{n\to\infty} a^n = \infty$ が示された．

後半は，$n \to \infty$ のとき分母，分子ともに $+\infty$ に発散するが，それらの比は 0 に収束する例であり，後の章でも重要な結論である．では後半の証明に入る．

m を a より大きい自然数とする．明らかに $0 < \dfrac{a}{m} < 1$ となる．また，定数 M を $M = \dfrac{a}{1} \cdot \dfrac{a}{2} \cdots \dfrac{a}{m-1} \cdot \left(\dfrac{a}{m}\right)^{-m+1}$ と定めておく．このとき，$n > m$ となる任意の自然数 n に対して，

$$
\begin{aligned}
0 < \dfrac{a^n}{n!} &= \dfrac{a}{1} \cdot \dfrac{a}{2} \cdots \dfrac{a}{m-1} \cdot \dfrac{a}{m} \cdot \dfrac{a}{m+1} \cdots \dfrac{a}{n-1} \cdot \dfrac{a}{n} \\
&< \dfrac{a}{1} \cdot \dfrac{a}{2} \cdots \dfrac{a}{m-1} \cdot \dfrac{a}{m} \cdot \dfrac{a}{m} \cdots \dfrac{a}{m} \cdot \dfrac{a}{m} \\
&= \dfrac{a}{1} \cdot \dfrac{a}{2} \cdots \dfrac{a}{m-1} \cdot \left(\dfrac{a}{m}\right)^{n-m+1} \\
&= M \cdot \left(\dfrac{a}{m}\right)^n
\end{aligned}
$$

となる．ここで例題 1.1 および定理 1.1 より，$n \to \infty$ のとき，右辺 $\to 0$ であるので，はさみうちの原理により，$\displaystyle\lim_{n\to\infty} \dfrac{a^n}{n!} = 0$ が示される． ∎

問 1.7 次の極限を調べよ．
(1) $\lim_{n\to\infty} \dfrac{n-2}{n}$ (2) $\lim_{n\to\infty} \dfrac{-n^2+n-3}{n^2}$ (3) $\lim_{n\to\infty} (\sqrt{n+1}-\sqrt{n})$
(4) $\lim_{n\to\infty} \dfrac{4n^2-1}{3n^2+1}$ (5) $\lim_{n\to\infty} \dfrac{1+2+\cdots+n}{n}$ (6) $\lim_{n\to\infty} \dfrac{1^2+2^2+\cdots+n^2}{n^3}$

問 1.8 $a_1=a,\ a_{n+1}=pa_n+q\ (n=1,2,3,\ldots)$ で定義される数列 a_n の極限を調べよ．

ここまで数列の極限については，定義に忠実に従って，様々な証明などを行ってきた．しかし実際に $\lim_{n\to\infty} a_n=\alpha$ であることを示すには，ε は十分小さな (たとえば 1 よりも小さな) 任意の正の数に限定してよいし，また
$$n\geqq m \Rightarrow |a_n-\alpha|<M\varepsilon \quad (\text{ただし } M \text{ は正の定数})$$
となる自然数 m の存在さえ示せば十分である (問 1.9 を参照)．このことを知っていれば非常に便利 (問 1.10 を参照) なのであるが，これらを初期の段階で紹介しなかった理由は，まずは定義を厳密に取り扱う習慣を付けるためである．定義を十分に理解していない限り，定義には常に忠実であることを勧める．

問 1.9 $\{a_n\}$ を数列，α を実数とするとき，次が同値であることを示せ．
(1) $\lim_{n\to\infty} a_n=\alpha$
(2) $0<\varepsilon<\lambda$ を満たす任意の ε に対して，ある自然数 m が存在して，その m 以上の全ての自然数 n に対して $|a_n-\alpha|<M\varepsilon$ (ただし λ, M は正の定数)

問 1.10 問 1.9 を用いて定理 1.3 (3) を証明せよ．

1.4 実数とその性質

すでに述べたように，実数が何であるかを正確に説明するのは意外と難しい．この本では，最初にアルキメデスの原理を認めて議論を進めてきた．ここではもう少し踏み込んで，実数の重要な概念や性質について説明していこう．

まず，$a<b$ となる実数 a,b に対して，**開区間** (a,b), **閉区間** $[a,b]$, **半開区間**

$[a, b)$, $(a, b]$ を次のように定義する.

$(a, b) = \{x \mid x$ は実数, $a < x < b\}$, $[a, b] = \{x \mid x$ は実数, $a \leqq x \leqq b\}$,
$[a, b) = \{x \mid x$ は実数, $a \leqq x < b\}$, $(a, b] = \{x \mid x$ は実数, $a < x \leqq b\}$

また実数 a, b に対して,

$(-\infty, b) = \{x \mid x$ は実数, $x < b\}$, $(-\infty, b] = \{x \mid x$ は実数, $x \leqq b\}$,
$(a, \infty) = \{x \mid x$ は実数, $a < x\}$, $[a, \infty) = \{x \mid x$ は実数, $a \leqq x\}$,
$(-\infty, \infty) = \{x \mid x$ は実数 $\}$

も定義されるが,これらは総称して**区間**と呼ばれる.

A を実数からなる空でない集合とする.α が A の**最小値**であるとは,

$$\begin{cases} \alpha \text{ は } A \text{ の要素である} & (1.1\mathrm{a}) \\ \text{どんな } A \text{ の要素 } a \text{ に対しても } \alpha \leqq a & (1.1\mathrm{b}) \end{cases}$$

の 2 条件が成り立つときをいい,このとき $\alpha = \min A$ と表す.実数 a が集合 A の要素であることを表す記号 $a \in A$ (または $A \ni a$) を使うことで

$$\begin{cases} \alpha \in A \\ \text{どんな } a \in A \text{ に対しても } \alpha \leqq a \end{cases}$$

と表すこともできる.同様に,β が A の**最大値**であるとは,

$$\begin{cases} \beta \text{ は } A \text{ の要素である} & (1.2\mathrm{a}) \\ \text{どんな } A \text{ の要素 } a \text{ に対しても } a \leqq \beta & (1.2\mathrm{b}) \end{cases}$$

が成り立つときをいい,このとき $\beta = \max A$ と表す.たとえば $A = [0, 1)$ のとき,0 は A の最小値であり,すなわち $0 = \min A$ であるが,A の最大値は存在しない.1 が A の最大値でないのは,1 が A の要素でないからである.

次に,最大値・最小値よりも弱い概念である上限・下限を導入しよう.A を実数からなる空でない集合とする.条件 (1.1b) が成り立つとき,α を A の**下界**という.A の下界が存在するとき,A を**下に有界**であるという.たとえば $A = [0, 1)$ のとき,0 以下のすべての実数が A の下界であり,もちろん A は下に有界であるが,$A = (-\infty, 1)$ のとき,A の下界は存在せず,したがって A は下に有界でない.同様に,条件 (1.2b) が成り立つとき,β を A の**上界**という.A の上界が存在するとき,A を**上に有界**であるという.さて,上限と下限を定義しよう.

定義 1.3 A を実数からなる空でない集合とする.A の上界の最小値が存在するとき,それを A の**上限**といい,記号 $\sup A$ で表す.A の下界の最大値

が存在するとき，それを A の**下限**といい，記号 $\inf A$ で表す．

たとえば $A = [0, 1)$ のとき，A の上界の全体は $[1, \infty)$ となり，その最小値は 1 であるので，A の上限は 1 となる．同様に A の下限は 0 となる．また $A = (-\infty, 1)$ のとき，A の上限は 1 となるが，A の下限は存在しない．これらの例から上限・下限が最大値・最小値よりも弱い概念であることが感覚的に理解できるだろう．

いま，a_0 を集合 A の上限とするとき，a_0 は A の上界の最小値であるので a_0 より小さい上界は存在しない．すなわち，a_0 より小さい数は集合 A の上界とはならない．したがって，任意の $\varepsilon > 0$ に対して $a > a_0 - \varepsilon$ となる A の要素 a が存在する．これは上限の性質として重要なものであり，実際，次のようにいいかえられる．

定理 1.7　a_0 が集合 A の上限であるための必要十分条件は次である．
(a)　A の任意の要素 a に対して $a \leqq a_0$, かつ
(b)　任意の $\varepsilon > 0$ に対して $a > a_0 - \varepsilon$ となる A の要素 a が存在する．
また，a_0 が集合 A の下限であるための必要十分条件は次である．
(a)　A の任意の要素 a に対して $a \geqq a_0$, かつ
(b)　任意の $\varepsilon > 0$ に対して $a < a_0 + \varepsilon$ となる A の要素 a が存在する．

さて，実数の基本的性質として，本書では以下の定理 (実数の公理) が成立していることを認めることにする．

実数の公理　実数からなる空でない集合 A が上に有界ならば，A の上限が存在する．また，A が下に有界ならば，A の下限が存在する．

誤解を恐れずに書くと，四則演算と大小関係が定義されていて，さらに実数の公理が成り立つようなモノの集合を考え，その要素を実数というのである．この実数の公理を用いることで，第 **1.2** 節で述べたアルキメデスの原理を導くことができる．

定理 1.8 (アルキメデスの原理) h が正の実数ならば，任意の正の数 K に対して，
$$nh > K$$
となる自然数 n が存在する．

証明 h を正の実数とする．集合 A を $A = \{nh \mid n \text{ は自然数}\}$ とおくとき，

　　任意の正の数 K に対して，$nh > K$ となる自然数 n が存在する

が成立しないと仮定すると

　　　　ある正の数 K があって，任意の自然数 n に対して $nh \leqq K$

すなわち A が上に有界となる．したがって，実数の公理より A の上限が存在するので，それを a_0 とおく．また，$\varepsilon = h$ として定理 1.7 を用いると，$a_0 - h < a$ となる A の要素 a が存在する．A のおき方から，$a = nh$ となる自然数 n が存在するので，$a_0 - h < nh$ となる．ゆえに
$$a_0 < (n+1)h$$
が導かれるが，a_0 は A の上限，$(n+1)h$ は A の要素であるので，これは定理 1.7 の (1) に反する．よって示された． ∎

> ○コラム 5 (アルキメデスの原理と $[\alpha]$ の存在性)
>
> 実数 α を超えない最大の整数とは，
> $$k \leqq \alpha < k+1$$
> を満す整数 k のことであり，記号 $[\alpha]$ で表す．アルキメデスの原理を用いることで，$[\alpha]$ が存在することを示すことができる．まず α が整数の場合，$[\alpha] = \alpha$ であることは明らか．α が整数でない場合，$\alpha > 0$ のときには，$h = 1$ としてアルキメデスの原理を用いると，$\alpha < n$ を満たす自然数 n が存在する．そのような n のうち最も小さい自然数を m とおくと，
> $$m - 1 < \alpha < m$$
> が成立する．したがって $[\alpha] = m - 1$ である．$\alpha < 0$ のときには，$-\alpha > 0$ であるので上と同様に考えればよい．また，すべての場合において $[\alpha]$ は唯一であることも確認できる．

また実数の公理を用いて，次が導かれる．

定理 1.9

(1) 数列 $\{a_n\}$ が条件
  (a) ある数 M があって，任意の自然数 n に対して $a_n \leqq M$
  　　　　　　　　　　　　　　　　　　　　　　　　　($\{a_n\}$ は上に有界)
  (b) 任意の自然数 n に対して $a_n \leqq a_{n+1}$　　　($\{a_n\}$ は単調増加)
  を満たすならば，$\{a_n\}$ はある実数に収束する．

(2) 数列 $\{a_n\}$ が条件
  (a) ある数 M があって，任意の自然数 n に対して $a_n \geqq M$
  　　　　　　　　　　　　　　　　　　　　　　　　　($\{a_n\}$ は下に有界)
  (b) 任意の自然数 n に対して $a_n \geqq a_{n+1}$　　　($\{a_n\}$ は単調減少)
  を満たすならば，$\{a_n\}$ はある実数に収束する．

証明 (1) 数列 $\{a_n\}$ が上に有界であるので，実数の公理より $\{a_n\}$ の上限 a_0 が存在する．したがって，任意の $\varepsilon > 0$ に対して $a_{n_0} > a_0 - \varepsilon$ となる自然数 n_0 が存在する．このとき，数列 $\{a_n\}$ は単調増加であるので $n \geqq n_0$ なるすべての自然数 n に対して $a_0 - \varepsilon < a_n \leqq a_0$ が成り立つ．したがって，$\lim_{n \to \infty} a_n = a_0$ となる． ∎

問 1.11 定理 1.9 の (2) を証明せよ．

下の図はこの定理 1.9 の 1 の状況を表している．必ずしも M に収束するわけでもなく，どこに収束するのだろう，というちょっと不思議な感じを受けるのではと思う．

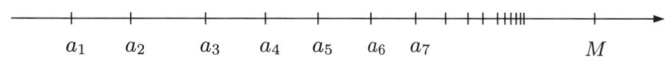

このように，本書では実数の公理を認めることで議論を進めていくが，それ以上の詳細には立ち入らないことにする．[4]

定理 1.9 を用いることで，微積分において重要な

---

[4] 詳しくは，たとえば高木貞治著「解析概論」を参照せよ．

数列 $\left\{\left(1+\dfrac{1}{n}\right)^n\right\}$ の極限

に話を進めることができるようになる．正確にいうと，数列 $\left\{\left(1+\dfrac{1}{n}\right)^n\right\}$ が上に有界かつ単調増加であることが示されるため，定理 1.9 より収束することがわかるのである．この極限を e と書き，**ネピア数** (Napier 数) という．その値は

$$e = 2.71828182845\cdots$$

で，無理数 (より強く超越数[5]) であることが知られている．e を底とする対数は**自然対数**と呼ばれ，e 自身は自然対数の底とも呼ばれる．自然対数は，通常 $\log_e x = \log x$ のように底の e を省略して表される．また，自然対数は $\ln x$ と書かれることもある．次節 (定理 1.10) で e に関するより詳しい考察を行う．

それでは $\left\{\left(1+\dfrac{1}{n}\right)^n\right\}$ が上に有界であることと単調増加であることを示そう．まず二項定理

$$(a+b)^n = \sum_{k=0}^{n} {}_n\mathrm{C}_k\, a^{n-k} b^k$$

より，

$$\left(1+\frac{1}{n}\right)^n = \sum_{k=0}^{n} {}_n\mathrm{C}_k \left(\frac{1}{n}\right)^k$$

および

$$\left(1+\frac{1}{n+1}\right)^{n+1} = \sum_{k=0}^{n+1} {}_{n+1}\mathrm{C}_k \left(\frac{1}{n+1}\right)^k$$

が成立する．ここで $k \in \{1, 2, \ldots, n\}$ のとき，

$$
{}_n\mathrm{C}_k \left(\frac{1}{n}\right)^k = \frac{1}{k!}\left(1-\frac{0}{n}\right)\left(1-\frac{1}{n}\right)\cdots\left(1-\frac{k-1}{n}\right)
$$

$$
{}_{n+1}\mathrm{C}_k \left(\frac{1}{n+1}\right)^k = \frac{1}{k!}\left(1-\frac{0}{n+1}\right)\left(1-\frac{1}{n+1}\right)\cdots\left(1-\frac{k-1}{n+1}\right)
$$

---

[5] 代数方程式 $x^n + a_{n-1}x^{n-1} + \cdots + a_2 x^2 + a_1 x + a_0 = 0$ (ただし a_i は有理数) の解とならない数．

より
$$_n\mathrm{C}_k\left(\frac{1}{n}\right)^k \leqq {}_{n+1}\mathrm{C}_k\left(\frac{1}{n+1}\right)^k$$
がいえるので,
$$1+\sum_{k=1}^n {}_n\mathrm{C}_k\left(\frac{1}{n}\right)^k \leqq 1+\sum_{k=1}^n {}_{n+1}\mathrm{C}_k\left(\frac{1}{n+1}\right)^k < 1+\sum_{k=1}^{n+1} {}_{n+1}\mathrm{C}_k\left(\frac{1}{n+1}\right)^k$$
すなわち $\left(1+\dfrac{1}{n}\right)^n < \left(1+\dfrac{1}{n+1}\right)^{n+1}$ となり, $\left\{\left(1+\dfrac{1}{n}\right)^n\right\}$ は単調増加である. また, 先ほどの式から $k\in\{1,2,\ldots,n\}$ のとき,
$$_n\mathrm{C}_k\left(\frac{1}{n}\right)^k = \frac{1}{k!}\left(1-\frac{0}{n}\right)\left(1-\frac{1}{n}\right)\cdots\left(1-\frac{k-1}{n}\right) \leqq \frac{1}{k!} \leqq \frac{1}{2^{k-1}}$$
であるので
$$\left(1+\frac{1}{n}\right)^n = \sum_{k=0}^n {}_n\mathrm{C}_k\left(\frac{1}{n}\right)^k \leqq 1+\sum_{k=1}^n \frac{1}{2^{k-1}} < 1+2 = 3$$
となり, $\left\{\left(1+\dfrac{1}{n}\right)^n\right\}$ は上に有界であることが示された.

$e = \lim\limits_{n\to\infty}\left(1+\dfrac{1}{n}\right)^n$ を用いることで, 次を示すことができる.

$$e = \lim_{n\to\infty}\left(1-\frac{1}{n}\right)^{-n}$$

この証明は章末の練習問題とする. 定理 1.9 を用いて数列の収束性をチェックすることが可能な例をもう 1 つ挙げる.

例題 1.5 $\lim\limits_{n\to\infty}\sqrt[n]{n} = 1$ を証明せよ.

解答 まず $\{\sqrt[n]{n}\}$ が下に有界な単調減少列であることを示す. 任意の自然数 n に対して明らかに $\sqrt[n]{n} \geqq 1$ であるため, 下に有界である. また $\left\{\left(1+\dfrac{1}{n}\right)^n\right\}$ は単調増加で極限は e, かつ $e<3$ であったので, $n\geqq 3$ のときには
$$\frac{(n+1)^n}{n^{n+1}} = \frac{(n+1)^n}{n^n\cdot n} = \left(1+\frac{1}{n}\right)^n \frac{1}{n} < e\cdot\frac{1}{3} < 1.$$
すなわち $\sqrt[n+1]{n+1} < \sqrt[n]{n}$ がいえ, $\{\sqrt[n]{n}\}$ が単調減少列であることが示された. したがって $\{\sqrt[n]{n}\}$ は収束する. 極限を α とすると, 定理 1.5 より $\alpha \geqq 1$

である。$\alpha > 1$ であるとして矛盾を導く。$h = \alpha - 1$ とおくと $h > 0$ であり，任意の自然数 n に対して $\sqrt[n]{n} > \alpha = 1 + h$，すなわち $n > (1+h)^n = 1 + nh + \dfrac{n(n-1)}{2}h^2 + \cdots + h^n > \dfrac{n(n-1)}{2}h^2$ が成立する。したがって $1 > \dfrac{n-1}{2}h^2$ となるが，これは，アルキメデスの原理に矛盾する。よって，$\alpha = 1$ である。 ∎

問 1.12 数列 $\{x_n\}$ は $x_1 = 2$, $x_{n+1} = \dfrac{x_n}{2} + \dfrac{1}{x_n}$ で定められているとする。このとき，$\{x_n\}$ は下に有界な単調減少列であることを示し，$\{x_n\}$ の極限を求めよ。

○コラム 6 ($0.99999\cdots$ は本当に 1 に等しいの？)

おそらく誰もが一度は，小数点以下がすべて 9 である数 $0.99999\cdots$ と 1 が等しいかどうかについて興味をもち，考えたことがあるだろう。

ひとつの考え方として，「1 を 3 で割ると $0.33333\cdots$ となり，それに 3 を掛けると $0.99999\cdots$ となることから，$0.99999\cdots = 1$ が正しい」という説明がある。

結論からいうと，その通り $0.99999\cdots = 1$ が正解なのであるが，しかし，両者の形が違うのに等しいとは，納得がいかないかも知れない。次に，$0.99999\cdots = 1$ であることの別の説明を紹介しよう。

いま，$0.99999\cdots$ を数直線上に書くとしたら，それは 1 と一致するか，または 1 よりも左側にあるはずである。もし 0.99999 が 1 と一致しないならば，両者は (ほんの少しかも知れないが，確かに) 離れている。すなわち，
$$0.99999\cdots < 1 - \delta$$
となる正の数 δ が必ず存在する。$\delta > 0$ であるので十分大きい自然数 m に対して，$\dfrac{1}{10^m} < \delta$ が成り立つ。このとき，$1 - \delta < 1 - \dfrac{1}{10^m} = 0.\underbrace{99\cdots 9}_{m \text{ 個}} < 0.99999\cdots$ となる。しかしこれは上と矛盾する。以上より，$0.99999\cdots$ は 1 と一致する。

このように，感覚とは少し違う結果になっている理由は，$0.99999\cdots$ において 9 が無限に続いていることの定義をあいまいにして考えていることにある。$0.99999\cdots$ は正確には極限を用いて定義される。すなわち，$a_n = 0.\underbrace{99\cdots 9}_{n \text{ 個}}$ としたときの数列

> $\{a_n\}$ の極限として $0.99999\cdots$ が定義される．このように考えると，上の説明において極限の概念が使われていることがはっきりすると思う．
> 　われわれは普段，ものの個数を数えるとき，どんなに多くても有限個しか扱わない．無限を扱ったとき，有限の中に暮らすわれわれの感覚と違う結果になっていることも十分ありえるので，無限を扱うときには十分気をつける必要がある．

1.5 関数の極限

ここでは，数列の極限に引き続いて，関数の極限について学習する．関数の極限という概念は，微分や積分を定義する際にも非常に重要な役割をしており，正しく理解することが大切である．

まず，関数とは何かを定義する．

定義 1.4 実数 x を決めると，それに対応して実数 y がただ 1 つ決まるとき，y は x の**関数**であるという．

この対応規則は，$f(x)$，$g(x)$ などと表されることが多い．たとえば $f(x) = 3x - 2$，$g(x) = \dfrac{1}{x}$ などは x の関数である．$g(x)$ は $x = 0$ においては定義されない．関数 $f(x)$ の値が定義される x の範囲を関数 $f(x)$ の**定義域**といい，$f(x)$ の動く範囲を関数 $f(x)$ の**値域**という．

$f(x)$ を少なくとも $x = a$ のまわりで定義されている関数とする[6]．最初に，関数の極限を大雑把に説明する．$\lim_{x \to a} f(x) = b$ は，x を a に限りなく近づけ

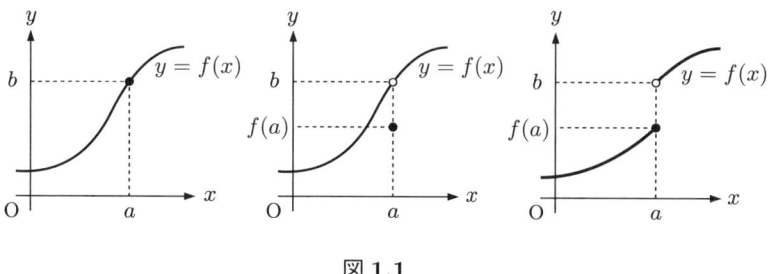

図 1.1

---

[6] 十分小さな $\delta > 0$ に対して，関数 $f(x)$ が区間 $(a - \delta, a + \delta)$ において定義されていることをいう．

る (ただし $x \neq a$ のままで[7]) とき, $f(x)$ の値が b に近づくことを意味している. 図 1.1 において, 左と真中においては $\lim_{x \to a} f(x) = b$ が成立するが, 右では $\lim_{x \to a} f(x)$ は存在しない. まずはこのことが直観的に理解できれば十分である. なお, x を $x \neq a$ のままで近づけるので, $x = a$ での値は無関係であるということに注意して欲しい. 左と真ん中の図は第 **1.6** 節の「関数の連続性」で改めて取り上げる.

次に, 関数の極限の定義を正確に述べる. $\lim_{x \to a} f(x) = b$ であるとは,

> 任意の正の数 ε に対して, ある正の数 δ が存在して
> $0 < |x - a| < \delta$ を満たすすべての x に対して $|f(x) - b| < \varepsilon$ が成り立つ

ときをいい, このとき $x \to a$ のとき $f(x)$ は b に**収束する**という. また b を, $x \to a$ のときの $f(x)$ の**極限**という.

この定義において, x は関数 $f(x)$ の定義域の範囲のみで考えるものとする. たとえば $f(x) = \sqrt{x}$ の場合には, 定義域は $[0, \infty)$ であるので, x の動く範囲は $[0, \infty)$ である.

それでは, この定義に基づいて $\lim_{x \to 1} \dfrac{x^2 - 1}{x - 1} = 2$ であることを示そう. ここで $\dfrac{x^2 - 1}{x - 1}$ は $x = 1$ では定義されないので, 定義域は 1 以外の実数全体である. 任意の正の数 ε に対して, $\delta = \varepsilon$ とおくと, $0 < |x - 1| < \delta$ を満たすすべての x に対して,

$$\left| \frac{x^2 - 1}{x - 1} - 2 \right| = |x - 1| < \delta = \varepsilon$$

であるので, $\lim_{x \to 1} \dfrac{x^2 - 1}{x - 1} = 2$ が示された.

問 **1.13** 次の極限値を求めよ.

(1) $\lim_{x \to 3} x^2$ (2) $\lim_{x \to 1} \dfrac{x^3 - 1}{x - 1}$ (3) $\lim_{x \to 3} \dfrac{3x^2 - 11x + 6}{2x^2 - 5x - 3}$

この関数の極限は, 右極限および左極限という 2 つの概念で特徴付けること

---

[7] このことから, $\lim_{x \to a} f(x) = b$ であるかどうかには, $f(a)$ の値が何であっても (定義されていなくても) 関係しない.

ができる．$\lim_{x \to a+0} f(x) = b$ であるとは，

> 任意の正の数 ε に対して，ある正の数 δ が存在して
> $a < x < a + \delta$ となるすべての x に対して $|f(x) - b| < \varepsilon$

が成り立つときをいい，b のことを**右極限**という．同様に $\lim_{x \to a-0} f(x) = b$ であるとは，

> 任意の正の数 ε に対して，ある正の数 δ が存在して
> $a - \delta < x < a$ となるすべての x に対して $|f(x) - b| < \varepsilon$

が成り立つときをいい，b のことを**左極限**という．明らかに

「$a - \delta < x < a$ または $a < x < a + \delta$」 $\iff$ $0 < |x - a| < \delta$

であるので，次の性質を確認するのは容易であろう．

問 1.14 $\lim_{x \to a} f(x) = b$ は，$\lim_{x \to a+0} f(x) = b$ かつ $\lim_{x \to a-0} f(x) = b$ であることの必要十分条件であることを証明せよ．

また，特に $a = 0$ のときには慣習として，$\lim_{x \to a+0} f(x)$ および $\lim_{x \to a-0} f(x)$ を，それぞれ $\lim_{x \to +0} f(x)$ および $\lim_{x \to -0} f(x)$ で表すことが多い．

さて，次の 2 つの極限は非常に重要である．

定理 1.10
(1) $\lim_{x \to 0} \dfrac{\sin x}{x} = 1$
(2) $\lim_{x \to 0} (1 + x)^{\frac{1}{x}} = e$

証明 まず (1) を示す．$0 < x < \dfrac{\pi}{2}$ のとき，弧の長さ（＝中心角）が x であるような半径 1 の円の扇形を考える．次ページの右図より直観的に

が成立することが理解できるであろう．特に後者の不等式については，弧を輪ゴムのように引き伸ばしてようやく折れ線 ADB の長さにでき，また直角三角形 DBE において辺 DB< 辺 DE が成り立つことから理解されたい．よって

$$\sin x < x < \tan x$$

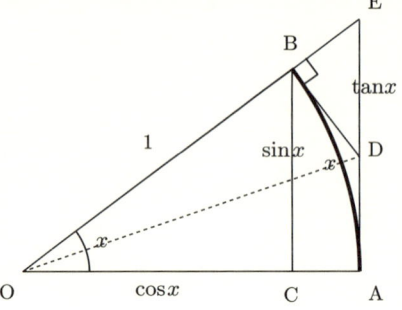

$$\cos x < \frac{\sin x}{x} < 1$$

となるが，

$$1 - \cos x = \frac{1 - \cos^2 x}{1 + \cos x} = \frac{\sin^2 x}{1 + \cos x} < x^2$$

であるため，$1 - x^2 < \dfrac{\sin x}{x} < 1$，すなわち $\left|\dfrac{\sin x}{x} - 1\right| < x^2$ がいえる．$-\dfrac{\pi}{2} < x < 0$ のとき，$0 < -x < \dfrac{\pi}{2}$ と $\sin x$ が奇関数であることより $\left|\dfrac{\sin x}{x} - 1\right| < x^2$ が示され，これらをまとめると

$$0 < |x| < \frac{\pi}{2} \quad \Rightarrow \quad \left|\frac{\sin x}{x} - 1\right| < x^2$$

が導かれる．したがって，どのような正の数 ε に対しても，$\delta = \min\left\{\dfrac{\pi}{2}, \sqrt{\varepsilon}\right\}$ ととれば，$0 < |x| < \delta$ となる x に対して

$$\left|\frac{\sin x}{x} - 1\right| < x^2 < \delta^2 \leqq \varepsilon$$

が成立するため，$\displaystyle\lim_{x \to 0} \frac{\sin x}{x} = 1$ が示された．

次に，(2) を示す．そのためには $\displaystyle\lim_{x \to +0}(1+x)^{\frac{1}{x}} = e$ および $\displaystyle\lim_{x \to -0}(1+x)^{\frac{1}{x}} = e$ を示せば十分であるが，まずは前節で扱った $\displaystyle\lim_{n \to \infty}\left(1 + \frac{1}{n}\right)^n = e$ を用いて $\displaystyle\lim_{x \to +0}(1+x)^{\frac{1}{x}} = e$ を示す．

実数 α を超えない最大の整数を $[\alpha]$ で表すと，一般に，

$$[\alpha] \leqq \alpha < [\alpha] + 1$$

が成立する．したがって，$x > 0$ のとき
$$\left[\frac{1}{x}\right] \leqq \frac{1}{x} < \left[\frac{1}{x}\right] + 1$$
が成立する．よって
$$\left(1 + \frac{1}{\left[\frac{1}{x}\right]+1}\right)^{\left[\frac{1}{x}\right]} < \left(1 + \frac{1}{\frac{1}{x}}\right)^{\frac{1}{x}} < \left(1 + \frac{1}{\left[\frac{1}{x}\right]}\right)^{\left[\frac{1}{x}\right]+1}$$
がいえる．ここで $n \to \infty$ のとき，$\left(1 + \frac{1}{n}\right)^n \to e$ であるので
$$\left(1 + \frac{1}{n}\right)^{n+1} = \left(1 + \frac{1}{n}\right)^n \cdot \left(1 + \frac{1}{n}\right) \to e \cdot 1 = e$$
より，任意に正の数 ε を決めると，次の条件を満たす自然数 m_1 が存在する．
$$n \geqq m_1 \Longrightarrow \left|\left(1 + \frac{1}{n}\right)^{n+1} - e\right| < \varepsilon.$$
また，$\left(1 + \frac{1}{n+1}\right)^{n+1} \to e$ であるので
$$\left(1 + \frac{1}{n+1}\right)^n = \left(1 + \frac{1}{n+1}\right)^{n+1} \cdot \left(1 + \frac{1}{n+1}\right)^{-1} \to e \cdot 1^{-1} = e$$
より，上で決めた正の数 ε に対して，次の条件を満たす自然数 m_2 が存在する．
$$n \geqq m_2 \Longrightarrow \left|\left(1 + \frac{1}{n+1}\right)^n - e\right| < \varepsilon.$$
m_1 と m_2 の大きい方を m とおき，$\delta = \frac{1}{m}$ とおくと，任意の $x \in (0, \delta)$ に対して，$\left[\frac{1}{x}\right] \geqq m_1$ かつ $\left[\frac{1}{x}\right] \geqq m_2$ が成り立つことにより
$$-\varepsilon < \left(1 + \frac{1}{\left[\frac{1}{x}\right]+1}\right)^{\left[\frac{1}{x}\right]} - e < (1+x)^{\frac{1}{x}} - e < \left(1 + \frac{1}{\left[\frac{1}{x}\right]}\right)^{\left[\frac{1}{x}\right]+1} - e < \varepsilon$$
となり $\left|(1+x)^{\frac{1}{x}} - e\right| < \varepsilon$ がいえる．よって $\lim_{x \to +0} (1+x)^{\frac{1}{x}} = e$ が示された．

$\lim_{x \to -0} (1+x)^{\frac{1}{x}} = e$ については $\lim_{n \to \infty} \left(1 - \frac{1}{n}\right)^{-n} = e$ から同様にして示される．したがって，$\lim_{x \to 0} (1+x)^{\frac{1}{x}} = e$ を得る． ∎

数列の極限と同様に，関数の極限についても次の性質が成立している．

定理 1.11 $\lim_{x\to a} f(x) = b$, $\lim_{x\to a} g(x) = c$, M を実数とする．このとき，次が成り立つ．

(1) $\lim_{x\to a}(f(x) + g(x)) = b + c$.
(2) $\lim_{x\to a}(Mf(x)) = Mb$.
(3) $\lim_{x\to a} f(x)g(x) = bc$.
(4) $c \neq 0$ のとき，$\lim_{x\to a} \dfrac{f(x)}{g(x)} = \dfrac{b}{c}$.

問 1.15 定理 1.11 の (1), (2), (3) を証明し，また $\lim_{x\to a} g(x) = c$, $c \neq 0$ のとき「ある正の数 δ が存在して $0 < |x-a| < \delta \Rightarrow \dfrac{|c|}{2} < |g(x)|$」であることを示し，定理 1.11 の (4) を証明せよ (証明は定理 1.1, 定理 1.3 とほぼ同様)．

[補足 1.1] $\lim_{x\to a} g(x) = c$, $c \neq 0$ ならば，上で述べていることからある正の数 δ が存在して
$$0 < |x-a| < \delta \Rightarrow g(x) \neq 0$$
である．すなわち，a の十分近くの x に対して $g(x) \neq 0$ となることがわかる．

定理 1.12 (はさみうちの原理) $\lim_{x\to a} f(x) = b$, $\lim_{x\to a} h(x) = b$ とし，次を満たす正の数 δ が存在するとする．
$$0 < |x-a| < \delta \Longrightarrow f(x) \leqq g(x) \leqq h(x).$$
このとき，$\lim_{x\to a} g(x) = b$.

問 1.16 定理 1.12 を証明せよ (証明は定理 1.4 とほぼ同様)．

定理 1.13 $\lim_{x\to a} f(x) = b$, $\lim_{x\to a} g(x) = c$ であり，次を満たす $\delta > 0$ があるとする．
$$0 < |x-a| < \delta \Longrightarrow f(x) \leqq g(x).$$
このとき $b \leqq c$ が成立する．

問 1.17 定理 1.13 を証明せよ (証明は定理 1.5 とほぼ同様).

問 1.18 関数の右極限および左極限について，定理 1.11，定理 1.12，および定理 1.13 と同様の結果を定式化し，それを証明せよ．

数列のときと同じように，関数が収束しない場合には**発散する**という．特に，

> 任意の正の数 M に対して，ある正の数 δ が存在して
> $0 < |x - a| < \delta$ を満たすすべての x に対して $M < f(x)$

が成り立つとき，$x \to a$ のとき $f(x)$ は $+\infty$ に発散するといい，$\lim_{x \to a} f(x) = +\infty$ と書く．また

> 任意の正の数 M に対して，ある正の数 δ が存在して
> $a < x < a + \delta$ を満たすすべての x に対して $M < f(x)$

が成り立つとき，$x \to a+0$ のとき $f(x)$ は $+\infty$ に発散するといい，$\lim_{x \to a+0} f(x) = +\infty$ と書く．$\lim_{x \to a-0} f(x) = +\infty$ も同様である．$-\infty$ に発散の場合，すなわち $\lim_{x \to a} f(x) = -\infty$, $\lim_{x \to a+0} f(x) = -\infty$, $\lim_{x \to a-0} f(x) = -\infty$ も同様に定義できるが，ここでは省略する．最後に，$\lim_{x \to +\infty} f(x)$, $\lim_{x \to -\infty} f(x)$ について述べる．$\lim_{x \to +\infty} f(x) = b$ であるとは，

> 任意の正の数 ε に対して，ある正の数 M が存在して
> $M < x$ となるすべての x に対して $|f(x) - b| < \varepsilon$

が成り立つときをいい，同様に $\lim_{x \to -\infty} f(x) = b$ であるとは，

> 任意の正の数 ε に対して，ある負の数 M が存在して
> $x < M$ となるすべての x に対して $|f(x) - b| < \varepsilon$

が成り立つときをいう．また，$\lim_{x \to +\infty} f(x) = +\infty$, $\lim_{x \to +\infty} f(x) = -\infty$, $\lim_{x \to -\infty} f(x) = +\infty$, $\lim_{x \to -\infty} f(x) = -\infty$ も同様にして定義できる．

例 1.4 $f(x) = \dfrac{1}{x}$ のとき，$\lim_{x \to +0} f(x) = +\infty$, $\lim_{x \to -0} f(x) = -\infty$,

$\lim_{x \to +\infty} f(x) = 0$, $\lim_{x \to -\infty} f(x) = 0$ である.

また，定理 1.9 と同様の結果について述べる.

定理 1.14 区間 (a, b) で定義された関数 $f(x)$ が条件
$$a < x_1 < x_2 < b \text{ を満たす任意の } x_1, x_2 \text{ に対して } f(x_1) \leqq f(x_2)$$
を満たすとする．このとき，
(1) $f(x)$ が下に有界，すなわち，ある数 m が存在して，区間 (a, b) の任意の点 x に対して $m \leqq f(x)$ を満たすならば，極限 $\lim_{x \to a+0} f(x)$ は存在する.
(2) $f(x)$ が上に有界，すなわち，ある数 M が存在して，区間 (a, b) の任意の点 x に対して $f(x) \leqq M$ を満たすならば，極限 $\lim_{x \to b-0} f(x)$ は存在する.

注意 1.2 $a = -\infty$ や $b = +\infty$ のときにも同様な定理が成立する.

証明 まず，a が実数の場合に (1) を示す．仮定より集合 $A = \{f(x) \mid x \in (a, b)\}$ は下に有界であるので，A の下限が存在する．$\alpha = \inf A$ とおくと，任意の正の数 ε に対して，定理 1.7 を用いることで，$f(x_0) < \alpha + \varepsilon$ を満たす (a, b) の点 x_0 が存在することがわかる．いま，$\delta = x_0 - a$ とおくと $\delta > 0$ であり，$a < x < a + \delta = x_0$ を満たす任意の x に対して，$\alpha \leqq f(x) \leqq f(x_0) < \alpha + \varepsilon$，すなわち $|f(x) - \alpha| < \varepsilon$ が成立する．以上により，$\lim_{x \to a+0} f(x) = \alpha$ が示され，極限が存在することが確かめられた.

次に，$b = +\infty$ の場合に (2) を示す．仮定より集合 $A = \{f(x) \mid a < x\}$ は上に有界であるので，A の上限が存在する．$\beta = \sup A$ とおくと，任意の正の数 ε に対して，定理 1.7 を用いることで，$\beta - \varepsilon < f(x_0)$ かつ $a < x_0$ を満たす x_0 が存在することがわかる．いま，$x_0 < x$ を満たす任意の x に対して，$\beta - \varepsilon < f(x_0) \leqq f(x) \leqq \beta < \beta + \varepsilon$，すなわち $|f(x) - \beta| < \varepsilon$ が成立する．以上により，$\lim_{x \to b-0} f(x) = \beta$ が示され，極限が存在することが確かめられた.

これら以外の場合の極限の存在も同様に確認することができる． ∎

最後に，関数の極限を，数列の極限を用いることで特徴付ける.

定理 1.15　関数 $f(x)$ と実数 b に対して，次の 2 つは同値である．
(a) $\displaystyle\lim_{x\to a}f(x)=b$
(b) $x_n\neq a$, $\displaystyle\lim_{n\to\infty}x_n=a$ となる任意の数列 $\{x_n\}$ に対して $\displaystyle\lim_{n\to\infty}f(x_n)=b$
が成立する．

証明　(a)⇒(b) を示す．$\displaystyle\lim_{x\to a}f(x)=b$ であるとし，$x_n\neq a$, $\displaystyle\lim_{n\to\infty}x_n=a$ となる任意の数列 $\{x_n\}$ をとる．任意の正の数 ε に対して，$\displaystyle\lim_{x\to a}f(x)=b$ であることから，正の数 δ が存在して $0<|x-a|<\delta$ を満たすすべての x に対して $|f(x)-b|<\varepsilon$ が成り立つ．この正の数 δ に対して，$\displaystyle\lim_{n\to\infty}x_n=a$ であることから，ある自然数 n が存在してその n よりも大きいすべての自然数 k に対して $|x_k-a|<\delta$ が成り立つ．$x_n\neq a$ であるので $0<|x_k-a|$ となり，したがって $|f(x_k)-f(a)|<\varepsilon$ が成り立つ．以上により，$\displaystyle\lim_{n\to\infty}f(x_n)=b$ が成立することが示された．

(b)⇒(a) の証明は次のコラム 7 を見られたい．　∎

○コラム 7 (対偶)

命題「P⇒Q」の対偶は，命題「Q でない ⇒P でない」のことである．重要なポイントは，両者の真偽は必ず一致しているということである．したがって，命題「Q でない ⇒P でない」を証明すれば，命題「P⇒Q」を証明したことになる．

定理 1.15 の (b)⇒(a) は

「$x_n\neq a$, $\displaystyle\lim_{n\to\infty}x_n=a$ となる任意の数列 $\{x_n\}$ に対して
$\displaystyle\lim_{n\to\infty}f(x_n)=b$ が成立」
$\Longrightarrow$ 「$\displaystyle\lim_{x\to a}f(x)=b$」

という主張であるが，これを証明するために，その対偶を証明する．まず，$\displaystyle\lim_{x\to a}f(x)=b$ でないと仮定する．このとき，ある正数 ε が存在して，任意の正数 δ に対して $0<|x-a|<\delta$ を満たし $|f(x)-b|\geqq\varepsilon$ となる x が存在する．したがって，任意に自然数 n をとり，δ として $\dfrac{1}{n}$ を考えると $0<|x_n-a|<\dfrac{1}{n}$ を満たし $|f(x_n)-b|\geqq\varepsilon$ となる x_n が存在する．このことから，数列 $\{x_n\}$ は $x_n\neq a$ であり a に収束するが，数列 $\{f(x_n)\}$ は b に収束しない，すなわち，$x_n\neq a$ かつ $\displaystyle\lim_{n\to\infty}x_n=a$ であるが，$\displaystyle\lim_{n\to\infty}f(x_n)=b$ が成立しないことがわかる．以上により対偶が示されたので，し

がって，定理 1.15 の (b)⇒(a) が示された．

関数の極限についてもここまでは定義に忠実に従ってきたが，数列の極限と同様，ε は十分小さな任意の正の数に限定してよいことがわかる．

問 1.19 次が同値であることを示せ．
(1) $\displaystyle\lim_{x \to a} f(x) = b$
(2) $0 < \varepsilon < \lambda$ を満たす任意の ε に対して，ある正の数 δ が存在して，$0 < |x - a| < \delta$ を満たすすべての x に対して $|f(x) - b| < M\varepsilon$　（ただし λ, M は正の定数）

1.6　関数の連続性

関数 $f(x)$ が $x = a$ において**連続**であるとは，$\displaystyle\lim_{x \to a} f(x) = f(a)$ が成り立つときをいう．図 1.1 では，一番左で示した関数のみが連続である．ここで関数の極限の定義を思い起こそう．$\displaystyle\lim_{x \to a} f(x) = f(a)$ は，「任意の正の数 ε に対して，ある正の数 δ が存在して $0 < |x - a| < \delta$ を満たすすべての x に対して $|f(x) - f(a)| < \varepsilon$ が成り立つ」ことであった．ところで，$|f(a) - f(a)| = 0 < \varepsilon$ であるので，関数 f が a において連続であることは次のようにいい直すことができる．

> 任意の正の数 ε に対して，ある正の数 δ が存在して $|x - a| < \delta$ を満たすすべての x に対して $|f(x) - f(a)| < \varepsilon$ が成り立つ．

関数 $f(x)$ が定義域内の集合 A で**連続**であるとは，A のすべての点 a において $f(x)$ が連続であることを意味し，単に関数 $f(x)$ が連続であるというのは，$f(x)$ の定義域の点すべてで連続であるときをいう．

定理 1.11 を使うことで，ただちに次が成立する．

定理 1.16　関数 $f(x)$ と関数 $g(x)$ が $x = a$ において連続であるとする．このとき，次が成立する．
(1) $f(x) + g(x)$ は $x = a$ において連続．
(2) $Mf(x)$ は $x = a$ において連続 (ただし M は実数)．

(3) $f(x)g(x)$ は $x=a$ において連続.
(4) $g(a) \neq 0$ のとき，$\dfrac{f(x)}{g(x)}$ は $x=a$ において連続.

次の定理も重要である．

定理 1.17 関数 $f(x)$ が $x=a$ において連続で，関数 $g(y)$ が $y=f(a)$ において連続ならば，関数 $g(f(x))$ は $x=a$ において連続である．

関数 $g(f(x))$ は関数 $f(x)$ と関数 $g(y)$ の**合成**と呼ばれ，$(g \circ f)(x)$ で表される．

証明 任意の正の数 ε に対して，関数 $g(y)$ が $y=f(a)$ において連続であるので，ある正の数 δ が存在して $|y-f(a)|<\delta$ を満たすすべての y に対して $|g(y)-g(f(a))|<\varepsilon$ が成り立つ．また δ は正の数で，関数 $f(x)$ は $x=a$ において連続であるので，ある正の数 δ' が存在して $|x-a|<\delta'$ を満たすすべての x に対して $|f(x)-f(a)|<\delta$ が成り立つ．これらをまとめると，$|x-a|<\delta'$ を満たすすべての x に対して，$|f(x)-f(a)|<\delta$ が成り立つことから $|g(f(x))-g(f(a))|<\varepsilon$ がいえる．よって関数 $g(f(x))$ は $x=a$ で連続である． ∎

高校までで用いられる関数のほとんどが連続である．実際，$ax+b$, ax^2+bx+c, $\dfrac{1}{ax+b}$ (ただし，$x \neq -\dfrac{b}{a}$ の範囲で) や，$\sin x$, $\cos x$, $\tan x$ ($x \neq \dfrac{(2n+1)\pi}{2}$, $n=0, \pm 1, \pm 2, \ldots$ の範囲で) は連続であり，また $a>0$ のとき，a^x および $\log_a x$ ($x>0$) も連続であるが，ここではその詳細には立ち入らない．

次に，連続関数について重要な性質である中間値の定理と最大値・最小値の定理を紹介する．

定理 1.18（中間値の定理） 関数 $f(x)$ が区間 $[a,b]$ において連続であり，$f(a)f(b)<0$（すなわち $f(a)$ と $f(b)$ の符号が違う）とする．このとき，$f(c)=0$ を満たす点 c が開区間 (a,b) に存在する．

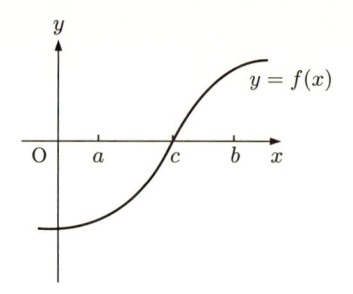

中間値の定理の証明には，次の定理が重要である．証明は定理 1.15 と同様であるので，省略する．

定理 1.19 関数 $f(x)$ が $x = a$ で連続ならば，$\lim_{n \to \infty} x_n = a$ となるどんな数列 $\{x_n\}$ に対しても $\lim_{n \to \infty} f(x_n) = f(a)$ が成立する．

では中間値の定理を証明する．

証明 (中間値の定理)　$f(a)f(b) < 0$ より，$f(a) > 0$ かつ $f(b) < 0$，または $f(a) < 0$ かつ $f(b) > 0$ である．ここでは $f(a) > 0$ かつ $f(b) < 0$ である場合のみを証明する．

まず $x_1 = a, y_1 = b$ とおくと明らかに $f(x_1) > 0$ かつ $f(y_1) < 0$ である．x_1, y_1 の中点 $z_1 = \dfrac{x_1 + y_1}{2}$ について，もし $f(z_1) = 0$ ならば，$c = z_1$ とおけば証明は終わる．

もし $f(z_1) > 0$ ならば $x_2 = z_1, y_2 = y_1$ とおき，もし $f(z_1) < 0$ ならば，$x_2 = x_1, y_2 = z_1$ とおく．そうすると再び $f(x_2) > 0$ かつ $f(y_2) < 0$ が成り立つことは明らかであろう．また x_2, y_2 のおき方から $x_1 \leqq x_2 \leqq y_2 \leqq y_1$ および $y_2 - x_2 = \dfrac{y_1 - x_1}{2} = \dfrac{b - a}{2}$ であることも容易にわかる．次に $z_2 = \dfrac{x_2 + y_2}{2}$ について，$f(z_2) = 0$ でなければ上と同様に x_3, y_3 を定めると $f(x_3) > 0$, $f(y_3) < 0$, $x_2 \leqq x_3 \leqq y_3 \leqq y_2$ および $y_3 - x_3 = \dfrac{y_2 - x_2}{2} = \dfrac{b - a}{4}$ が成り立つ．

この操作を繰り返していく．途中で中点 z_n について $f(z_n) = 0$ を満たすならば $c = z_n$ とおけばよい．どこまでも $f(z_n) = 0$ を満たさないならば，次の条件を満たす数列 $\{x_n\}, \{y_n\}$ が得られる．

$$f(x_n) > 0,\ f(y_n) < 0,\ y_n - x_n = \frac{b-a}{2^{n-1}},\ \text{かつ}$$
$$x_1 \leqq x_2 \leqq x_3 \leqq \cdots \leqq x_n \leqq \cdots \leqq y_n \leqq \cdots \leqq y_3 \leqq y_2 \leqq y_1.$$

ここで $\{x_n\}$ は上に有界な単調増加数列であるので，定理 1.9 より $\{x_n\}$ はある実数 x に収束する．同様に $\{y_n\}$ は下に有界な単調減少数列であるので，$\{y_n\}$ もある実数 y に収束する．このとき $\{y_n - x_n\}$ は $y - x$ に収束するが，一方で $y_n - x_n = \dfrac{b-a}{2^{n-1}} = 2(b-a)\left(\dfrac{1}{2}\right)^n$ であることから $\{y_n - x_n\}$ は 0 に収束する．したがって，定理 1.6（極限の一意性）より $y - x = 0$ すなわち $x = y$ が示される．そこで $c = x$ とおくと，$f(c) = 0$ であることが示される．実際，$f(x)$ は $x = c$ で連続であり，$\lim\limits_{n \to \infty} x_n = c$ であるので定理 1.19 より，$\lim\limits_{n \to \infty} f(x_n) = f(c)$ が成立する．また，すべての n に対して $f(x_n) > 0$ であるので定理 1.5 より $f(c) \geqq 0$ が導かれる．同様に $\lim\limits_{n \to \infty} y_n = c$ と，すべての n に対して $f(y_n) < 0$ であることより $f(c) \leqq 0$ も導くことができる．したがって，$f(c) = 0$ が示される．

次に最大値・最小値の定理を証明する．その前に，必要となる部分列の概念とその性質を述べておく．

数列 $\{x_n\}$ において，
$$x_1, x_2, x_3, x_4, x_5, \ldots, x_n, x_{n+1}, \ldots$$
の左から部分的に選んだ数列を $\{x_n\}$ の **部分列** という．もちろん数列 $\{x_n\}$ 自身や，たとえば
$$x_1, x_3, x_5, x_7, \ldots, x_{2n-1}, \ldots$$
$$x_{10}, x_{20}, x_{30}, x_{40}, \ldots, x_{10n}, \ldots$$
$$x_1, x_4, x_9, x_{16}, \ldots, x_{n^2}, \ldots$$
などの数列はどれも $\{x_n\}$ の部分列である．部分列の定義を厳密に述べておく．$\{x_{n(k)}\}$ が数列 $\{x_n\}$ の部分列であるとは，各 $n(k)$ が自然数，かつ $n(1) < n(2) < n(3) < \cdots$ が成り立つときをいう．上の部分列の例では順に $n(k) = k$, $n(k) = 2k-1$, $n(k) = 10k$, $n(k) = k^2$ である．

問 1.20 数列 $\{a_n\}$ が実数 α に収束するならば，どんな $\{a_n\}$ の部分列

$\{a_{n(k)}\}$ もまた α に収束することを示せ.

問 1.21 数列 $\{a_n\}$ に対して, 2つの $\{a_n\}$ の部分列 $\{a_{n(k)}\}$, $\{a_{m(l)}\}$ で
(a) $\{a_{n(k)}\}$, $\{a_{m(l)}\}$ の添字を合せると自然数全体になる
(b) $\{a_{n(k)}\}$, $\{a_{m(l)}\}$ はいずれも α に収束する

となるものが存在すれば, $\{a_n\}$ もまた α に収束する.

定理 1.20(ボルツァノ-ワイエルシュトラス (Bolzano-Weierstrass))　有界な数列は収束する部分列をもつ.

証明　数列 $\{x_n\}$ が有界であるとすると, 次を満たす $a_1, b_1 (a_1 < b_1)$ が存在する.
$$a_1 \leqq x_n \leqq b_1 \quad (n = 1, 2, \ldots).$$
$n(1) = 1$ とおくと明らかに $a_1 \leqq x_{n(1)} \leqq b_1$ が成立する. いま, a_1 と b_1 の中点を c_1 とおくと, 区間 $[a_1, c_1]$ と区間 $[c_1, b_1]$ のどちらかに数列 $\{x_n\}$ の無限の項が含まれる. なぜなら, どちらの区間にも有限の項しか含まれていなければ, 任意の自然数 n に対して $a_1 \leqq x_n \leqq b_1$ が成り立っていることに矛盾するからである. 数列 $\{x_n\}$ の項が無限に含まれる方の区間を1つ選び $[a_2, b_2]$ とする (区間 $[a_1, c_1]$ に数列 $\{x_n\}$ の項が無限に含まれるときには $a_2 = a_1, b_2 = c_1$ とし, そうでないときには $a_2 = c_1, b_2 = b_1$ とする). そして区間 $[a_2, b_2]$ に含まれる x_n の中で, 添字が $n(1)$ よりも大きいものを1つ選び, その添字を $n(2)$ とおく. このような $n(2)$ が必ず選べる理由は, $[a_2, b_2]$ に含まれる $\{x_n\}$ の項が無限にあるからである. そして明らかに $a_2 \leqq x_{n(2)} \leqq b_2$ が成立する. この操作を繰り返していくと, 次の条件を満たす数列 $\{a_k\}$, $\{b_k\}$ および数列 $\{x_n\}$ の部分列 $\{x_{n(k)}\}$ がつくられる.
$$a_k \leqq x_{n(k)} \leqq b_k, \quad (k = 1, 2, \ldots),$$
$$b_k - a_k = (b_1 - a_1) 2^{-k+1} \quad (k = 1, 2, \ldots),$$
$$a_1 \leqq a_2 \leqq a_3 \leqq \cdots \leqq a_k \leqq \cdots \leqq b_k \leqq \cdots \leqq b_3 \leqq b_2 \leqq b_1.$$
定理 1.18 と同様にして, 数列 $\{a_k\}$ および $\{b_k\}$ は同じ実数に収束することが

示されるが，$a_k \leqq x_{n(k)} \leqq b_k$ であるので，はさみうちの原理 (定理 1.4) より数列 $\{x_{n(k)}\}$ も収束する．

定理 1.21(最大値・最小値の定理) 　関数 $f(x)$ が区間 $[a,b]$ において連続であるとする．このとき，$f(x)$ は $[a,b]$ で最大値と最小値をもつ．すなわち，
$$f(c) = \max\{f(x) \mid a \leqq x \leqq b\}, \quad f(d) = \min\{f(x) \mid a \leqq x \leqq b\}$$
を満たす点 c, d が区間 $[a,b]$ に存在する．

証明 　関数 $f(x)$ が最大値をもつことを証明する (関数 $f(x)$ が最小値をもつことは同様に示すことができる)．まず，集合 $\{f(x) \mid a \leqq x \leqq b\}$ が上に有界であることを示す．そのために，$\{f(x) \mid a \leqq x \leqq b\}$ が上に有界でないと仮定する．このとき，任意の自然数 n に対して，$f(x_n) \geqq n$ となる区間 $[a,b]$ の点 x_n が存在する．数列 $\{x_n\}$ のすべての点は区間 $[a,b]$ に含まれているから定理 1.20 より $\{x_n\}$ は収束する部分列 $\{x_{n(k)}\}$ をもつ．部分列 $\{x_{n(k)}\}$ の極限点を x_0 とする．このとき，$\lim_{k \to \infty} x_{n(k)} = x_0$ であるが，$\lim_{k \to \infty} f(x_{n(k)}) = +\infty$ であるから f は x_0 において連続でない．これは矛盾である．したがって，集合 $\{f(x) \mid a \leqq x \leqq b\}$ は上に有界である．さて，集合 $\{f(x) \mid a \leqq x \leqq b\}$ は上に有界であるので，実数の公理 (第 **1.4** 節) よりこの集合の上限 M が存在する．定理 1.7 を用いると，任意の自然数 n に対して $f(c_n) \geqq M - \dfrac{1}{n}$ となる点 c_n が区間 $[a,b]$ に存在する．再び定理 1.20 より，$\lim_{k \to \infty} c_{n(k)} = c$ となる $\{c_n\}$ の部分列 $\{c_{n(k)}\}$ と区間 $[a,b]$ の点 c が存在する．f は連続であるから $\lim_{k \to \infty} f(c_{n(k)}) = f(c)$ である．ところで c_n のとり方より $\lim_{n \to \infty} f(c_n) = M$ であるから $\lim_{k \to \infty} f(c_{n(k)}) = M$ となる．したがって，定理 1.6 (極限の一意性) より $M = f(c)$ となり，M が集合 $\{f(x) \mid a \leqq x \leqq b\}$ の最大値であることが示された．

問 1.22 　$f(x)$ が区間 $[a,b]$ において連続ならば，$f(x)$ は最小値をもつことを証明せよ．

この節の最後に，有界な閉区間における連続関数の重要な性質について述べる．これは，一様連続性と呼ばれる性質で，積分を厳密に定義する際には不可

欠である．

まず，関数 $f(x)$ が $x = c$ において連続であるとは，$\lim_{x \to c} f(x) = f(c)$ が成り立つとき，すなわち

> 任意の正の数 ε に対して，ある正の数 δ が存在して
> $|x - c| < \delta$ を満たすすべての x に対して $|f(x) - f(c)| < \varepsilon$

が成り立つときであった．しかしながら，有界な区間 $[a, b]$ で連続な関数については，以下の「より強い性質」(関数の**一様連続性**) が成り立っているのである．

> 任意の正の数 ε に対して，ある正の数 δ が存在して，
> $|x - y| < \delta$ を満たすすべての $x, y \in [a, b]$ に対して $|f(x) - f(y)| < \varepsilon$

この性質で最も注意するべき点は，正の数 δ が，($[a, b]$ の点によらずに) 与えられた正の数 ε のみによって決まることである．以下ではその性質と同値な，次の定理を導く．

定理 1.22 関数 $f(x)$ を区間 $[a, b]$ 上の連続関数とする．このとき
$$\lim_{n \to \infty} \sup \left\{ |f(x) - f(y)| \;\middle|\; |x - y| \leqq \frac{1}{n},\; x, y \in [a, b] \right\} = 0.$$

証明 まずは任意の自然数 n に対して
$$A_n = \left\{ |f(x) - f(y)| \;\middle|\; |x - y| \leqq \frac{1}{n},\; x, y \in [a, b] \right\}$$
とおき，A_n の上限が存在することを示そう．そのため，A_n が上に有界な空でない集合であることを示す．A_n が上に有界であることは M を $[a, b]$ における関数 $f(x)$ の最大値とすると，$x, y \in [a, b]$ ならば
$$|f(x) - f(y)| \leqq |f(x)| + |f(y)| \leqq M + M = 2M$$
であることからわかる．明らかに $0 \in A_n$ が成り立つので，A_n は空集合でない．したがって，実数の公理 (第 **1.4** 節) より A_n の上限が存在する．
$$\delta_n = \sup A_n$$
とおくと $\delta_n \geqq 0$ は明らかである．A_{n+1} の要素はすべて A_n の要素でもある ($A_{n+1} \subset A_n$) ので，$\delta_n \geqq \delta_{n+1}$，すなわち $\{\delta_n\}$ は下に有界な単調減少数列

となる (練習問題 14 参照). したがって, 定理 1.9 より $\lim_{n\to\infty} \delta_n$ が存在する. $\alpha = \lim_{n\to\infty} \delta_n$ とおくと定理 1.5 より $\alpha \geqq 0$ となる. また定理 1.7 より, 任意の自然数 n に対して次の条件を満たす $x_n, y_n \in A_n$ が存在する.

$$\delta_n - \frac{1}{n} \leqq |f(x_n) - f(y_n)|, \quad |x_n - y_n| \leqq \frac{1}{n}, \quad x_n, y_n \in [a,b].$$

数列 $\{x_n\}$, $\{x_n\}$ はどちらも $[a,b]$ に含まれているので, 定理 1.20 からそれぞれが別個に収束する部分列をもつが, 実は $\{x_{n(k)}\}$ と $\{y_{n(k)}\}$ がどちらも収束する部分列を選ぶことができる (練習問題 9 参照). $\{x_{n(k)}\}$ と $\{y_{n(k)}\}$ の極限をそれぞれ x', y' とおくと, $0 \leqq |x_{n(k)} - y_{n(k)}| \leqq \frac{1}{n(k)}$ であるので, はさみうちの原理 (定理 1.2) から $|x' - y'| = 0$, すなわち $x' = y'$ となる. 最後に関数 f の連続性より $\lim_{k\to\infty} f(x_{n(k)}) = f(x')$, $\lim_{k\to\infty} f(y_{n(k)}) = f(y')$ であるので定理 1.3 と $x' = y'$ より

$$\lim_{k\to\infty} |f(x_{n(k)}) - f(y_{n(k)})| = |f(x') - f(y')| = |f(x') - f(x')| = 0$$

となる. このことと, $\delta_{n(k)} - \frac{1}{n(k)} \leqq |f(x_{n(k)}) - f(y_{n(k)})|$, $\lim_{k\to\infty}\left(\delta_{n(k)} - \frac{1}{n(k)}\right) = \alpha$, および再び定理 1.5 から $\alpha \leqq 0$ がいえる. 以上より $\alpha = 0$ が示された. ∎

1.7 無限級数

数列 $\{a_n\}$ に対して,

$$a_1 + a_2 + a_3 + \cdots + a_n + \cdots \quad \text{または} \quad \sum_{n=1}^{\infty} a_n \tag{1.3}$$

の形の式を**無限級数**, または**級数**という. しかし, (1.3) における数を無限個足し続けるという操作とそれがもたらす結果についての意味が定義されていないので, 意味が定義されていないいまの時点では (1.3) は単なる「記号」でしかないことを注意して欲しい.

無限級数 (1.3) において, 初項 a_1 から第 n 項 a_n までの和

$$S_n = a_1 + a_2 + a_3 + \cdots + a_n = \sum_{k=1}^{n} a_k$$

をこの無限級数の第 n 項までの**部分和**という．この部分和がつくる数列 $\{S_n\}$
$$S_1, S_2, S_3, \ldots, S_n, \ldots$$
が一定の (有限な) 値 S に収束するとき，すなわち，
$$\lim_{n \to \infty} S_n = S$$
であるとき，この無限級数は S に**収束する**といい，S をこの無限級数の和という．このとき，
$$a_1 + a_2 + a_3 + \cdots + a_n + \cdots = S \quad \text{または} \quad \sum_{n=1}^{\infty} a_n = S$$
と表す．部分和のつくる数列 S_n が発散するとき，無限級数 (1.3) は**発散する**という．

例 1.5 無限級数 $\displaystyle\sum_{n=1}^{\infty} \frac{1}{n(n+1)}$ について，第 n 項までの部分和を S_n とすると，
$$S_n = \sum_{k=1}^{n} \frac{1}{k(k+1)} = \sum_{k=1}^{n} \left(\frac{1}{k} - \frac{1}{k+1}\right) = 1 - \frac{1}{n+1}$$
であり，$\displaystyle\lim_{n \to \infty} S_n = \lim_{n \to \infty} \left(1 - \frac{1}{n+1}\right) = 1$ なので，この無限級数は収束して，その和は 1 である．

例 1.6 無限級数 $\displaystyle\sum_{n=1}^{\infty} \frac{1}{\sqrt{n+1} + \sqrt{n}}$ について，第 n 項までの部分和を S_n とすると，
$$S_n = \sum_{k=1}^{n} \frac{1}{\sqrt{k+1} + \sqrt{k}} = \sum_{k=1}^{n} (\sqrt{k+1} - \sqrt{k}) = \sqrt{n+1} - 1$$
であり，$\displaystyle\lim_{n \to \infty} S_n = \lim_{n \to \infty} (\sqrt{n+1} - 1) = \infty$ なので，この無限級数は (正の無限大に) 発散する．

例 1.7 無限級数 $\displaystyle\sum_{n=1}^{\infty} (-1)^{n-1} = 1 + (-1) + 1 + (-1) + 1 + (-1) + \cdots$ について，第 n 項までの部分和を S_n とすると，数列 S_n は次のようになる
$$1, 0, 1, 0, 1, 0, \ldots$$
となり，S_n は収束しない．したがって，この無限級数は発散する．

無限級数 $\displaystyle\sum_{n=1}^{\infty} ar^{n-1}$ の第 n 項までの部分和 S_n は，

$$S_n = \begin{cases} a\dfrac{1-r^n}{1-r} & (r \neq 1) \\ na & (r = 1) \end{cases}$$

であるので

$$\sum_{n=1}^{\infty} ar^{n-1} = \lim_{n \to \infty} S_n = \begin{cases} \dfrac{a}{1-r} & (|r| < 1 \text{ または } a = 0 \text{ のとき}) \\ 発散 & (その他) \end{cases}$$

が得られる．この無限級数は各項が等比数列になっていることから**無限等比級数**と呼ばれる．たとえば無限級数 $\displaystyle\sum_{n=1}^{\infty} \dfrac{1}{2^{n-1}} = 1 + \dfrac{1}{2} + \dfrac{1}{4} + \dfrac{1}{8} + \cdots$ は，公比が $\dfrac{1}{2}$ であることから収束し和は $\dfrac{1}{1-\frac{1}{2}} = 2$ となり，また無限級数 $\displaystyle\sum_{n=1}^{\infty} (-2)^{n-1} = 1 - 2 + 4 - 8 + 16 - 32 + \cdots$ は公比が -2 であるので発散する．

注意 1.3（「無限級数の要注意点」） 無限級数は形式上「無限個の和」であるため，有限個の和と同じように考えると奇妙なことが起こる場合がある．たとえば例 1.7 における無限級数 $1 - 1 + 1 - 1 + 1 - 1 + \cdots$ において，

ア．$(1-1) + (1-1) + (1-1) + \cdots = 0$
イ．$1 + (-1+1) + (-1+1) + \cdots = 1$
ウ．
$$\begin{array}{rl} A = & 1 - 1 + 1 - 1 + 1 - 1 + \cdots \\ +\quad A = & \phantom{1-{}}1 - 1 + 1 - 1 + 1 - \cdots \\ \hline 2A = & 1 \end{array}$$
よって $A = \dfrac{1}{2}$

という計算方法によっていろいろな値をもつ．このようなことになったのは，足し算の順序を都合よく変えたり（ア，イ），無限級数の和があるとして計算した（ウ）ことに原因がある．しかし，例 1.7 で調べたようにこの無限級数は収束しない．このように「無限個の和」については，有限個の和のルールが通用しない場合がある[8]ことに注意を要する．

---

[8] 通用する場合もある．後述の絶対収束する無限級数においては，足し算の順序を任意に変えても和は変わらない．

問 1.23 無限級数 $\dfrac{1}{1\cdot 4}+\dfrac{1}{4\cdot 7}+\dfrac{1}{7\cdot 10}+\cdots+\dfrac{1}{(3n-2)(3n+1)}+\cdots$ の収束・発散を調べ，収束する場合はその和を求めよ．

問 1.24 無限等比級数 $x+x(1-x)+x(1-x)^2+x(1-x)^3+\cdots$ が収束するような x の値の範囲を求めよ．

○ **コラム 8 （循環小数）**

無限等比級数の和を用いて，循環小数を分数で表すことができる．たとえば，
$$0.\dot{1}\dot{2} = 0.12 + 0.0012 + 0.000012 + \cdots$$
$$= 0.12(1+0.01+0.01^2+\cdots) = 0.12\dfrac{1}{1-0.01} = 0.\dfrac{12}{0.99} = \dfrac{12}{99} = \dfrac{4}{33}$$
一般には，$0.\dot{a_1}a_2\cdots \dot{a_n} = \dfrac{a_1a_2\cdots a_n}{99\cdots 9}$ である（分母は 9 が n 個並んだ数で 10^n-1）．
また，$0.999999\cdots$ について考えると，
$$0.999999\cdots = 0.9 + 0.09 + 0.009 + 0.0009 + \cdots$$
$$= 0.9(1+0.1+0.01+0.001+0.0001+\cdots)$$
$$= 0.9\dfrac{1}{1-0.1} = \dfrac{0.9}{0.9} = 1$$
$0.999999\cdots$ は 1 と等しいかどうかが話題になることがある．見かけが違うので，$0.999999\cdots$ は 1 とは異なると考える人もいるが，これを無限級数の和と考えると 1 と等しいのである（コラム 6 を参照）．

問 1.25 次の循環小数を分数の形で表せ．
 (1) $0.\dot{1}2\dot{3}$ (2) $2.\dot{3}\dot{4}$

無限級数は部分和の極限であるため，極限と同様に次のような性質が成立する．

定理 1.23 2 つの無限級数 $\displaystyle\sum_{n=1}^{\infty} a_n, \sum_{n=1}^{\infty} b_n$ がともに収束し，それぞれの和が S, T であるとする．このとき次が成立する．

(1) $\displaystyle\sum_{n=1}^{\infty}(a_n+b_n)$ も収束し,和は $S+T$.

(2) 任意の実数 α に対して,$\displaystyle\sum_{n=1}^{\infty}(\alpha a_n)$ も収束し,和は αS.

(3) 任意の自然数 n に対して $a_n \leqq b_n$ ならば,$S \leqq T$.

証明 $\displaystyle\sum_{n=1}^{\infty}a_n, \sum_{n=1}^{\infty}b_n$ の第 n 項までの部分和をそれぞれ S_n, T_n とすると,定理 1.3,定理 1.5 より

(1) $\displaystyle\lim_{n\to\infty}\sum_{k=1}^{n}(a_k+b_k)=\lim_{n\to\infty}(S_n+T_n)=\lim_{n\to\infty}S_n+\lim_{n\to\infty}T_n=S+T,$

(2) $\displaystyle\lim_{n\to\infty}\sum_{k=1}^{n}(\alpha a_k)=\lim_{n\to\infty}(\alpha S_n)=\alpha\lim_{n\to\infty}S_n=\alpha S,$

(3) $S_n \leqq T_n$ であるので $S \leqq T$

であることがわかる. ∎

1.8 無限級数の収束・発散

無限級数 $\displaystyle\sum_{n=1}^{\infty}a_n$ の第 n 項までの部分和を S_n とすると,$n \geqq 2$ ならば $S_n - S_{n-1} = a_n$ であるので,この無限級数が収束するとき,その和を S とすると,

$$\lim_{n\to\infty}a_n = \lim_{n\to\infty}(S_n - S_{n-1}) = \lim_{n\to\infty}S_n - \lim_{n\to\infty}S_{n-1} = S - S = 0.$$

したがって,次の定理が成り立つ.

定理 1.24 無限級数 $\displaystyle\sum_{n=1}^{\infty}a_n$ が収束するならば,$\displaystyle\lim_{n\to\infty}a_n=0$.

また,この定理の対偶をとることで,

> $\{a_n\}$ が 0 に収束しないならば,無限級数 $\displaystyle\sum_{n=1}^{\infty}a_n$ は発散する

ということが直ちにわかる.このことを利用して,容易に無限級数の発散を調

べることが可能となる．

例 1.8 無限級数 $\displaystyle\sum_{n=1}^{\infty} \frac{n}{2n-1} = 1 + \frac{2}{3} + \frac{3}{5} + \frac{4}{7} + \cdots$ は発散する．なぜなら，$\displaystyle\lim_{n\to\infty} \frac{n}{2n-1} = \frac{1}{2}$ であり，$\left\{\dfrac{n}{2n-1}\right\}$ が 0 に収束しないからである．

問 1.26 無限級数 $\displaystyle\sum_{n=1}^{\infty}(\sqrt{n(n+2)} - n)$ の収束，発散を調べよ．

注意 1.4 注意すべきこととして，定理 1.24 の逆，すなわち
$$\lim_{n\to\infty} a_n = 0 \text{ ならば無限級数 } \sum_{n=1}^{\infty} a_n \text{ は収束する}$$
は成立しない．実際，$\displaystyle\lim_{n\to\infty} \frac{1}{\sqrt{n+1}+\sqrt{n}} = 0$ であるが，例 1.6 で見たように無限級数 $\displaystyle\sum_{n=1}^{\infty} \frac{1}{\sqrt{n+1}+\sqrt{n}}$ は発散する．次の例でも同じことがいえる．

例 1.9 無限級数 $\displaystyle\sum_{n=1}^{\infty} \frac{1}{n}$ は**調和級数**と呼ばれ，$\displaystyle\lim_{n\to\infty}\frac{1}{n} = 0$ であるが $\displaystyle\sum_{n=1}^{\infty}\frac{1}{n}$ は発散する．このことは，次の不等式からしたがう．

$$\begin{aligned} S_{2^k} &= 1 + \frac{1}{2} + \frac{1}{3} + \frac{1}{4} + \frac{1}{5} + \frac{1}{6} + \frac{1}{7} + \frac{1}{8} \\ &\quad + \cdots + \frac{1}{2^{k-1}+1} + \cdots + \frac{1}{2^k-1} + \frac{1}{2^k} \\ &> 1 + \frac{1}{2} + \left(\frac{1}{4} + \frac{1}{4}\right) + \left(\frac{1}{8} + \frac{1}{8} + \frac{1}{8} + \frac{1}{8}\right) \\ &\quad + \cdots + \left(\frac{1}{2^k} + \cdots + \frac{1}{2^k} + \frac{1}{2^k}\right) \\ &= 1 + \frac{1}{2} + \frac{1}{2} + \frac{1}{2} + \cdots + \frac{1}{2} \\ &= 1 + \frac{1}{2}k. \end{aligned}$$

問 1.27 無限級数
$$\sum_{n=1}^{\infty} \frac{1}{n^p} = \frac{1}{1^p} + \frac{1}{2^p} + \frac{1}{3^p} + \frac{1}{4^p} + \cdots + \frac{1}{n^p} + \cdots$$
は，定数 p が $p > 1$ のとき収束し，$0 < p \leqq 1$ のとき発散することを証明

せよ．

一般に，すべての項 a_n が 0 以上である無限級数 $\sum_{n=1}^{\infty} a_n$ を考えたとき，部分和の数列 $\{S_n\}$ は単調増加である．したがって，定理 1.9 より，数列 $\{S_n\}$ が上に有界ならば，無限級数 $\sum_{n=1}^{\infty} a_n$ は収束することがわかる．これを定理として書いておく．

定理 1.25 無限級数 $\sum_{n=1}^{\infty} a_n$ の各項 a_n が 0 以上であるとし，n 項までの部分和を S_n とおくと，

数列 $\{S_n\}$ が上に有界ならば，無限級数 $\sum_{n=1}^{\infty} a_n$ は収束する．

例題 1.6 無限級数 $\sum_{n=1}^{\infty} \dfrac{1}{n!}$ は収束する．

証明 $n \geqq 2$ のとき $n! = 1 \cdot 2 \cdot 3 \cdots n \geqq 1 \cdot 2 \cdot 2 \cdots 2 = 2^{n-1}$ であることから，

$$1 + \frac{1}{2!} + \frac{1}{3!} + \cdots + \frac{1}{n!} \leqq 1 + \frac{1}{2} + \frac{1}{4} + \cdots + \frac{1}{2^{n-1}} = \frac{1 - \left(\frac{1}{2}\right)^n}{1 - \frac{1}{2}} < 2$$

となり，部分和が上に有界となるので無限級数 $\sum_{n=1}^{\infty} \dfrac{1}{n!}$ は収束する． ∎

このことから $e < 3$ が示される (第 **1.4** 節，第 **3.6** 節 (例 3.5) を参照)．

また，定理 1.25 を用いることで，収束・発散の判定に関する次の定理を導くことができる．

定理 1.26 2 つの無限級数 $\sum_{n=1}^{\infty} a_n$ と $\sum_{n=1}^{\infty} b_n$ について，任意の自然数 n に対して，

$$0 \leqq a_n \leqq b_n$$

が成り立っているとする．このとき，

(1) $\sum_{n=1}^{\infty} b_n$ が収束すれば，$\sum_{n=1}^{\infty} a_n$ も収束する．

(2) $\sum_{n=1}^{\infty} a_n$ が発散すれば $\sum_{n=1}^{\infty} b_n$ も発散する．

証明 $\sum_{n=1}^{\infty} a_n$ と $\sum_{n=1}^{\infty} b_n$ の n 項までの部分和をそれぞれ S_n, T_n とおく．

(1) $\sum_{n=1}^{\infty} b_n = T$ とする．任意の自然数 n に対して $S_n \leqq T_n \leqq T$ であるので，$\{S_n\}$ は上に有界となる．定理 1.25 より，$\{S_n\}$ は収束する．以上により，無限級数 $\sum_{n=1}^{\infty} a_n$ は収束する．

(2) 仮定より，任意の自然数 n に対して $S_n \leqq T_n$ である．$\{S_n\}$ は単調増加であり発散するので，$\{S_n\}$ は $+\infty$ に発散する．したがって，$\{T_n\}$ もまた $+\infty$ に発散する．以上により，無限級数 $\sum_{n=1}^{\infty} b_n$ は発散する． ∎

定理 1.26 は比較判定法と呼ばれていて，重要な定理である．定理 1.26 を用いて，次の比による判定法を得ることができる．

定理 1.27 無限級数 $\sum_{n=1}^{\infty} a_n$ の各項がすべて正であるとする．$\lim_{n \to \infty} \dfrac{a_{n+1}}{a_n} = r$ が存在するとき，

$r < 1$ ならば $\sum_{n=1}^{\infty} a_n$ は収束し，$r > 1$ ならば $\sum_{n=1}^{\infty} a_n$ は発散する．

証明 $r < 1$ のときのみ示す．$t = \dfrac{r+1}{2}$ とおくと $r < t < 1$ である．$\varepsilon = 1 - t = t - r = \dfrac{1-r}{2}$ とおくと $\varepsilon > 0$ であり，$\lim_{n \to \infty} \dfrac{a_{n+1}}{a_n} = r$ であることから，次を満たす自然数 m が存在する．

$$n \geqq m \Longrightarrow \left| \dfrac{a_{n+1}}{a_n} - r \right| < \varepsilon$$

これを計算することで $n \geqq m \implies a_{n+1} < ta_n$ がいえ，したがって
$$a_{m+1} < ta_m$$
$$a_{m+2} < ta_{m+1} < t^2 a_m$$
$$a_{m+3} < ta_{m+2} < t^3 a_m$$
$$\cdots\cdots$$
$$a_n < t^{n-m} a_m$$
となる．ここで，無限等比級数 $\sum_{n=m}^{\infty} t^{n-m} a_m$ は，公比 t が $0 < t < 1$ を満たすので収束する．したがって定理 1.26 より無限級数 $\sum_{n=m}^{\infty} a_n$ は収束するが，これに有限値 $\sum_{n=1}^{m-1} a_n$ を加えても収束するので，以上により，無限級数 $\sum_{n=1}^{\infty} a_n$ は収束する． ∎

問 1.28 定理 1.27 の $r > 1$ の場合を証明せよ．

注意 1.5 定理 1.27 を使うことで，先の例題 1.6 の無限級数 $\sum_{n=1}^{\infty} \dfrac{1}{n!}$ が収束することを容易に示すことができる．なぜならば
$$\lim_{n \to \infty} \frac{a_{n+1}}{a_n} = \lim_{n \to \infty} \frac{n!}{(n+1)!} = \lim_{n \to \infty} \frac{1}{n+1} = 0 < 1$$
がいえるからである．しかし，$\lim_{n \to \infty} \dfrac{a_{n+1}}{a_n}$ が存在しなかったり，$r = 1$ の場合には，この方法では判定できない．

また，比較判定法を用いて次の重要な事実を導く．

定理 1.28 無限級数 $\sum_{n=1}^{\infty} |a_n|$ が収束すれば，無限級数 $\sum_{n=1}^{\infty} a_n$ もまた収束する．

証明 まず一般に，
$$0 \leqq \frac{|a_n| + a_n}{2} \leqq |a_n|, \quad 0 \leqq \frac{|a_n| - a_n}{2} \leqq |a_n|$$

が成立している．これは $a_n \geqq 0$ のときと $a_n < 0$ のときに場合分けしてみれば明らかであろう．したがって，定理 1.26 を使うことで，無限級数 $\displaystyle\sum_{n=1}^{\infty} \frac{|a_n| + a_n}{2}$，$\displaystyle\sum_{n=1}^{\infty} \frac{|a_n| - a_n}{2}$ は収束することがわかる．それぞれの無限級数の和を S, T とおく．いま，$a_n = \dfrac{|a_n| + a_n}{2} - \dfrac{|a_n| - a_n}{2}$ であることを用いると，

$$\sum_{k=1}^{n} a_k = \sum_{k=1}^{n} \left(\frac{|a_k| + a_k}{2} - \frac{|a_k| - a_k}{2} \right) = \sum_{k=1}^{n} \frac{|a_k| + a_k}{2} - \sum_{k=1}^{n} \frac{|a_k| - a_k}{2}$$
$$\to \alpha - \beta \quad (n \to \infty)$$

となるので，以上より無限級数 $\displaystyle\sum_{n=1}^{\infty} a_n$ も収束することが示された (和は $S - T$ である)． ∎

$\displaystyle\sum_{n=1}^{\infty} |a_n|$ が収束するとき，無限級数 $\displaystyle\sum_{n=1}^{\infty} a_n$ は**絶対収束**するといわれる．一般に，無限級数の足す順序は勝手に入れ換えてはいけないのだが，絶対収束するような無限級数は，足す順序を入れ換えてよい．すなわち，

定理 1.29　無限級数が絶対収束するとき，足す順序を任意に入れ換えた無限級数もまた収束し，その和は元の無限級数の和と一致する．

これを以下で証明してみよう．写像に不慣れな場合は読み飛ばしてよい．

証明　無限級数 $\displaystyle\sum_{n=1}^{\infty} a_n$ の足す順序を入れ換えたものは，自然数全体から自分自身への全単射 σ を用いて $\displaystyle\sum_{i=1}^{\infty} a_{\sigma(i)}$ と書き表すことができる．まず，任意に正の数 ε をとる．$\displaystyle\sum_{n=1}^{\infty} a_n$ の和を S とすると，次の条件を満たす自然数 m_1 が存在する．

$$N \geqq m_1 \implies \left| \sum_{n=1}^{N} a_n - S \right| < \frac{\varepsilon}{2}.$$

また $\sum_{n=1}^{\infty} |a_n|$ が収束するので，和を T とすると，次の条件を満たす自然数 m_2 が存在する．
$$N \geqq m_2 \implies \left| \sum_{n=1}^{N} |a_n| - T \right| < \frac{\varepsilon}{2}.$$
ここで，m_1, m_2 の大きい方を m とおき，$I = \{\sigma^{-1}(1), \sigma^{-1}(2), \ldots, \sigma^{-1}(m)\}$ とする．このとき，i が I，すなわち $\{\sigma^{-1}(1), \sigma^{-1}(2), \ldots, \sigma^{-1}(m)\}$ 全体を動くとき，$\sigma(i)$ は $\{1, 2, \ldots, m\}$ を動く．すなわち次が成立する．
$$\{\sigma(i) \mid i \in I\} = \{1, 2, \ldots, m\}.$$
I の中で最も大きい数を M とおき，M 以上の任意の自然数 N をとる．

$J = \{i \mid i \in \{1, 2, \ldots, N\}, i \notin I\}$ とおくと，$i \in J$ のとき，$i \notin I$ であるので，i は $\sigma^{-1}(1), \sigma^{-1}(2), \ldots, \sigma^{-1}(m)$ のどれにも一致しない．すなわち $\sigma(i)$ は $1, 2, \ldots, m$ のどれにも一致しない．したがって，$\{\sigma(i) \mid i \in J\}$ のなかで最も大きい数を N' とおくと，
$$\{\sigma(i) \mid i \in J\} \subset \{m+1, m+2, \ldots, N'\}$$
である．いま，$\{1, 2, \ldots, N\} = I \cup J$ かつ $I \cap J = \emptyset$ であるので，
$$\left| \sum_{i=1}^{N} a_{\sigma(i)} - S \right| = \left| \sum_{i \in I} a_{\sigma(i)} - S + \sum_{i \in J} a_{\sigma(i)} \right|$$
$$\leqq \left| \sum_{i \in I} a_{\sigma(i)} - S \right| + \sum_{i \in J} |a_{\sigma(i)}|$$
$$\leqq \left| \sum_{n=1}^{m} a_n - S \right| + \sum_{n=m+1}^{N'} |a_n|$$
$$= \left| \sum_{n=1}^{m} a_n - S \right| + \sum_{n=1}^{N'} |a_n| - \sum_{n=1}^{m} |a_n|$$
$$\leqq \left| \sum_{n=1}^{m} a_n - S \right| + T - \sum_{n=1}^{m} |a_n|$$
$$< \frac{\varepsilon}{2} + \frac{\varepsilon}{2} = \varepsilon.$$

よって無限級数 $\sum_{i=1}^{\infty} a_{\sigma(i)}$ もまた収束し，和は S となることが示された． ∎

[補足 1.2] 正負の項が交互に現れる無限級数を**交代級数**という．交代級数の収束性については，

> 数列 $\{a_n\}$ が $a_n > 0$ で，0 に収束する単調減少数列ならば，交代級数
> $$a_1 - a_2 + a_3 - a_4 + a_5 - a_6 + \cdots \text{ は収束する}$$

ことが知られている．したがって，級数 $1 - \dfrac{1}{2} + \dfrac{1}{3} - \dfrac{1}{4} + \cdots$ は収束する（和は $\log 2$ となるが，ここでは示さない）．しかし，この級数が絶対収束しないことは例 1.9 ですでに見た．

級数が収束していても，絶対収束していないときには，項の順序を変えると和が変わることがある．たとえば，この級数の項の順序を変えて $\left(1 + \dfrac{1}{3} - \dfrac{1}{2}\right) + \left(\dfrac{1}{5} + \dfrac{1}{7} - \dfrac{1}{4}\right) + \cdots + \left(\dfrac{1}{4n-3} + \dfrac{1}{4n-1} - \dfrac{1}{2n}\right) + \cdots$ とすると，$\dfrac{3}{2} \log 2$ に収束する．なぜならば，この級数の第 n 項は

$$\left(\dfrac{1}{4n-3} + \dfrac{1}{4n-1} - \dfrac{1}{2n}\right) = \left(\dfrac{1}{4n-3} - \dfrac{1}{4n-2} + \dfrac{1}{4n-1} - \dfrac{1}{4n}\right) + \dfrac{1}{2}\left(\dfrac{1}{2n-1} - \dfrac{1}{2n}\right)$$

であり，いま

$$a_n = \dfrac{1}{4n-3} - \dfrac{1}{4n-2} + \dfrac{1}{4n-1} - \dfrac{1}{4n}, \quad b_n = \dfrac{1}{2}\left(\dfrac{1}{2n-1} - \dfrac{1}{2n}\right)$$

とおくと，$\sum_{n=1}^{\infty} \dfrac{(-1)^n}{n}$ から順に 4 項ずつ，あるいは 2 項ずつとってそれらの和を項としたのが $\sum_{n=1}^{\infty} a_n$ と $2\sum_{n=1}^{\infty} b_n$ だから，定理 1.23 の 1 より

$$\sum_{n=1}^{\infty}(a_n + b_n) = \log 2 + \dfrac{\log 2}{2} = \dfrac{3}{2}\log 2.$$

このように，収束するが絶対収束しない級数は**条件収束**するという．実は，項の順序を変えることで，任意の値に収束させたり発散させたりすることができる．証明は省略するが，意外にも簡単なアイディアで実現可能である．

1.9 べき級数

$n = 0$ からはじまる数列 $\{a_n\}$ に対して，x を変数として

$$a_0 + a_1 x + a_2 x^2 + a_3 x^3 + \cdots + a_n x^n + \cdots \quad \text{または} \quad \sum_{n=0}^{\infty} a_n x^n \quad (1.4)$$

の形の式を x のべき級数という．変数 x の値を固定すると，1 つの無限級数となる．たとえば

$$x + \frac{1}{2}x^2 + \frac{1}{3}x^3 + \cdots + \frac{1}{n}x^n + \cdots$$

では，$x = 1$ のとき

$$1 + \frac{1}{2} + \frac{1}{3} + \frac{1}{4} + \cdots + \frac{1}{n} + \cdots$$

すなわち調和級数となり発散するが，$x = -1$ のとき

$$-1 + \frac{1}{2} - \frac{1}{3} + \frac{1}{4} - \cdots + \frac{(-1)^n}{n} + \cdots$$

は $-\log 2$ に収束する．それでは，べき級数はどのような x に対して収束・発散するのであろうか．

定理 1.30 べき級数 $\displaystyle\sum_{n=0}^{\infty} a_n x^n$ が $x = \alpha$ のとき収束すれば，$|x| < |\alpha|$ を満たすすべての x に対して $\displaystyle\sum_{n=0}^{\infty} a_n x^n$ は絶対収束する (もちろん，収束する)．

証明 条件より，無限級数 $\displaystyle\sum_{n=0}^{\infty} a_n \alpha^n$ が収束する．定理 1.24 より $\displaystyle\lim_{n \to \infty} a_n \alpha^n = 0$ であるので，正の数として $\varepsilon = 1$ とすれば，次を満たす自然数 m が存在する．

$$k > m \Longrightarrow |a_k \alpha^k| < 1$$

いま，$|x| < |\alpha|$ を満たす x を任意にとり，$t = \dfrac{|x|}{|\alpha|}$ とおく．$k > m$ のとき，$|a_k x^k| = |a_k||x|^k = |a_k \alpha^k| t^k < t^k$ である，すなわち，

$$0 \leqq |a_k x^k| < t^k$$

であり，また $0 < t < 1$ であるので無限等比級数 $\displaystyle\sum_{n=m}^{\infty} t^k$ は収束する．定理 1.26 により無限級数 $\displaystyle\sum_{n=m}^{\infty} |a_n x^n|$ は収束し，したがって，無限級数 $\displaystyle\sum_{n=0}^{\infty} |a_n x^n|$ は収束する． ■

この定理では，$|x| < |\alpha|$ という条件は外せない．$x = \alpha$ で収束したからといって，$x = -\alpha$ で収束するとは限らないからである．実際，べき級数 $\sum_{n=1}^{\infty} \dfrac{x^n}{n}$ においては，$x = -1$ では収束するが，$x = 1$ だと調和級数となり収束しない．

定理 1.31 べき級数 $\sum_{n=0}^{\infty} a_n x^n$ (ただし，$a_n \neq 0$ $(n = 0, 1, \ldots)$) について，$\lim_{n \to \infty} \left| \dfrac{a_n}{a_{n+1}} \right|$ が有限値に収束または $+\infty$ に発散するならば，$|x| < \lim_{n \to \infty} \left| \dfrac{a_n}{a_{n+1}} \right|$ となる任意の x に対して，$\sum_{n=0}^{\infty} a_n x^n$ は絶対収束する．

証明 $\lim_{n \to \infty} \left| \dfrac{a_n}{a_{n+1}} \right| = r$ であるとする．$|x| < r$ となる x に対して，

$$\lim_{n \to \infty} \frac{|a_{n+1} x^{n+1}|}{|a_n x^n|} = \lim_{n \to \infty} \frac{|a_{n+1}|}{|a_n|} |x| = \frac{|x|}{r} < 1$$

となるので，定理 1.27 により $\sum_{n=0}^{\infty} |a_n x^n|$ は収束，すなわち $\sum_{n=0}^{\infty} a_n x^n$ は絶対収束する．

$\lim_{n \to \infty} \left| \dfrac{a_n}{a_{n+1}} \right| = +\infty$ のとき，任意の x に対して，$|x| < r$ となる r をとると，後は上と同様に証明できる． ∎

例 1.10 定理 1.31 を使うことで，べき級数

$$1 + x + \frac{x^2}{2!} + \frac{x^3}{3!} + \frac{x^4}{4!} + \cdots + \frac{x^n}{n!} + \cdots$$

は，任意の x に対して収束することが容易にわかる．なぜなら，

$$\lim_{n \to \infty} \left| \frac{a_n}{a_{n+1}} \right| = \lim_{n \to \infty} \frac{(n+1)!}{n!} = \lim_{n \to \infty} (n+1) = +\infty$$

であるからである．

1.9 べき級数

○コラム 9 (べき級数で表現される関数)

変数 x のべき級数
$$f(x) = a_0 + a_1 x + a_2 x^2 + a_3 x^3 + \cdots + a_n x^n + \cdots$$
が $|x| < r$ のとき収束するとする．このとき，紛れもなく $f(x)$ は何らかの関数を表している．たとえば 2 次関数は $a_3 = a_4 = \cdots = 0$ とすればよく，すなわち，任意の多項式関数はべき級数の特別な場合であるといえる．

ところで，われわれの知っている e^x や $\log x$, $\sin x$ などは，このようにべき級数の形で表現できるのだろうか．たとえば，
$$f(x) = 1 + x + \frac{x^2}{2!} + \frac{x^3}{3!} + \frac{x^4}{4!} + \cdots + \frac{x^n}{n!} + \cdots$$
は上記のような既知の関数と一致するだろうか．この話の続きは，第 **3.6** 節で学ぶ．

練習問題

1. 次の極限値を求めよ．
   (1) $\displaystyle\lim_{n \to \infty} \frac{(2n+1)(3n-2)}{n^2+1}$
   (2) $\displaystyle\lim_{n \to \infty} \frac{\sqrt{n+2} - \sqrt{n}}{\sqrt{n+1} - \sqrt{n}}$
   (3) $\displaystyle\lim_{n \to \infty} (r^{n+1} - 3r^n)$
   (4) $\displaystyle\lim_{n \to \infty} \frac{r^{n+1}}{r^n + 2}$

2. 数列 $\{a_n\}$, $\{b_n\}$ がある．次の各命題について，真偽を判定し，偽であれば反例をあげよ．
   (1) $\displaystyle\lim_{n \to \infty} b_n = 0$ ならば，つねに $\left\{\dfrac{a_n}{b_n}\right\}$ は発散する．
   (2) $\displaystyle\lim_{n \to \infty} a_n = +\infty$, $\displaystyle\lim_{n \to \infty} b_n = 0$ ならば，$\displaystyle\lim_{n \to \infty} a_n b_n = 0$
   (3) $\{a_n\}$, $\{b_n\}$ がともに収束し，すべての n について $b_n \neq 0$ であれば，つねに $\left\{\dfrac{a_n}{b_n}\right\}$ は収束する．
   (4) $\displaystyle\lim_{n \to \infty} a_n = +\infty$, $\displaystyle\lim_{n \to \infty} b_n = +\infty$ ならば，$\displaystyle\lim_{n \to \infty} (a_n - b_n) = 0$
   (5) $\displaystyle\lim_{n \to \infty} (a_n - b_n) = 0$ ならば，つねに $\{a_n\}$, $\{b_n\}$ がともに有限なある値に収束し，かつ，それらの値は等しい．

(6) $\lim_{n\to\infty} a_n = a$, $\lim_{n\to\infty} b_n = b$, かつ,すべての n について $a_n < b_n$ ならば,$a < b$.

(7) $\lim_{n\to\infty}(a_{n+1} - a_n) = 0$ ならば,つねに a_n は収束する.

3. $e = \lim_{n\to\infty}\left(1 + \dfrac{1}{n}\right)^n$ であることを用いて $e = \lim_{n\to\infty}\left(1 - \dfrac{1}{n}\right)^{-n}$ を証明せよ.

4. $a > 0$ のとき,$\lim_{n\to\infty} \sqrt[n]{a} = 1$ を証明せよ.

5. 数列 $\{a_n\}$ が a に収束するならば,$\lim_{n\to\infty}\dfrac{a_1 + a_2 + \cdots + a_n}{n} = a$ となることを証明せよ.

6. $\lim_{n\to\infty}(2n-1)a_n = 4$ であるとき,$\lim_{n\to\infty} na_n$ を求めよ.

7. 数列 $\{a_n\}, \{b_n\}$ は,$(2+\sqrt{3})^n = a_n + b_n\sqrt{3}$ (a_n, b_n は整数,$n = 1, 2, 3, \ldots$) によって定義される数列とする.$c_n = \dfrac{a_n}{b_n}$ ($n = 1, 2, 3, \ldots$) のとき,数列 c_n の極限値を求めよ.

8. 次の極限を調べよ.
   (1) $\lim_{n\to\infty} r^n \sin\dfrac{n\pi}{4}$
   (2) $\lim_{n\to\infty}(n + \sin n)$
   (3) $\lim_{n\to\infty}\left(\dfrac{1}{(n+1)^2} + \dfrac{1}{(n+2)^2} + \dfrac{1}{(n+3)^2} + \cdots + \dfrac{1}{(2n)^2}\right)$

9. 数列 $\{x_n\}, \{y_n\}$ が有界であるとき,$\{x_{n(k)}\}$ と $\{y_{n(k)}\}$ がどちらも収束する部分列を選ぶことができることを示せ.

10. 次の極限値を求めよ.
    (1) $\lim_{x\to 1}\dfrac{x^n - 1}{x - 1}$ (n は自然数)   (2) $\lim_{x\to 0} x\cos x$ (3) $\lim_{x\to 0} x\sin\dfrac{1}{x}$
    (4) $\lim_{x\to 0}\dfrac{1 - \cos x}{x^2}$ (5) $\lim_{x\to 0}\dfrac{1 - \cos x}{x\sin x}$ (6) $\lim_{x\to 0}\dfrac{\sin^2 x}{1 - \cos x}$

11. 関数 $f(x), g(x)$ が連続であるとき,次の関数も連続であることを証明せよ.
    (1) $|f(x)|$ (2) $h(x) = \max\{f(x), g(x)\}$ (3) $k(x) = \min\{f(x), g(x)\}$

12. 次の関数の連続性を調べよ.

    (1) $f(x) = \dfrac{1}{x^2 + 2x - 3}$

    (2) $f(x) = \begin{cases} \dfrac{x^2 - 1}{x - 1} & (x \neq 1) \\ 2 & (x = 1) \end{cases}$

    (3) $f(x) = \begin{cases} \sin \dfrac{1}{x} & (x \neq 0) \\ 0 & (x = 0) \end{cases}$

    (4) $f(x) = \begin{cases} x \sin \dfrac{1}{x} & (x \neq 0) \\ 0 & (x = 0) \end{cases}$

    (5) $f(x) = \begin{cases} e^{\frac{1}{x}} & (x \neq 0) \\ 1 & (x = 0) \end{cases}$

13. 次の方程式は与えられた区間の中で解をもつことを示せ.

    (1) $x^3 - 3x^2 + 3 = 0 : (-1, 1)$
    (2) $\sqrt{x^4 + 1} - \sqrt{x^2 + 3} = 0 : (0, 2)$
    (3) $x \sin x - \cos x = 0 : (\pi, \dfrac{3}{2}\pi)$

14. A, B を実数からなる空でない集合とし, 上に有界とする. A のすべての要素が B に含まれる, すなわち $A \subset B$ であるならば, $\sup A \leqq \sup B$ であることを示せ.

15. $f(x) = \lim\limits_{n \to \infty} \dfrac{x^{2n-1} + x^2 - x}{x^{2n} + 1}$ で定義された関数のグラフ $y = f(x)$ を描け.

16. 次の極限値を求めよ.

    (1) $\lim\limits_{x \to 0} \dfrac{\sin 2x}{3x}$

    (2) $\lim\limits_{x \to \infty} \left(1 + \dfrac{1}{3x}\right)^{2x}$

17. 次の極限が極限値をもつように定数 a を定め, 極限値を求めよ.
    $\lim\limits_{x \to \infty} \left(\sqrt{4x^2 + 3x + 6} + ax\right)$

18. 次の無限級数の収束, 発散を調べ, 収束するものについてはその和を求め, 発散するものについてはその理由を述べよ.

    (1) $\left(1 - \dfrac{1}{2}\right) + \left(\dfrac{1}{2} - \dfrac{2}{3}\right) + \left(\dfrac{2}{3} - \dfrac{3}{4}\right) + \left(\dfrac{3}{4} - \dfrac{4}{5}\right) + \cdots$

    (2) $1 - \dfrac{1}{2} + \dfrac{1}{2} - \dfrac{1}{3} + \dfrac{1}{3} - \dfrac{1}{4} + \cdots + \dfrac{1}{n} - \dfrac{1}{n+1} + \cdots$

    (3) $\dfrac{1}{2} - \dfrac{2}{3} + \dfrac{2}{3} - \dfrac{3}{4} + \dfrac{3}{4} - \dfrac{4}{5} + \cdots + \dfrac{1}{n} - \dfrac{n+1}{n+2} + \cdots$

(4) $\dfrac{1}{2^3-2} + \dfrac{1}{3^3-3} + \dfrac{1}{4^3-4} + \cdots + \dfrac{1}{n^3-n} + \cdots$

19. 次の無限級数の収束,発散を調べ,収束するものについてはその和を求め,発散するものについてはその理由を述べよ.

(1) $\displaystyle\sum_{n=1}^{\infty} \dfrac{1}{n(n+2)}$

(2) $\displaystyle\sum_{n=1}^{\infty} \dfrac{n}{(n+1)!}$

(3) $\displaystyle\sum_{n=1}^{\infty} \dfrac{1}{2^n} \cos \dfrac{n\pi}{2}$

20. 無限級数 $\displaystyle\sum_{n=1}^{\infty} a_n$ が収束するとし,n 項までの部分和を S_n について,$\displaystyle\lim_{n\to\infty} S_{2n} = T$ が成り立っているとする.このとき,無限級数 $\displaystyle\sum_{n=1}^{\infty} a_n$ の和を T で表せ.

21. $|r| < 1$ のとき,$\displaystyle\sum_{n=1}^{\infty} nr^{n-1} = 1 + 2r + 3r^2 + 4r^3 + \cdots$ の和を求めよ.

22. 半径 1 の球を O_1 とし,球 O_1 に内接する立方体を B_1 とする.次に立方体 B_1 に内接する球を O_2 とし,球 O_2 に内接する立方体を B_2 とする.以下この操作を繰り返してできる球を O_n,立方体を B_n $(n=3, 4, \ldots)$ とする.このとき,次の問いに答えよ.

(1) 立方体 B_1 の 1 辺の長さ l_1 を求めよ.

(2) 球 O_n の半径 r_n を n を用いて表せ.

(3) 球 O_n の体積を V_n とし,$S_k = V_1 + V_2 + \cdots + V_k$ とするとき,$\displaystyle\lim_{k\to\infty} S_k$ を求めよ.

(2011 年 島根大)

2

微分法

われわれは，a, b, c の値が定まれば，1次関数 $y = ax + b$ や2次関数 $y = ax^2 + bx + c$（ただし $a \neq 0$）のグラフを描くことができる．それは，1次関数のグラフは直線であり，2次関数のグラフは放物線であるという事実を知っているからである．さらに，三角関数や指数関数，対数関数のグラフの概形も知っている．

それでは，たとえば，$y = \sin x + x^2 - x$ のような関数のグラフはどのような概形をしているだろうか．すなわち，この関数は，どのように変化するのだろうか．

関数 $y = f(x)$ の関数の変化の様子を調べる際，その関数の微分係数を求めることが重要な役割を果たす．この章の目的は，微分係数の定義とその基本的性質，および有理関数，三角関数，指数関数，対数関数などの微分係数を理解することである．

2.1 微分係数と微分可能性

われわれの知っている最も単純な関数は1次関数であろう．1次関数の変化の様子はすぐにわかる．たとえば，2つの関数 $y = 2x$ と $y = \dfrac{1}{2}x$ では，傾きの大きい $y = 2x$ の方が変化の割合が大きい．関数 $y = f(x)$ が与えられたとき，その微分を計算するということは，$f(x)$ の定義域の各点 $x = a$ における変化の割合を，1次関数で近似するということである．以下，この事実を解説する．

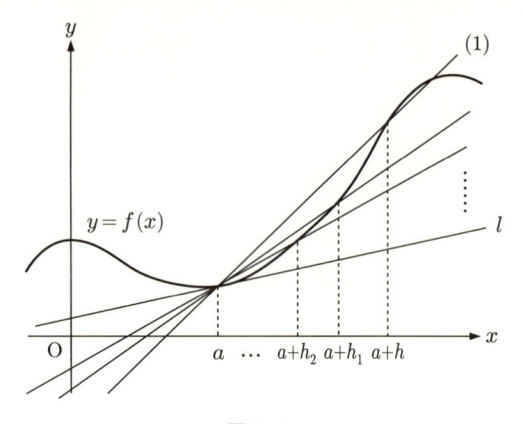

図 2.1

$y = f(x)$ のグラフを考える (図 2.1). 0 でない実数 h に対して, 2 点 $(a, f(a))$ と $(a+h, f(a+h))$ を結ぶ直線は, 1 次関数

$$y - f(a) = \frac{f(a+h) - f(a)}{h}(x - a) \tag{2.1}$$

のグラフと一致する. この 1 次関数 (2.1) の傾き $\dfrac{f(a+h) - f(a)}{h}$ を, x が a から $a+h$ まで変わるときの $f(x)$ の**平均変化率**という. ここで, h を h_1, h_2, ..., と限りなく 0 に近づけると, 図 2.1 のように $a + h_n$ は a に限りなく近づく. このとき, (2.1) 式で $h = h_n$ として得られる直線の列が図 2.1 のようにある 1 つの直線 l に近づくとしたら, その直線 l は, 点 $(a, f(a))$ において $y = f(x)$ のグラフに接する. ここで, 直線 l は $x = a$ における $y = f(x)$ の変化の割合を表していると考えられる. この意味で, 直線 l をグラフとしてもつ 1 次関数は, 点 $x = a$ における関数 $f(x)$ の変化の割合を近似している. この直線 l をグラフとしてもつ 1 次関数の傾きが, 微分係数と呼ばれるものである.

定義 2.1 関数 $y = f(x)$ とその定義域の点 $x = a$ に対して, 平均変化率

$$\frac{f(a+h) - f(a)}{h}$$

の h を限りなく 0 に近づけるときの極限

$$\lim_{h \to 0} \frac{f(a+h) - f(a)}{h}$$

が定まるならば，この値を関数 $f(x)$ の $x = a$ における**微分係数**といい，$f'(a)$ と表す．

　下線で強調しているが，関数 $f(x)$ とその定義域内の実数 a が与えられたときに，極限
$$\lim_{h \to 0} \frac{f(a+h) - f(a)}{h}$$
が常に定まる (存在する) とは限らない．この極限が存在するとき，関数 $f(x)$ は $x = a$ において**微分可能**であるという．関数 $f(x)$ が $x = a$ において微分可能でなければ，$f(x)$ の $x = a$ における微分係数は考えられないことに注意する．

[**補足 2.1**] 関数 $y = f(x)$ が $x = a$ で微分可能であるとき，$(a, f(a))$ において $y = f(x)$ のグラフに接すると上で述べた直線 l の方程式を求めよう．定義より，$\lim_{h \to 0} \frac{f(a+h) - f(a)}{h} = f'(a)$ である．よって，(2.1)式において h を 0 に近づけたときに得られる
$$y - f(a) = f'(a)(x - a) \tag{2.2}$$
が直線 l の方程式である．方程式 (2.2) で与えられる直線 ℓ を，曲線 $y = f(x)$ の点 $(a, f(a))$ における**接線**という．「曲線 $y = f(x)$ に接する直線」という直観的な意味ではなく，数学的な意味で接線という概念を定めていることに注意する．接線については，第 **3.1** 節で詳しく議論する．

例題 2.1 関数 $f(x) = x^3$ は $x = 1$ において微分可能であることを示し，$f'(1)$ を求めよ．

解答
$$\lim_{h \to 0} \frac{f(1+h) - f(1)}{h} = \lim_{h \to 0} \frac{(1+h)^3 - 1^3}{h} = \lim_{h \to 0} \frac{3h + 3h^2 + h^3}{h}$$
$$= \lim_{h \to 0}(3 + 3h + h^2) = 3.$$

よって，$f(x)$ は $x = 1$ において微分可能であり，$f(x)$ の $x = 1$ における微分係数は 3 である．なお，曲線 $y = x^3$ の点 $(1, 1)$ における接線の方程式は $y = 3x - 2$ である (図 2.2)．

図 2.2

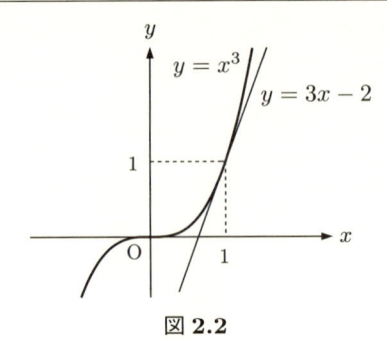

問 2.1 関数 $f(x) = x^3$ の $x = a$ における微分係数が $f'(a) = 3a^2$ であることを，微分係数の定義に従って確かめよ (したがって，$f(x)$ はすべての x の値で微分可能である)．

問 2.2 次の関数 $f(x)$ の $x = 2$ における微分係数を，微分係数の定義に従って求めよ．
(1) $f(x) = 3x + 2$ (2) $f(x) = x^2 + 2x$ (3) $f(x) = 2x^2 + x + 1$

次の例で示すように，微分可能でない関数もある．

例 2.1 実数 x に対して，$[x]$ は x を超えない最大の整数を表す (コラム 5 参照)．このとき，関数 $f(x) = [x]$ (図 2.3) は $x = 1$ において微分可能でない．

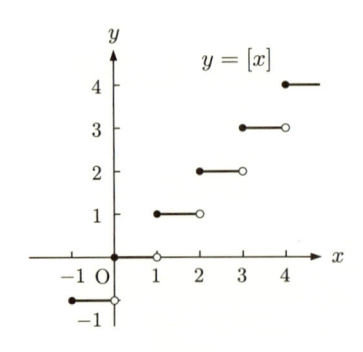

図 2.3

証明 h を左側から 0 に近づけたときの $\dfrac{f(1+h)-f(1)}{h}$ の極限を考えると,

$$\lim_{h\to -0}\frac{f(1+h)-f(1)}{h}=\lim_{h\to -0}\frac{[1+h]-[1]}{h}$$
$$=\lim_{h\to -0}\frac{0-1}{h}=\lim_{h\to -0}\frac{-1}{h}=+\infty.$$

よって,極限 $\displaystyle\lim_{h\to 0}\frac{f(1+h)-f(1)}{h}$ は存在しない.したがって $f(x)$ は $x=1$ において微分可能でない. ∎

問 2.3 関数 $f(x)=[x]$ は $x=\dfrac{1}{2}$ において微分可能であることを確かめよ ($f'\left(\dfrac{1}{2}\right)$ を求めよ).

問 2.4 関数 $f(x)=|x|$ の $x=0$ における微分可能性を調べよ.

例 2.1 は,$x=1$ において連続でない(不連続な)関数の例でもある.関数の微分可能性と連続性には,次の関係がある.

定理 2.1 関数 $f(x)$ が $x=a$ において微分可能ならば,$f(x)$ は $x=a$ において連続である.

証明 関数 $f(x)$ が $x=a$ において微分可能であるとする.このとき,$\displaystyle\lim_{h\to 0}\frac{f(a+h)-f(a)}{h}$ が存在するので,

$$\lim_{x\to a}f(x)-f(a)=\lim_{x\to a}(f(x)-f(a))$$
$$=\lim_{h\to 0}(f(a+h)-f(a))$$
$$=\lim_{h\to 0}\left(h\cdot\frac{f(a+h)-f(a)}{h}\right)$$
$$=\lim_{h\to 0}h\cdot\lim_{h\to 0}\frac{f(a+h)-f(a)}{h}=0\cdot f'(a)=0.$$
$$\left(\text{ここで }\lim_{h\to 0}\frac{f(a+h)-f(a)}{h}\text{ が存在することを使っている}\right)$$

よって,$\displaystyle\lim_{x\to a}f(x)=f(a)$.ゆえに,$f(x)$ は $x=a$ において連続である. ∎

[補足 2.2] 次は定理 2.1 の対偶である．

> **定理 2.1′** 関数 $f(x)$ が $x=a$ において連続でないならば，$f(x)$ は $x=a$ において微分可能でない．

この対偶を使うと，例 2.1 は次のように証明することもできる．

例 2.1 の別証明 $\lim_{x \to 1-0} f(x) = 0 \neq 1 = f(1)$ より，$f(x) = [x]$ は $x=1$ において連続でない．したがって，定理 2.1′ より，$f(x)$ は $x=1$ において微分可能でない． ∎

一方，定理 2.1 の逆は成り立たない．このことを示すには，$f(x)$ が $x=a$ で連続であるが，$f(x)$ は $x=a$ において微分可能でないような関数 $f(x)$ と実数 a の例を 1 つ挙げればよい (そのような例を上の問題の反例という)．

例 2.2 関数 $f(x) = |x|$ を考える．このとき，$f(x)$ は $x=0$ において連続であるが，$f(x)$ は $x=0$ において微分可能でない．

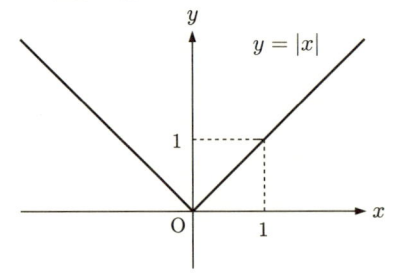

実数全体で定義された関数 $f(x)$ が $x=a$ において連続であるということは，直観的には，$f(x)$ のグラフが $x=a$ において切れていないということである．図から，$f(x)$ は連続であると観察される．一方，連続な関数 $f(x)$ が $x=a$ において微分可能であるということは，直観的には，$f(x)$ のグラフが $x=a$ において「なめらか」または「尖っていない」ことを意味している．$y=|x|$ は $x=0$ において尖ってしまっているので，$x=0$ において微分可能でないことが観察できるだろう．

もちろん，以上は単なる直観的イメージである．数学を考えていく上で，自分なりにイメージを作っていくことは重要である．しかし，イメージを考えるだけでは不十分である．上の主張が正しいことを証明することが必要である．

証明 まず，$f(x)$ は $x=0$ において連続であることを証明する．そのためには，$\lim_{x \to 0} f(x) = 0$ を示せばよい．このことを示すには，「$\lim_{x \to +0} f(x) = \lim_{x \to -0} f(x) = f(0)$」が成り立つことを証明すればよい (第 **1.5** 節 問 1.14 を参照)．これは，次のように示すことができる．

$$\lim_{x \to +0} f(x) = \lim_{x \to +0} |x| = \lim_{x \to +0} x = 0,$$

$$\lim_{x \to -0} f(x) = \lim_{x \to -0} |x| = \lim_{x \to -0} (-x) = 0,$$

$$f(0) = |0| = 0,$$

であるので，$\lim_{x \to +0} f(x) = \lim_{x \to -0} f(x) = f(0)$．ゆえに，$f(x)$ は $x = 0$ において連続である．

次に $f(x)$ は $x = 0$ において微分可能でないことを示す．

$$\lim_{h \to +0} \frac{f(0+h) - f(0)}{h} = \lim_{h \to +0} \frac{|h|}{h} = \lim_{h \to +0} \frac{h}{h} = 1,$$

$$\lim_{h \to -0} \frac{f(0+h) - f(0)}{h} = \lim_{h \to -0} \frac{|h|}{h} = \lim_{h \to +0} \frac{-h}{h} = -1.$$

よって，$\lim_{h \to +0} \frac{f(0+h) - f(0)}{h} \neq \lim_{h \to -0} \frac{f(0+h) - f(0)}{h}$．したがって，$\lim_{h \to 0} \frac{f(0+h) - f(0)}{h}$ は存在しない．ゆえに，$f(x)$ は $x = 0$ において微分可能でない．

[補足 2.3] $f(x) = |x|$ は $x = 0$ において微分可能でないが，0 以外のすべての点 x においては微分可能である．実は，連続関数で，すべての点 x において微分可能でないような関数が存在する (たとえば高木貞治著「定本 解析概論」p.509 を参照)．

2.2 導関数

いま，関数 $f(x)$ がある開区間 (a, b) の各点において微分可能であるとする．このとき，区間の各点 c に対して，微分係数 $f'(c)$ の値はただ 1 つ定まる．したがって，c を変数 x に置き換えて $y = f'(x)$ とおけば，y は (a, b) 上で定義される x の関数である (定義 1.4 を参照)．この関数のことを，$f(x)$ の**導関数**といい，$f'(x)$ で表す．微分係数の定義から，$f(x)$ の導関数 $f'(x)$ は，次の式で与えられる．

定義 2.2　　$f'(x) = \lim_{h \to 0} \dfrac{f(x+h) - f(x)}{h}.$

注意 2.1　微分係数と導関数は意味としては異なるものである．微分係数は，x の値を 1 つ与えたときに得られる「値」である．一方，導関数は，変数 x の「関数」である．

関数 $y = f(x)$ の導関数は，$f'(x)$ の他に，以下のように表すこともある．

$$y', \quad \frac{dy}{dx}, \quad \frac{d}{dx}f(x), \quad \dot{y}.$$

○コラム 10 (導関数の記号)

$\dfrac{dy}{dx}$ という記号は，ライプニッツ (1646〜1716) によって与えられた．このように表す理由は，以下の議論からも理解できる．関数 $y = f(x)$ に対して，

$$\frac{f(x+h) - f(x)}{h}$$

は x から $x+h$ まで変わるときの $y = f(x)$ の平均変化率である．x から $x+h$ までは，h だけ変化したことになるので，この h を x の**増分**といい，Δx とも表す．一方，$f(x+h) - f(x) = f(x+\Delta x) - f(x)$ は，x から $x + \Delta x$ まで変化したときに，y が $f(x)$ から $f(x+\Delta)$ まで変化した変化量を表している．この $f(x+\Delta x) - f(x)$ を Δy と表し，y の増分という．そうすると，x から $x + \Delta x$ まで変わるときの $y = f(x)$ の平均変化率は，

$$\frac{f(x+\Delta x) - f(x)}{\Delta x} = \frac{\Delta y}{\Delta x}$$

と表され，$y = f(x)$ の導関数は，

$$f'(x) = \lim_{\Delta x \to 0} \frac{\Delta y}{\Delta x}$$

と表される．ここで，$\dfrac{\Delta y}{\Delta x}$ は分数であるが，$\dfrac{dy}{dx}$ は分数でない．分数でないのに $\dfrac{dy}{dx}$ と表すのは，あたかも分数のように扱うことができるからである．このことは，合成関数の微分公式 (定理 2.7)，逆関数の微分公式 (定理 2.9)，および媒介変数表示された関数の微分法 (定理 2.19) などで確認できるだろう．なお，$\dfrac{dy}{dx}$ は「ディーワイ・ディーエックス」と読む．

一方，y' はラグランジュ (1736〜1813) によって，$\dot{y}$ はニュートン (1642–1727) によって与えられた記号である．

微分可能な関数 $f(x)$ からその導関数 $f'(x)$ を求めることを，$f(x)$ を**微分する**という．

[補足 2.4] 関数 $y = f(x)$ に対して，dx と dy を変数としてもつ正比例の関数 $dy = f'(x)\,dx$ を $y = f(x)$ の **微分** という．微分のアイデアは関数の変化の割合を 1 次関数 (接線) で近似することであり，その 1 次関数の傾きが本質的に重要であるということから，$y = f(x)$ の微分は dx-dy 平面において原点を通る直線の方程式で表される．

1 変数関数では，微分を求めることは微分係数を求めることと同じである．しかし，(本書では扱わない) 2 変数関数においては，微分係数 (導関数) は「偏微分係数 (偏導関数)」という値 (関数) に，微分は「全微分」という原点を通る平面の方程式に対応し，その違いが明確になる．

なお，変数に dx, dy を用いるのは，$dy = f'(x)\, dx$ の両辺を形式的に dx で割れば，$\dfrac{dy}{dx} = f'(x)$ となり，導関数の記号が得られるからである．

定理 2.2
(1) $f(x) = x^n$ のとき，$f'(x) = nx^{n-1}$ （ただし，n は自然数）．
(2) c が定数で $f(x) = c$ のとき，$f'(x) = 0$．

証明 (1) n を自然数とする．2 項定理
$$(x+h)^n = {}_nC_0\, x^n + {}_nC_1\, x^{n-1}h + {}_nC_2\, x^{n-2}h^2 + \cdots + {}_nC_{n-1}\, xh^{n-1} + {}_nC_n\, h^n \tag{2.3}$$
を用いると，
$$\begin{aligned}
f'(x) &= \lim_{h \to 0} \frac{(x+h)^n - x^n}{h} \\
&= \lim_{h \to 0} \frac{\left(x^n + nx^{n-1}h + \frac{n(n-1)}{2\cdot 1}x^{n-2}h^2 + \cdots + nxh^{n-1} + h^n\right) - x^n}{h} \\
&= \lim_{h \to 0} \left(nx^{n-1} + \frac{n(n-1)}{2\cdot 1}x^{n-2}h + \cdots + nxh^{n-2} + h^{n-1}\right) \\
&= nx^{n-1}.
\end{aligned}$$
よって，$f(x) = x^n$ は微分可能で，$f'(x) = nx^{n-1}$．
(2) $\displaystyle\lim_{h \to 0}\frac{c-c}{h} = \lim_{h \to 0}\frac{0}{h} = 0$．よって，$f(x) = c$ は微分可能で，$f'(x) = 0$．∎

2.3 微分の基本公式

同じ定義域 D をもつ 2 つの関数 $f(x), g(x)$ と実数 k に対して，関数 f と g の和 $(f+g)(x)$，差 $(f-g)(x)$，実数倍 $(kf)(x)$，積 $(fg)(x)$ を次で定める．定義域 D の点 x に対して，
$$\begin{aligned}
(f+g)(x) &= f(x) + g(x), \\
(f-g)(x) &= f(x) - g(x), \\
(kf)(x) &= kf(x), \\
(fg)(x) &= f(x)g(x).
\end{aligned}$$

さらに定義域 D のすべての点 x に対して $g(x) \neq 0$ であるとき，関数 f と g の商 $\left(\dfrac{f}{g}\right)(x)$ を次で定める．定義域 D の点 x に対して，

$$\left(\frac{f}{g}\right)(x) = \frac{f(x)}{g(x)}.$$

定理 2.3　k を実数とし，関数 $f(x), g(x)$ はともに $x = a$ において微分可能であるとする．このとき，$(kf)(x), (f+g)(x), (f-g)(x)$ は $x = a$ で微分可能であり，次が成り立つ．
(1)　$(kf)'(a) = kf'(a)$.
(2)　$(f+g)'(a) = f'(a) + g'(a)$.
(3)　$(f-g)'(a) = f'(a) - g'(a)$.

証明　(1) 定理 1.11 より

$$(kf)'(a) = \lim_{h \to 0} \frac{kf(a+h) - kf(a)}{h} = \lim_{h \to 0} \left(k \cdot \frac{f(a+h) - f(a)}{h}\right)$$
$$= k \cdot \lim_{h \to 0} \frac{f(a+h) - f(a)}{h} = kf'(a).$$

よって，$(kf)(x)$ は $x = a$ において微分可能で，$(kf)'(a) = kf'(a)$.

(2) 定理 1.11 より

$$(f+g)'(a) = \lim_{h \to 0} \frac{(f(a+h) + g(a+h)) - (f(a) + g(a))}{h}$$
$$= \lim_{h \to 0} \left(\frac{f(a+h) - f(a)}{h} + \frac{g(a+h) - g(a)}{h}\right)$$
$$= \lim_{h \to 0} \frac{f(a+h) - f(a)}{h} + \lim_{h \to 0} \frac{g(a+h) - g(a)}{h}$$
$$= f'(a) + g'(a).$$

よって，$y = f(a) + g(a)$ は $x = a$ において微分可能で，$(f(a) + g(a))' = f'(a) + g'(a)$.

(3) (1), (2) より $(f-g)(x) = f(x) - g(x) = f(x) + (-1)g(x) = (f + (-1)g)(x)$ は $x = a$ において微分可能で，

$$(f-g)'(a) = (f + (-1)g)'(a) = f'(a) + ((-1)g)'(a) \quad ((2) より)$$
$$= f'(a) + (-1)g'(a) \quad ((1) より)$$

$$= f'(a) - g'(a).$$
よって，$(f(a) - g(a))' = f'(a) - g'(a)$. ∎

定理 2.3 のように，関数の実数倍，和，差の微分は，それぞれの関数の微分の実数倍，和，差として計算できた．関数の積の微分は，少し状況が異なる．

定理 2.4 関数 $f(x), g(x)$ はともに $x = a$ において微分可能であるとする．このとき，$(fg)(x)$ は $x = a$ において微分可能であり，次が成り立つ．
$$(fg)'(a) = f'(a)g(a) + f(a)g'(a).$$

証明 まず，次のように変形できる．
$$\begin{aligned}(fg)'(a) &= \lim_{h \to 0} \frac{f(a+h)g(a+h) - f(a)g(a)}{h} \\ &= \lim_{h \to 0} \frac{f(a+h)g(a+h) - f(a)g(a+h) + f(a)g(a+h) - f(a)g(a)}{h} \\ &= \lim_{h \to 0} \frac{(f(a+h) - f(a))g(a+h) + f(a)(g(a+h) - g(a))}{h} \\ &= \lim_{h \to 0} \left(\frac{f(a+h) - f(a)}{h} \cdot g(a+h) + f(a) \cdot \frac{g(a+h) - g(a)}{h} \right).\end{aligned}$$
ここで，$f(x)$ と $g(x)$ は $x = a$ において微分可能なので，
$$\lim_{h \to 0} \frac{f(a+h) - f(a)}{h} = f'(a), \quad \lim_{h \to 0} \frac{g(a+h) - g(a)}{h} = g'(a)$$
(極限値が存在している)．また，$g(x)$ は $x = a$ において微分可能なので，定理 2.1 より $g(x)$ は $x = a$ において連続．よって $\lim_{h \to 0} g(a+h) = g(a)$．したがって，定理 1.11 より，
$$\begin{aligned}(fg)'(a) &= \lim_{h \to 0} \frac{f(a+h) - f(a)}{h} \cdot \lim_{h \to 0} g(a+h) + f(a) \cdot \lim_{h \to 0} \frac{g(a+h) - g(a)}{h} \\ &= f'(a)g(a) + f(a)g'(a).\end{aligned}$$
よって，$(fg)(x)$ は $x = a$ において微分可能で，
$$(fg)'(a) = f'(a)g(a) + f(a)g'(a).$$ ∎

関数の商の微分係数は，次で与えられる．

定理 2.5　関数 $f(x), g(x)$ はともに $x = a$ において微分可能で，$g(a) \neq 0$ あるとする．このとき，$\left(\dfrac{1}{g}\right)(x), \left(\dfrac{f}{g}\right)(x)$ は $x = a$ で微分可能であり，次が成り立つ．

(1) $\left(\dfrac{1}{g}\right)'(a) = -\dfrac{g'(a)}{(g(a))^2}.$

(2) $\left(\dfrac{f}{g}\right)'(a) = \dfrac{f'(a)g(a) - f(a)g'(a)}{(g(a))^2}.$

証明　(1) 仮定より $g(a) \neq 0$．また，関数 $g(x)$ は $x = a$ において微分可能であるから，$x = a$ において連続である．よって，$|h|$ が十分小さい h に対して $g(a+h) \neq 0$ が成り立つ（第 **1.5** 節 補足 1.1 を参照）．このことに注意すると，

$$\left(\frac{1}{g}\right)'(a) = \lim_{h \to 0} \frac{\frac{1}{g(a+h)} - \frac{1}{g(a)}}{h} = \lim_{h \to 0} \frac{g(a) - g(a+h)}{hg(a+h)g(a)}$$
$$= \lim_{h \to 0} \left(-\frac{g(a+h) - g(a)}{h} \cdot \frac{1}{g(a+h)g(a)} \right).$$

ここで，$g(x)$ は $x = a$ において連続なので $\lim_{h \to 0} g(a+h) = g(a)$．また，$\lim_{h \to 0} \dfrac{g(a+h) - g(a)}{h} = g'(a)$．よって，それぞれの極限値が存在しているので，定理 1.11 より，

$$\left(\frac{1}{g}\right)'(a) = \lim_{h \to 0} \left(-\frac{g(a+h) - g(a)}{h} \cdot \frac{1}{g(a+h)g(a)} \right)$$
$$= \lim_{h \to 0} \left(-\frac{g(a+h) - g(a)}{h} \right) \cdot \lim_{h \to 0} \frac{1}{g(a+h)g(a)}$$
$$= -g'(a) \cdot \frac{1}{(g(a))^2} = -\frac{g'(a)}{(g(a))^2}.$$

したがって $\left(\dfrac{1}{g}\right)(x)$ は $x = a$ において微分可能で，$\left(\dfrac{1}{g}\right)'(a) = -\dfrac{g'(a)}{(g(a))^2}$．

(2) 定理 2.4 と 2.5 (1) より $\left(\dfrac{f}{g}\right)(x) = \dfrac{f(x)}{g(x)} = f(x)\dfrac{1}{g(x)} = \left(f \cdot \dfrac{1}{g}\right)(x)$ は $x = a$ において微分可能で，

$$\left(\frac{f}{g}\right)'(a) = \left(f \cdot \frac{1}{g}\right)'(a) = f'(a) \cdot \frac{1}{g(a)} + f(a) \cdot \left(\frac{1}{g(a)}\right)'$$

$$= \frac{f'(a)}{g(a)} - \frac{f(a)g'(a)}{(g(a))^2} = \frac{f'(a)g(a) - f(a)g'(a)}{(g(a))^2}.$$

[補足 2.5] 定理 2.5 (1) において，$\left(\dfrac{1}{g}\right)(x)$ が $x = a$ において微分可能であるという事実がわかっていれば，定理 2.4 を用いて次のように証明できる．

証明 $g(x) \neq 0$ であるから $g(x) \cdot \dfrac{1}{g(x)} = 1$．定理 2.4 を用いて両辺を微分すると，

$$g'(x) \cdot \frac{1}{g(x)} + g(x) \cdot \left(\frac{1}{g(x)}\right)' = 0.$$

よって $g(x)\left(\dfrac{1}{g(x)}\right)' = -g'(x) \cdot \dfrac{1}{g(x)}$．ゆえに，$\left(\dfrac{1}{g(x)}\right)' = -\dfrac{g'(x)}{(g(x))^2}$．

定理 2.3, 2.4, 2.5 より，導関数に関する次の定理を得る．

定理 2.6 関数 $f(x), g(x)$ はともに区間 (a, b) で微分可能であるとする．このとき，次が成り立つ．
(1) $(kf(x))' = kf'(x)$ （ただし，k は定数）．
(2) $(f(x) + g(x))' = f'(x) + g'(x)$.
(3) $(f(x) - g(x))' = f'(x) - g'(x)$.
(4) $(f(x)g(x))' = f'(x)g(x) + f(x)g'(x)$.
さらに区間 (a, b) の任意の点 x に対して $g(x) \neq 0$ であるとき，
(5) $\left(\dfrac{1}{g(x)}\right)' = -\dfrac{g'(x)}{(g(x))^2}$.
(6) $\left(\dfrac{f(x)}{g(x)}\right)' = \dfrac{f'(x)g(x) - f(x)g'(x)}{(g(x))^2}$.

例題 2.2 $f(x) = 3x^4 - 2x^3 + x^2 - x + 5$ の導関数を求めよ．

解答
$$\begin{aligned} f'(x) &= 3(x^4)' - 2(x^3)' + (x^2)' - (x)' + (5)' \\ &= 3 \cdot 4x^3 - 2 \cdot 3x^2 + 2x - 1 + 0 \\ &= 12x^3 - 6x^2 + 2x - 1. \end{aligned}$$

問 2.5 定理 2.6 を用いて，次の関数 $f(x)$ の導関数を求めよ．
(1) $f(x) = 2x^2 + x + 1$ (2) $f(x) = 5x^3 - 3x^2 + 2x - 6$

例題 2.3 $f(x) = (2x+1)(3x^2 - x - 1)$ の導関数を求めよ．

解答
$$\begin{aligned}f'(x) &= (2x+1)'(3x^2 - x - 1) + (2x+1)(3x^2 - x - 1)' \\ &= 2(3x^2 - x - 1) + (2x+1)(6x - 1) \\ &= 18x^2 + 2x - 3.\end{aligned}$$

問 2.6 定理 2.6 を用いて，次の関数 $f(x)$ の導関数を求めよ．
(1) $f(x) = (x^3 - 1)(2x + 1)$　　　(2) $f(x) = x^5(2x^4 - 2)$

例題 2.4 $f(x) = \dfrac{3x^2 - 5x + 2}{2x^2 + x + 1}$ の導関数を求めよ．

解答
$$\begin{aligned}f'(x) &= \frac{(3x^2 - 5x + 2)'(2x^2 + x + 1) - (3x^2 - 5x + 2)(2x^2 + x + 1)'}{(2x^2 + x + 1)^2} \\ &= \frac{(6x - 5)(2x^2 + x + 1) - (3x^2 - 5x + 2)(4x + 1)}{(2x^2 + x + 1)^2} \\ &= \frac{13x^2 - 2x - 7}{(2x^2 + x + 1)^2}.\end{aligned}$$

問 2.7 次の関数の導関数を求めよ．
(1) $f(x) = \dfrac{1}{x^2 + 1}$　　　(2) $f(x) = \dfrac{2x - 1}{3x^2 + 2x + 1}$
(3) $f(x) = \dfrac{x^2 + 3x + 5}{x^2 - x + 4}$

2.4　合成関数の微分法

2 つの関数 $y = f(u)$ と $u = g(x)$ に対して，$u = g(x)$ の値域が $y = f(u)$ の定義域に含まれるとする．このとき，$u = g(x)$ の定義域の点 x に対して $f(g(x))$ を対応させる関数を g と f の**合成関数**といい，$y = (f \circ g)(x)$ と表す

(定理 1.17 を参照). 定義より, 任意の x に対して
$$(f \circ g)(x) = f(g(x))$$
が成り立つ. 合成関数の微分の公式は次で与えられる.

定理 2.7 関数 $u = g(x)$ が $x = a$ において微分可能であり, 関数 $y = f(u)$ が $u = g(a)$ で微分可能であるとする. このとき, 合成関数 $y = (f \circ g)(x)$ は $x = a$ において微分可能であり, 次が成り立つ.
$$(f \circ g)'(a) = f'(g(a))g'(a).$$

証明
$$\lim_{h \to 0} \frac{(f \circ g)(a+h) - (f \circ g)(a)}{h} = \lim_{h \to 0} \frac{f(g(a+h)) - f(g(a))}{h}$$ より
$$\lim_{h \to 0} \frac{f(g(a+h)) - f(g(a))}{h} = f'(g(a))g'(a)$$
が成り立つことを証明すればよい. h の関数 $\varepsilon(h)$ を
$$\varepsilon(h) = \frac{g(a+h) - g(a)}{h} - g'(a) \quad (\text{ただし } h \neq 0)$$
で定める. このとき, $h \to 0$ ならば $\varepsilon(h) \to 0$ で,
$$g(a+h) - g(a) = h(g'(a) + \varepsilon(h)). \tag{2.4}$$
また, h の関数 $k(h)$ を
$$k(h) = g(a+h) - g(a) \tag{2.5}$$
で定める. g は連続なので, $h \to 0$ ならば $k(h) \to 0$. さらに $b = g(a)$ とおき, h の関数 $\delta(h)$ を
$$\delta(h) = \begin{cases} \dfrac{f(b+k(h)) - f(b)}{k(h)} - f'(b) & (k(h) \neq 0 \text{ のとき}) \\ 0 & (k(h) = 0 \text{ のとき}) \end{cases}$$
で定める. このときすべての h に対して
$$f(b+k(h)) - f(b) = k(h) \cdot (f'(b) + \delta(h)) \tag{2.6}$$
が成り立ち, $h \to 0$ ならば $k(h) \to 0$ より $\delta(h) \to 0$ となる.

ここで,
$$\begin{aligned}
f(g(a+h)) - f(g(a)) &= f(g(a) + k(h)) - f(g(a)) & ((2.5) \text{より}) \\
&= f(b + k(h)) - f(b) & (g(a) = b \text{より}) \\
&= k(h) \cdot (f'(b) + \delta(h)) & ((2.6) \text{より}) \\
&= (g(a+h) - g(a)) \cdot (f'(b) + \delta(h)) & ((2.5) \text{より}) \\
&= h(g'(a) + \varepsilon(h)) \cdot (f'(b) + \delta(h)) & ((2.4) \text{より}).
\end{aligned}$$

よって
$$\frac{f(g(a+h)) - f(g(a))}{h} = (g'(a) + \varepsilon(h))(f'(b) + \delta(h)).$$

いま, $h \to 0$ のとき $g'(a) + \varepsilon(h) \to g'(a)$, $f'(b) + \delta(h) \to f'(b)$. ゆえに, 定理 1.11 より
$$\lim_{h \to 0} \frac{f(g(a+h)) - f(g(a))}{h} = g'(a)f'(b) = f'(g(a))g'(a). \quad \blacksquare$$

定理 2.7 より次が成り立つ.

定理 2.8　関数 $u = g(x), y = f(u)$ はともに微分可能であるとする. このとき, 次が成り立つ.
$$(f \circ g)'(x) = f'(g(x))g'(x) \quad \text{または} \quad \frac{dy}{dx} = \frac{dy}{du} \cdot \frac{du}{dx}.$$

[補足 2.6] 教科書によっては, 定理 2.8 の証明は次のように与えられている.

証明　$u = g(x)$ において, x の増分 Δx に対する u の増分を $\Delta u \, (= g(x + \Delta x) - g(x))$, $y = f(u)$ において, u の増分 Δu に対する y の増分を $\Delta y \, (= f(u + \Delta u) - f(u))$ とすると, $g(x) = u$, $g(x + \Delta x) = g(x) + \Delta u$ である. よって
$$\begin{aligned}
\frac{\Delta y}{\Delta x} &= \frac{f(g(x + \Delta x)) - f(g(x))}{\Delta x} \\
&= \frac{f(g(x + \Delta x)) - f(g(x))}{g(x + \Delta x) - g(x)} \cdot \frac{g(x + \Delta x) - g(x)}{\Delta x} \\
&= \frac{f(u + \Delta u) - f(u)}{\Delta u} \cdot \frac{g(x + \Delta x) - g(x)}{\Delta x} \\
&= \frac{\Delta y}{\Delta u} \cdot \frac{\Delta u}{\Delta x}.
\end{aligned}$$
ここで $u = g(x)$ は連続であるから, $\Delta x \to 0$ のとき $\Delta u \to 0$. よって
$$\begin{aligned}
\frac{dy}{dx} &= \lim_{\Delta x \to 0} \frac{\Delta y}{\Delta x} = \lim_{\Delta x \to 0} \left(\frac{\Delta y}{\Delta u} \cdot \frac{\Delta u}{\Delta x} \right) \\
&= \lim_{\Delta u \to 0} \frac{\Delta y}{\Delta u} \cdot \lim_{\Delta x \to 0} \frac{\Delta u}{\Delta x} = \frac{dy}{du} \cdot \frac{du}{dx}. \quad \blacksquare
\end{aligned}$$

2.5 逆関数の導関数

この証明は定理 2.7 で行った証明より容易である．さらに，定理 2.8 における 2 番目の合成関数の微分公式が，なぜ分数の計算のように表されているかも理解できる．しかし，この証明は以下の理由で厳密性に欠ける．極限の意味を思い出そう．$\lim_{\Delta x \to 0} \frac{\Delta y}{\Delta x}$ は「Δx が 0 とは異なる値をとりながら限りなく 0 に近づくとき，(その近づき方によらず) $\frac{\Delta y}{\Delta x}$ が限りなく近づく値」のことである．したがって，$\lim_{\Delta x \to 0} \frac{\Delta y}{\Delta x}$ を計算する際に，Δx は 0 とは異なる値をとるものとして考える．しかし，Δx が 0 でなくても Δu が 0 になる可能性がある．たとえば，次の例を考えよう．

例 2.3 関数 $u = g(x)$ を $g(x) = 1$ (定数関数) とする．このとき，合成関数 $y = f(g(x))$ の $x = 0$ における微分係数を求めることを考えよう．$\Delta u = g(0 + \Delta x) - g(0) = 1 - 1 = 0$ より，Δu の値は常に 0 となる．

そうすると，「Δu が 0 の場合，$\frac{\Delta y}{\Delta u}$ は数として考えられないのに，$\lim_{\Delta x \to 0} \left(\frac{\Delta y}{\Delta u} \cdot \frac{\Delta u}{\Delta x} \right)$ は計算できるのだろうか？」という問題が生じてしまうのである．そのため，厳密には定理 2.7 のように証明を行う必要がある．

例題 2.5 $f(x) = 5(x^3 + 5)^9$ の導関数を求めよ．

解答 $y = f(x)$ とし，$u = x^3 + 5$ とおくと，$y = 5u^9$ より，
$$f'(x) = \frac{dy}{dx} = \frac{dy}{du} \cdot \frac{du}{dx} = 45u^8 \cdot 3x^2 = 45(x^3 + 5)^8 \cdot 3x^2$$
$$= 135x^2(x^3 + 5)^8.$$

問 2.8 次の導関数を求めよ．
(1) $f(x) = (x^2 + 3)^7$ (2) $f(x) = \dfrac{3}{(4x + 1)^4}$

2.5 逆関数の導関数

関数 $y = f(x)$ の逆関数の定義を思い出そう．注意しなければならないのは，すべての関数に対して，その逆関数を定義できるとは限らないという点である．

定義 2.3 関数 $y = f(x)$ を x に関する方程式と考えて，x について解き，ただ 1 つの解 $x = g(y)$ が得られたとする．このとき，実数 y を決めると，

それに応じてただ 1 つの実数 $g(y)$ が決まるので，x は y の関数である．この関数 $x = g(y)$ を $y = f(x)$ の**逆関数**といい，$x = f^{-1}(y)$ と表す．

具体的に，関数 $y = 3x + 3$ を用いて上の定義を考える．この関数を x に関する方程式と考えて x について解くと，$x = \dfrac{y}{3} - 1$ となる．すなわち，解がただ 1 つ得られたことになる．よって，$x = \dfrac{y}{3} - 1$ が $y = 3x + 3$ の逆関数である．

定義 2.3 における下線部に注意する．関数 $y = f(x)$ の逆関数が考えられるのは，「$y = f(x)$ を x に関する方程式と考えて x について解いたときに，ただ 1 つの解 $x = g(y)$ が得られるとき」だけである．たとえば，関数 $y = x^2$ を x の方程式と考えて，x について解く．このとき，$x = \pm\sqrt{y}$ となり，2 つの解が得られる．よって，x は y の関数でない．なぜなら，y の値を決めたときに，それに対応する x の値がただ 1 つに決まらないからである (定義 1.4 参照)．したがって，$y = x^2$ の逆関数は存在しない．

ただし，たとえば $y = x^2$ の定義域を $x \geqq 0$ と制限して $y = x^2$ $(x \geqq 0)$ とすれば，x についての方程式の解は $x = \sqrt{y}$ とただ 1 つになる．よって $y = x^2$ $(x \geqq 0)$ の逆関数は $x = \sqrt{y}$ である (定義域を $x \leqq 0$ と制限した場合の $y = x^2$ の逆関数はどうなるか考えてみよう)．

[補足 2.7] 関数 $y = f(x)$ に対して，変数 x の値を決めると変数 y の値が $f(x)$ に決まる．この意味で，x を関数 $y = f(x)$ の**独立変数**といい，y を関数 $y = f(x)$ の**従属変数**という．独立変数を x で，従属変数を y で表す慣習があるため，関数 $y = f(x)$ の逆関数は，$x = f^{-1}(y)$ の x と y を入れ替えて，$y = f^{-1}(x)$ と表されることもある．

一方，関数 $y = f(x)$ の定義域は $y = f(x)$ の逆関数の値域に，$y = f(x)$ の値域は $y = f(x)$ の逆関数の定義域に，それぞれ入れ替わる．本書では，「$y = f(x)$ の定義域の要素を x で表し，値域の要素を y で表す」という立場をとって，$y = f(x)$ の逆関数を $x = f^{-1}(y)$ と表す．この場合，逆関数 $x = f^{-1}(y)$ の独立変数は y であり，従属変数は x である (x と y 役割が入れ替わる)．

x と y をどう入れ替えるかは，考え方の違いであって，どちらが正しいというわけではない．ただし，現代数学においては，実数の集合だけでなく一般の集合も関数の定義域や値域として考えられ，関数は「量 x が変化したときに変化する量 y」としてではなく，「定義域の各要素に対して値域の要素決める対応」と一般的に定められる．このとき変数という概念は重要でないため，関数 $y = f(x)$ は単に f と表され，x, y はそれぞれ定義域，値域の要素を表す際に用いられる．この場合，本書の立場で逆関数を表した

方が扱いやすいことがある.

関数 $y = f(x)$ が逆関数 $x = f^{-1}(y)$ をもつとする. このとき, $x = f^{-1}(y)$ の逆関数は $y = f(x)$ であることに注意する. 実際, $y = f(x)$ を x について解いて得られた解が $x = f^{-1}(y)$ なので, $x = f^{-1}(y)$ を y について解くと $x = f(y)$ となるからである. したがって次が成り立つ.

$$y = f(x) \iff x = f^{-1}(y). \tag{2.7}$$

関数 $y = f(x)$ が次の条件を満たすとき, $f(x)$ は **狭義単調増加関数** であるという.

　　定義域の任意の点 x_1, x_2 に対して, $x_1 < x_2$ ならば $f(x_1) < f(x_2)$.

また, $f(x)$ が次の条件を満たすとき, $f(x)$ は **狭義単調減少関数** であるという.

　　定義域の任意の点 x_1, x_2 に対して, $x_1 < x_2$ ならば $f(x_1) > f(x_2)$.

$f(x)$ が狭義単調増加関数または狭義単調減少関数であるとき, $f(x)$ は **狭義単調関数** であるという.

$y = f(x)$ が連続な狭義単調関数であれば, $f(x)$ の値域の点 β に対して $f(\alpha) = \beta$ を満たす定義域の点 α がただ 1 つ存在する (補足 2.8 参照). したがって, 連続な狭義単調関数は逆関数をもつ. 逆関数の微分については, 次が成り立つ.

定理 2.9 $y = f(x)$ をある区間において連続な狭義単調関数で, $x = a$ において微分可能であり, $f'(a) \neq 0$ であるとする. また, $x = g(y)$ を $y = f(x)$ の逆関数とし, $b = f(a)$ (すなわち $a = g(b)$) であるとする. このとき, $x = g(y)$ は $y = b$ において微分可能であり, 次が成り立つ.

$$g'(b) = \frac{1}{f'(g(b))}.$$

証明
$$\lim_{h \to 0} \frac{g(b+h) - g(b)}{h} = \frac{1}{f'(g(b))}$$

が成り立つことを示せばよい. h を $h \neq 0$ を満たす実数とする. h の関数 $k(h)$ を

$$k(h) = g(b+h) - g(b) \tag{2.8}$$

で定める．このとき, $g(b+h) = g(b)+k(h) = a+k(h)$ より $f(a+k(h)) = b+h$. よって $f(a) = b$ より
$$h = f(a + k(h)) - b = f(a + k(h)) - f(a). \tag{2.9}$$

(2.8)と (2.9) より
$$\frac{g(b+h) - g(b)}{h} = \frac{k(h)}{f(a+k(h)) - f(a)}.$$

ここで，すべての h に対して $k(h) \neq 0$ が成り立つ．このことを背理法で示そう. $k(h) = 0$ である h が存在したと仮定する．このとき, (2.8) より $g(b+h) = g(b)$. よって
$$b + h = f(g(b+h)) = f(g(b)) = b.$$

したがって, $h = 0$ となるが，これは，証明のはじめに $h \neq 0$ としたことに矛盾している．よって，すべての h に対して $k(h) \neq 0$ である．さて，仮定より $f'(a) \neq 0$ なので, $|k|$ が十分小さい k に対して $\frac{f(a+k) - f(a)}{k} \neq 0$ である (第 1.5 節 補足 1.1 を参照). また, $g(x)$ は $x = a$ において連続なので (補足 2.8 を参照), $h \to 0$ ならば $k(h) \to 0$ である．したがって

$$\begin{aligned}
\lim_{h \to 0} \frac{g(b+h) - g(b)}{h} &= \lim_{h \to 0} \frac{k(h)}{f(a+k(h)) - f(a)} \\
&= \lim_{k \to 0} \frac{k}{f(a+k) - f(a)} \\
&= \lim_{k \to 0} \frac{1}{\frac{f(a+k) - f(a)}{k}} \\
&= \frac{1}{f'(a)} = \frac{1}{f'(g(b))}.
\end{aligned}$$

ゆえに $x = g(y)$ は $y = b$ において微分可能で, $g'(b) = \dfrac{1}{f'(g(b))}$.

[補足 2.8] 上の議論で認めた次の事実を証明する．

2.5 逆関数の導関数

> $y = f(x)$ を区間 $[a,b]$ において連続な狭義単調増加関数 (狭義単調減少関数) とする. また, $c = f(a), d = f(b)$ とおく. このとき, $y = f(x)$ は $[c,d]$ を定義域とする逆関数 $x = f^{-1}(y)$ をもち, $f^{-1}(y)$ は狭義単調増加関数 (狭義単調減少関数) であり, かつ区間 (c,d) において連続[1]である.

証明 狭義単調増加関数である場合について証明する (狭義単調減少関数の場合も同様に証明できる).

<u>主張 1.</u> $y = f(x)$ は $[c,d]$ を定義域とする逆関数 $x = f^{-1}(y)$ をもつ.

(主張 1 の証明) $y = f(x)$ が定義 2.3 の条件を満たすこと, すなわち, 区間 $[c,d]$ の任意の点 β に対して, $f(x) = \beta$ の解となる $[a,b]$ の点 $x = \alpha$ がただ 1 つ得られることを示せばよい. まず, $f(x) = \beta$ の解となる $[a,b]$ の点 α が存在することを示す. $\beta = c$ のときは $\alpha = a$ とし, $\beta = d$ のときは $\alpha = b$ とすればよい. $c < \beta < d$ のときを考える. このとき関数 $g(x) = f(x) - \beta$ は $[a,b]$ において連続であり,

$$g(a) = f(a) - \beta < 0 < f(b) - \beta = g(b)$$

を満たす. よって中間値の定理 (定理 1.18) より, $g(\alpha) = 0$ を満たす区間 (a,b) の点 α が存在する. $g(x)$ の定め方より $f(\alpha) - \beta = 0$. よって $f(\alpha) = \beta$. ゆえに, いずれの場合も $f(x) = \beta$ の解となる $[a,b]$ の点 $x = \alpha$ が存在する.

次に区間 $[c,d]$ の任意の点 β に対して, $f(x) = \beta$ の解となる $[a,b]$ の点 $x = \alpha$ はただ 1 つしか存在しないこと, すなわち $[a,b]$ の点 γ に対して「$f(\alpha) = f(\gamma) \Longrightarrow \alpha = \gamma$」が成り立つことを示す. 上の対偶「$\alpha \neq \gamma \Longrightarrow f(\alpha) \neq f(\gamma)$」を証明しよう (コラム 7 を参照). $\alpha \neq \gamma$ とする. 一般性を失うことなく $\alpha < \gamma$ としてよい. $f(x)$ は狭義単調増加ゆえ $f(\alpha) < f(\gamma)$. よって, $f(\alpha) \neq f(\gamma)$. ゆえに, $f(x) = \beta$ の解となる $[a,b]$ の点 $x = \alpha$ はただ 1 つしか存在しない.

よって, 逆関数の定義 2.3 より, $f(x)$ は $[c,d]$ を定義域とする逆関数 $f^{-1}(y)$ をもつ.

<u>主張 2.</u> $f^{-1}(y)$ は狭義単調増加である.

(主張 2 の証明) 区間 $[c,d]$ の点 y_1, y_2 に対して「$y_1 < y_2 \Longrightarrow f^{-1}(y_1) < f^{-1}(y_2)$」を示せばよい. 対偶「$f^{-1}(y_1) \geqq f^{-1}(y_2) \Longrightarrow y_1 \geqq y_2$」を示そう. $f^{-1}(y_1) \geqq f^{-1}(y_2)$ と仮定する. $x_1 = f^{-1}(y_1), x_2 = f^{-1}(y_2)$ とおく. このとき, $y_1 = f(x_1), y_2 = f(x_2)$. $x_1 \geqq x_2$ で f が狭義単調増加関数であることから $y_1 = f(x_1) \geqq f(x_2) = y_2$. よって $y_1 \geqq y_2$. したがって, $f^{-1}(y)$ は狭義単調増加である.

<u>主張 3.</u> $f^{-1}(y)$ は区間 (c,d) において連続である.

(主張 3 の証明) β を区間 (c,d) の任意の点とする. 関数の極限の厳密な定義 (第 **1.5** 節) による関数の連続性のいい直し (第 **1.6** 節) を用いて, $f^{-1}(y)$ が β において連続であることを示す. 任意に正の数 ε を与える.

---

[1] 実際は $[c,d]$ においても連続になっている.

$|y - \beta| < \delta$ を満たすすべての (c, d) の点 y に対して $|f^{-1}(y) - f^{-1}(\beta)| < \varepsilon$ を満たす正の数 δ が存在することを示せばよい．$\alpha = f^{-1}(\beta)$ とおく．このとき $\beta = f(\alpha)$．いま，$c < \beta < d$ で $f^{-1}(x)$ は狭義単調増加関数だから $a = f^{-1}(c) < \alpha < f^{-1}(d) = b$．ここで，$\varepsilon$ は $a < \alpha - \varepsilon, \alpha + \varepsilon < b$ を満たす十分小さい正の数であるとしても一般性を失わない（問 1.19 を参照）．$f(x)$ は狭義単調増加関数なので $f(\alpha - \varepsilon) < f(\alpha) < f(\alpha + \varepsilon)$．ここで，$\delta$ を $f(\alpha) - f(\alpha - \varepsilon)$ と $f(\alpha + \varepsilon) - f(\alpha)$ の小さい方の値とする．このとき，δ は正の数であり，$\delta \leq f(\alpha) - f(\alpha - \varepsilon)$ より $f(\alpha - \varepsilon) \leq f(\alpha) - \delta$, $\delta \leq f(\alpha + \varepsilon) - f(\alpha)$ より $f(\alpha) + \delta \leq f(\alpha + \varepsilon)$ が成り立つ．よって，$|y - \beta| < \delta$ を満たす (c, d) の点 y に対して

$$f(\alpha - \varepsilon) \leq f(\alpha) - \delta = \beta - \delta < y < \beta + \delta = f(\alpha) + \delta \leq f(\alpha + \varepsilon)$$

$f^{-1}(y)$ は狭義単調増加関数であり

$$f^{-1}(f(\alpha - \varepsilon)) = \alpha - \varepsilon = f^{-1}(\beta) - \varepsilon,$$
$$f^{-1}(f(\alpha + \varepsilon)) = \alpha + \varepsilon = f^{-1}(\beta) + \varepsilon$$

であることに注意すると，

$$f^{-1}(\beta) - \varepsilon < f^{-1}(y) < f^{-1}(\beta) + \varepsilon,$$

すなわち，$|f^{-1}(y) - f^{-1}(\beta)| < \varepsilon$．ゆえに，$f^{-1}(y)$ は (c, d) において連続である． ∎

定理 2.10 $y = f(x)$ をある区間において連続な狭義単調関数で，微分可能であり，$f'(x)$ の定義域におけるすべての x に対して $f'(x) \neq 0$ であるとする．また，$x = g(y)$ を $y = f(x)$ の逆関数とする．このとき，$x = g(y)$ は微分可能であり，次が成り立つ．

$$g'(y) = \frac{1}{f'(g(y))} \quad \text{または} \quad \frac{dx}{dy} = \frac{1}{\frac{dy}{dx}}.$$

[補足 2.9] 定理 2.10 において $y = f(x)$ の逆関数 $x = g(y)$ が微分可能であるという事実がわかっていれば，定理 2.10 は次のように容易に証明できる．

証明 $x = g(y)$ は $y = f(x)$ の逆関数なので，定義域内のすべての x に対して $x = f(g(x))$ である．合成関数の微分法（定理 2.8）より，両辺を微分して $1 = f'(g(y))g'(y)$．よって $f'(g(y)) \neq 0$ より，$g'(y) = \dfrac{1}{f'(g(y))}$．

ここで，$g'(y) = \dfrac{dx}{dy}, f'(g(y)) = f'(x) = \dfrac{dy}{dx}$ とも表されるので，$\dfrac{dx}{dy} = \dfrac{1}{\frac{dy}{dx}}$． ∎

n が自然数のときの関数 $y = x^n$ の導関数が $y' = nx^{n-1}$ であることは，定理 2.2 で示された．ここでは，p が有理数の場合も $y = x^p$ の導関数が定理 2.2

と同様に与えられることを，逆関数と合成関数の微分法を用いて示す．すなわち，次の定理を証明する．

定理 2.11 p を有理数とする．このとき，$y = x^p$ は $x > 0$ において微分可能であり
$$(x^p)' = px^{p-1}.$$

定理 2.11 の証明のために，まず，次の補題を示す必要がある．

補題． 0 でない整数 n に対して $(x^{\frac{1}{n}})' = \dfrac{1}{n} x^{\frac{1}{n}-1}$ （ただし，$x > 0$）．

証明 $y = x^{\frac{1}{n}}$ は $x = y^n$ の逆関数である（ただし，$y \geqq 0$）．このとき，$\dfrac{dx}{dy} = ny^{n-1}$．よって逆関数の微分法 (定理 2.9) より
$$(x^{\frac{1}{n}})' = \frac{dy}{dx} = \frac{1}{\frac{dx}{dy}} = \frac{1}{ny^{n-1}}.$$
ここで $y = x^{\frac{1}{n}}$ より
$$\frac{1}{y^{n-1}} = \frac{1}{(x^{\frac{1}{n}})^{n-1}} = \frac{1}{x^{1-\frac{1}{n}}} = x^{\frac{1}{n}-1}.$$
したがって，$(x^{\frac{1}{n}})' = \dfrac{1}{n} x^{\frac{1}{n}-1}$． ∎

定理 2.11 の証明 p を有理数とすると，$p = \dfrac{m}{n}$ となる整数 m, n がある（ただし $n \neq 0$）．このとき，$y = x^p$ に対して，$x^p = x^{\frac{m}{n}} = (x^{\frac{1}{n}})^m$．ここで，$u = x^{\frac{1}{n}}$ とおくと，$y = u^m$．よって合成関数の微分法 (定理 2.8) と上の補題から，
$$(x^p)' = mu^{m-1} \cdot \frac{du}{dx} = m(x^{\frac{1}{n}})^{m-1} \cdot \frac{1}{n} x^{\frac{1}{n}-1}$$
$$= \frac{m}{n} x^{\frac{m-1}{n}+(\frac{1}{n}-1)} = \frac{m}{n} x^{\frac{m}{n}-1}$$
$$= px^{p-1}. \qquad \blacksquare$$

例 2.4 $f(x) = \sqrt{x}$ の導関数は，
$$f'(x) = (\sqrt{x})' = \left(x^{\frac{1}{2}}\right)' = \frac{1}{2}x^{\frac{1}{2}-1} = \frac{1}{2}x^{-\frac{1}{2}} = \frac{1}{2\sqrt{x}}.$$

例題 2.6 $f(x) = \sqrt{3x^4 - 1}$ の導関数を求めよ．

[解答] $y = f(x)$, $u = 3x^4 - 1$ とおくと，$y = \sqrt{u}$. よって合成関数の微分法（定理 2.8）より，
$$f'(x) = \frac{dy}{dx} = \frac{dy}{du} \cdot \frac{du}{dx} = \frac{1}{2\sqrt{u}} \cdot (12x^3) = \frac{6x^3}{\sqrt{3x^4 - 1}}.$$

問 2.9 次の導関数を求めよ．
(1) $f(x) = \sqrt{2x^2 + 1}$ (2) $f(x) = \dfrac{1}{\sqrt{x^3 + 1}}$

2.6 三角関数の導関数

三角関数の導関数は，次で与えられる．

定理 2.12 三角関数 $y = \sin x$, $y = \cos x$, $y = \tan x$ は，それぞれ定義域において微分可能であり，次が成り立つ．
(1) $(\sin x)' = \cos x.$
(2) $(\cos x)' = -\sin x.$
(3) $(\tan x)' = \dfrac{1}{\cos^2 x}$ $\left(\text{ただし, } x \neq \pi n + \dfrac{\pi}{2}, n \text{ は整数}\right).$

定理 2.12 (1) の証明には，定理 1.10 で証明した次の極限値が必要である．
$$\lim_{h \to 0} \frac{\sin h}{h} = 1. \tag{2.10}$$

(2.10) より
$$\lim_{h \to 0} \frac{\cos h - 1}{h} = 0 \tag{2.11}$$

が成り立つ．実際，
$$\lim_{h \to 0} \frac{\cos h - 1}{h} = \lim_{h \to 0} \frac{(\cos h - 1)(\cos h + 1)}{h(\cos h + 1)} = \lim_{h \to 0} \frac{\cos^2 h - 1}{h(\cos h + 1)}$$

$$= \lim_{h \to 0} \frac{-\sin^2 h}{h(\cos h + 1)} = \lim_{h \to 0} \frac{\sin h}{h} \cdot \frac{-\sin h}{\cos h + 1} = 0.$$

定理 2.12 の証明 (1)
$$\lim_{h \to 0} \frac{\sin(x+h) - \sin x}{h} = \lim_{h \to 0} \frac{\sin x \cos h + \cos x \sin h - \sin x}{h}$$
$$\text{(三角関数の加法定理より)}$$
$$= \lim_{h \to 0} \frac{\cos x \sin h + \sin x (\cos h - 1)}{h}$$
$$= \lim_{h \to 0} \left(\cos x \frac{\sin h}{h} + \sin x \frac{(\cos h - 1)}{h} \right)$$
$$= \cos x \lim_{h \to 0} \frac{\sin h}{h} + \sin x \lim_{h \to 0} \frac{(\cos h - 1)}{h}$$
$$= \cos x \quad ((2.10), (2.11) \text{より}).$$

ゆえに, $y = \sin x$ は微分可能で, $(\sin x)' = \cos x$.

(2) は (1) と同様に示せるが, 次の方法でも証明できる. $u = \frac{\pi}{2} - x$ とおく. このとき $\cos x = \sin\left(\frac{\pi}{2} - x\right) = \sin u$ より, 合成関数の微分法 (定理 2.8) から $y = \cos x = \sin u$ は微分可能であり,
$$(\cos x)' = \frac{d}{dx}(\sin u) = \frac{d}{du}(\sin u) \cdot \frac{du}{dx} = \cos u \cdot (-1)$$
$$= -\cos\left(\frac{\pi}{2} - x\right) = -\sin x.$$

(3) $x \neq \pi n + \frac{\pi}{2}$ (n は整数) のとき, $\tan x$ は定義され, $\tan x = \frac{\sin x}{\cos x}$ が成り立つ. よって, 商の微分公式 (定理 2.6 の (6)) から, $y = \tan x = \frac{\sin x}{\cos x}$ は $x \neq \pi n + \frac{\pi}{2}$ (n は整数) において微分可能であり,
$$(\tan x)' = \left(\frac{\sin x}{\cos x}\right)' = \frac{(\sin x)' \cos x - \sin x \cdot (\cos x)'}{\cos^2 x}$$
$$= \frac{\cos^2 x + \sin^2 x}{\cos^2 x} = \frac{1}{\cos^2 x}.$$

例題 2.7 $f(x) = \sin^2 x$ の導関数を求めよ.

解答 $y = f(x)$, $u = \sin x$ とおくと, $y = u^2$. よって合成関数の微分法 (定

理 2.8) より,
$$f'(x) = \frac{dy}{dx} = \frac{dy}{du} \cdot \frac{du}{dx} = 2u \cdot \cos x = 2\sin x \cos x.$$

問 2.10 次の導関数を求めよ．
(1) $f(x) = \sin(x^2)$ (2) $f(x) = \cos^3 x$ (3) $f(x) = \tan^2 x$

2.7 逆三角関数とその導関数

正弦関数 $y = \sin x$ を考える．実数全体で定義されるこの関数は，逆関数をもたない．なぜならば，たとえば $\sin x = 0$ となる x は $0, \pi, -\pi, 2\pi, \ldots$ と複数あり，$y = 0$ に対する x がただ 1 つに定まらないからである (定義 2.3 参照)．しかし，x の範囲を $-\frac{\pi}{2} \leqq x \leqq \frac{\pi}{2}$ に制限すれば，$y = \sin x$ は狭義単調増加な関数となる．よって，与えられた y $(-1 \leqq y \leqq 1)$ に対して，$y = \sin x$ を満たす x は $-\frac{\pi}{2} \leqq x \leqq \frac{\pi}{2}$ にただ 1 つ存在する．

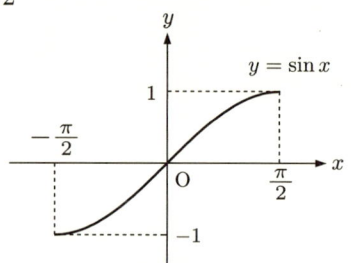

したがって，$-\frac{\pi}{2} \leqq x \leqq \frac{\pi}{2}$ を定義域とする正弦関数 $y = \sin x$ には，逆関数が存在する．

定義 2.4 定義域を $-\frac{\pi}{2} \leqq y \leqq \frac{\pi}{2}$ とする正弦関数 $x = \sin y$ の逆関数を**逆正弦関数 (アークサイン)** といい，
$$y = \mathrm{Sin}^{-1} x$$
と表す．

注意 2.2 $\mathrm{Sin}^{-1} x$ は $\arcsin x$ とも表される．

注意 2.3 $y = \mathrm{Sin}^{-1} x$ の定義域は $-1 \leqq x \leqq 1$ である．

例 2.5 $\mathrm{Sin}^{-1}1 = \dfrac{\pi}{2}$, $\mathrm{Sin}^{-1}0 = 0$, $\mathrm{Sin}^{-1}\left(-\dfrac{1}{2}\right) = -\dfrac{\pi}{6}$.

問 2.11 次の値を求めよ.
(1) $\mathrm{Sin}^{-1}\dfrac{1}{\sqrt{2}}$
(2) $\mathrm{Sin}^{-1}\left(\sin\dfrac{1}{\sqrt{2}}\right)$
(3) $\mathrm{Sin}^{-1}\left(\sin\dfrac{2\pi}{3}\right)$
(4) $\mathrm{Sin}^{-1}\left(\cos\dfrac{\pi}{6}\right)$

$y = \mathrm{Sin}^{-1}x$ のグラフは, $y = \sin x$ のグラフを直線 $y = x$ に関して対称移動したものである.

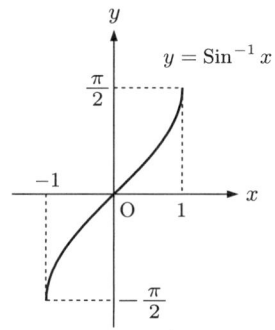

余弦関数 $y = \cos x$ は, 定義域が $0 \leqq x \leqq \pi$ のとき狭義単調減少であり, 正接関数 $y = \tan x$ は, 定義域が $-\dfrac{\pi}{2} < x < \dfrac{\pi}{2}$ のとき狭義単調増加である.

よって, それぞれの定義域において, 余弦関数 $y = \cos x$ および $y = \tan x$ には逆関数が存在する.

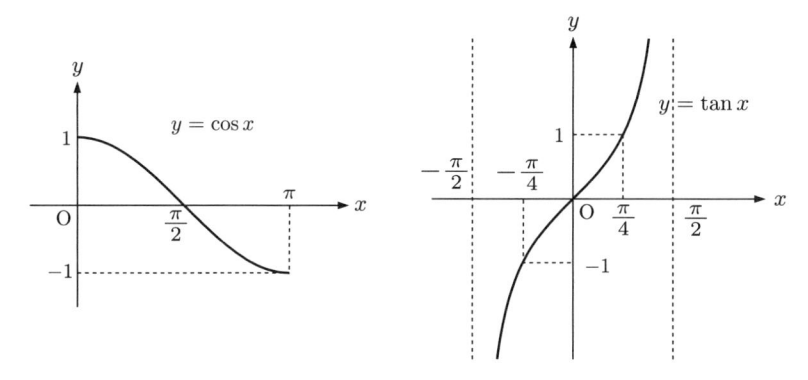

定義 2.5 定義域を $0 \leq y \leq \pi$ とする余弦関数 $x = \cos y$ の逆関数を**逆余弦関数** (アークコサイン) といい,
$$y = \text{Cos}^{-1} x$$
と表す.

注意 2.4 $y = \text{Cos}^{-1} x$ の定義域は $-1 \leq x \leq 1$ である.

例 2.6 $\text{Cos}^{-1} 1 = 0$, $\text{Cos}^{-1} 0 = \dfrac{\pi}{2}$, $\text{Cos}^{-1} \left(-\dfrac{1}{2}\right) = \dfrac{2\pi}{3}$.

問 2.12 次の値を求めよ.
(1) $\text{Cos}^{-1} \dfrac{1}{2}$ (2) $\text{Cos}^{-1} \left(\cos \dfrac{1}{2}\right)$ (3) $\text{Cos}^{-1} \left(\cos \left(-\dfrac{\pi}{6}\right)\right)$
(4) $\text{Cos}^{-1} \left(\sin \dfrac{\pi}{6}\right)$

定義 2.6 定義域を $-\dfrac{\pi}{2} < y < \dfrac{\pi}{2}$ とする正接関数 $x = \tan y$ の逆関数を**逆正接関数** (アークタンジェント) といい,
$$y = \text{Tan}^{-1} x$$
と表す.

注意 2.5 $y = \text{Tan}^{-1} x$ の定義域は実数全体である.

例 2.7 $\text{Tan}^{-1} 1 = \dfrac{\pi}{4}$, $\text{Tan}^{-1} 0 = 0$, $\text{Tan}^{-1} \left(-\dfrac{1}{\sqrt{3}}\right) = -\dfrac{\pi}{6}$.

問 2.13 次の値を求めよ.
(1) $\text{Tan}^{-1} \sqrt{3}$ (2) $\text{Tan}^{-1} \left(\tan \dfrac{1}{\sqrt{2}}\right)$ (3) $\text{Tan}^{-1} \left(\dfrac{1}{\tan \frac{\pi}{6}}\right)$

$y = \text{Cos}^{-1} x$, $y = \text{Tan}^{-1} x$ のグラフは, それぞれ $y = \cos x$, $y = \tan x$ のグラフを直線 $y = x$ に関して対称移動したものである.

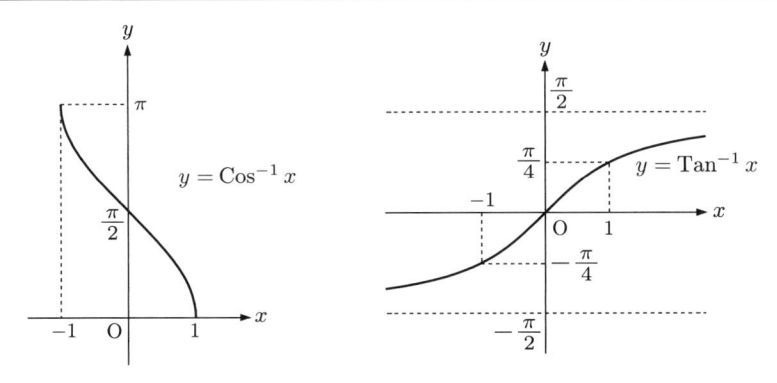

逆正弦関数,逆余弦関数,逆正接関数をまとめて**逆三角関数**という.逆三角関数の導関数については,以下の公式が成り立つ.

定理 2.13 逆三角関数 $y = \mathrm{Sin}^{-1} x, y = \mathrm{Cos}^{-1} x$ は開区間 $(-1, 1)$ において,$y = \mathrm{Tan}^{-1} x$ はすべての実数 x において微分可能であり,次が成り立つ.
(1) $(\mathrm{Sin}^{-1} x)' = \dfrac{1}{\sqrt{1-x^2}}$.
(2) $(\mathrm{Cos}^{-1} x)' = \dfrac{-1}{\sqrt{1-x^2}}$.
(3) $(\mathrm{Tan}^{-1} x)' = \dfrac{1}{1+x^2}$.

証明 (1) $y = \mathrm{Sin}^{-1} x$ とおく.$-1 < x < 1$ より $-\dfrac{\pi}{2} < y < \dfrac{\pi}{2}$.また,$x = \sin y$ より $\dfrac{dx}{dy} = \cos y$.ここで,$-\dfrac{\pi}{2} < y < \dfrac{\pi}{2}$ において $\dfrac{dx}{dy} > 0$.ゆえに,逆関数の微分法 (定理 2.10) より $y = \mathrm{Sin}^{-1} x$ は微分可能で,

$$(\mathrm{Sin}^{-1} x)' = \frac{dy}{dx} = \frac{1}{\frac{dx}{dy}} = \frac{1}{\cos y} = \frac{1}{\sqrt{1-\sin^2 y}} = \frac{1}{\sqrt{1-x^2}}.$$

(3) $y = \mathrm{Tan}^{-1} x$ とおく.このとき,$x = \tan y$ より $\dfrac{dx}{dy} = \dfrac{1}{\cos^2 y}$.ここで,$-\dfrac{\pi}{2} < y < \dfrac{\pi}{2}$ に対して $\dfrac{dy}{dx} > 0$.ゆえに,逆関数の微分法 (定理 2.10) より $y = \mathrm{Tan}^{-1} x$ は微分可能で,

$$(\mathrm{Tan}^{-1} x)' = \frac{dy}{dx} = \frac{1}{\frac{dx}{dy}} = \cos^2 y = \frac{1}{1+\tan^2 y} = \frac{1}{1+x^2}. \blacksquare$$

問 2.14 定理 2.13 の (2) を証明せよ．

例題 2.8 $f(x) = \mathrm{Sin}^{-1}(x^2 + x)$ の導関数を求めよ．

解答 $y = f(x)$, $u = x^2 + x$ とおくと，$y = \sin^{-1} u$．よって合成関数の微分法 (定理 2.8) より，
$$f'(x) = \frac{dy}{dx} = \frac{dy}{du} \cdot \frac{du}{dx} = \frac{1}{\sqrt{1-u^2}} \cdot (2x+1) = \frac{2x+1}{\sqrt{1-(x^2+x)^2}}.$$

問 2.15 次の導関数を求めよ．
 (1) $f(x) = \mathrm{Sin}^{-1}(-x)$ (2) $f(x) = \mathrm{Cos}^{-1}(x^2)$ (3) $f(x) = \mathrm{Tan}^{-1}\dfrac{1}{x}$

2.8　対数関数・指数関数の導関数

a を 1 でない正の定数とする．このとき，関数 $\log_a x$ の導関数を求める．
$$\lim_{h \to 0} \frac{\log_a(x+h) - \log_a x}{h} = \frac{1}{x} \cdot \lim_{h \to 0} \left(\frac{x}{h} \log_a \left(1 + \frac{h}{x} \right) \right). \tag{2.12}$$
ここで，$t = \dfrac{h}{x}$ とおくと，$h \to 0$ のとき $t \to 0$ である．よって $y = \log_a x$ $(x > 0)$ が連続であることと定理 1.10 より，
$$\lim_{h \to 0}\left(\frac{x}{h}\log_a\left(1+\frac{h}{x}\right)\right) = \lim_{t \to 0}\left(\frac{1}{t}\log_a(1+t)\right) = \lim_{t \to 0}\log_a(1+t)^{\frac{1}{t}}$$
$$= \log_a\left(\lim_{t \to 0}(1+t)^{\frac{1}{t}}\right) = \log_a e. \tag{2.13}$$
さて，(2.12), (2.13) より次を得る．
$$(\log_a x)' = \lim_{h \to 0} \frac{\log_a(x+h) - \log_a x}{h}$$
$$= \frac{1}{x} \cdot \log_a e = \frac{1}{x \log a}.$$
特に，$a = e$ のときは，$(\log x)' = \dfrac{1}{x \log e} = \dfrac{1}{x}$．よって，次の公式が成り立つ．

定理 2.14　a を 1 でない正の定数とする．このとき，対数関数 $y = \log x$, $y = \log_a x$ は $x > 0$ において微分可能であり，次が成り立つ．
(1) $(\log x)' = \dfrac{1}{x}$.
(2) $(\log_a x)' = \dfrac{1}{x \log a}$.

さらに，次の公式が成り立つ．

定理 2.15　a を 1 でない正の定数とする．このとき，関数 $y = \log |x|$, $y = \log_a |x|$ は $x \neq 0$ において微分可能であり，次が成り立つ．
(1) $(\log |x|)' = \dfrac{1}{x}$.
(2) $(\log_a |x|)' = \dfrac{1}{x \log a}$.

証明　$(\log_a |x|)' = \dfrac{1}{x \log a}$ を示せば十分である．ここで，関数 $y = \log_a |x|$ の定義域は，$x < 0, 0 < x$ であることに注意する．$x > 0$ のとき，$\log_a |x| = \log_a x$ より，
$$(\log_a |x|)' = (\log_a x)' = \dfrac{1}{x \log a}.$$
$x < 0$ のとき，$\log_a |x| = \log_a(-x)$ より，合成関数の微分法 (定理 2.8) から
$$(\log_a |x|)' = (\log_a(-x))' = \dfrac{1}{(-x) \log a} \cdot (-x)' = \dfrac{1}{x \log a}.$$
ゆえに，いずれの場合も $(\log_a |x|)' = \dfrac{1}{x \log a}$ が成り立つ． ∎

指数関数 $y = a^x$ は，$x = \log_a y$ の逆関数であることから，次の公式が導かれる．

定理 2.16　a を 1 でない正の定数とする．このとき，指数関数 $y = e^x, y = a^x$ は微分可能であり，次が成り立つ．
(1) $(e^x)' = e^x$.
(2) $(a^x)' = a^x \log a$.

証明 $(a^x)' = a^x \log a$ を示せばよい．$y = a^x$ とおく．このとき，$x = \log_a y$ より $\dfrac{dx}{dy} = \dfrac{1}{y \log a}$．よって $y > 0$ に対して $\dfrac{dx}{dy} \neq 0$．ゆえに，逆関数の微分法 (定理 2.10) より $y = a^x$ は微分可能で，
$$(a^x)' = \frac{dy}{dx} = \frac{1}{\frac{dx}{dy}} = \frac{1}{\frac{1}{y \log a}} = y \log a = a^x \log a.$$
∎

対数の微分法から，α が実数の場合における $y = x^\alpha$ の導関数が得られる．

定理 2.17 α を実数とする．このとき，$y = x^\alpha$ は $x > 0$ において微分可能であり
$$(x^\alpha)' = \alpha x^{\alpha-1}.$$

証明 $y = x^\alpha$, $z = \log y$ とおく．このとき，$z = \alpha \log x$．よって，$\dfrac{dz}{dx} = \dfrac{\alpha}{x}$．一方，$y = e^z$．よって合成関数の微分法 (定理 2.8) から
$$\frac{dy}{dx} = \frac{dy}{dz} \cdot \frac{dz}{dx} = e^z \cdot \frac{\alpha}{x} = y \cdot \frac{\alpha}{x} = x^\alpha \cdot \frac{\alpha}{x} = \alpha x^{\alpha-1}.$$
∎

問 2.16 次の導関数を求めよ．
(1) $f(x) = \log_2 |x|$ (2) $f(x) = \log x^2$ (3) $f(x) = \log(x^2+1)$
(4) $f(x) = 5^x$ (5) $f(x) = e^{x^2+1}$ (6) $f(x) = x^\pi - e^{\pi x}$

例題 2.9 $f(x) = x^x \ (x > 0)$ の導関数を求めよ．

解答 両辺の対数をとると，$\log f(x) = \log x^x = x \log x$．この両辺を微分して (左辺は合成関数の微分法 (定理 2.8)，右辺は積の微分法 (定理 2.6) を用いて)
$$\frac{1}{f(x)} \cdot f'(x) = 1 \cdot \log x + x \cdot \frac{1}{x} = 1 + \log x.$$
よって $f'(x) = f(x)(1 + \log x) = x^x(1 + \log x)$． ∎

問 2.17 次の導関数を求めよ．
(1) $f(x) = x^{2x} \ (x > 0)$ (2) $f(x) = x^{x^2} \ (x > 0)$ (3) $f(x) = (x^2+1)^x$

2.9 第 n 次導関数

定義 2.7 関数 $y = f(x)$ の導関数 $f'(x)$ は x の関数である．$f'(x)$ が微分可能であるとき，関数 $f(x)$ は **2 回微分可能** であるという．このとき，$f'(x)$ の導関数を，$y = f(x)$ の**第 2 次導関数**といい，

$$f''(x), \quad y'', \quad \frac{d^2 y}{dx^2}, \quad \frac{d^2}{dx^2} f(x), \quad \ddot{y}$$

などの記号で表す．さらに，$f''(x)$ が微分可能であれば，関数 $f(x)$ は **3 回微分可能**であるという．このとき，$f''(x)$ の導関数を，$y = f(x)$ の**第 3 次導関数**といい，

$$f'''(x), \quad y''', \quad \frac{d^3 y}{dx^3}, \quad \frac{d^3}{dx^3} f(x)$$

などの記号で表す．

以下，同様に，$n \geqq 4$ に対して，$y = f(x)$ の第 $n-1$ 次導関数が微分可能なとき，関数 $f(x)$ は **n 回微分可能**であるという．また，第 $n-1$ 次導関数の導関数を，$y = f(x)$ の**第 n 次導関数**という．第 n 次導関数は

$$f^{(n)}(x), \quad y^{(n)}, \quad \frac{d^n y}{dx^n}, \quad \frac{d^n}{dx^n} f(x)$$

などの記号で表す（$f'''(x), y'''$ など，「$'$」をつけるのは通常第 3 次までで，第 4 次以降の導関数は $f^{(4)}(x), f^{(5)}(x), \ldots$ または $y^{(4)}, y^{(5)}, \ldots$ と表す）．

注意 2.6 関数 $f(x)$ が微分可能であり，かつその導関数 $f'(x)$ が連続であるとき，f は C^1-**級**であるという．同様に，$f(x)$ が n 回微分可能であり，その第 n 次導関数 $f^{(n)}$ が連続であるとき，f は C^n-**級**であるという．

問 2.18 次の関数の 2 次導関数を求めよ．
(1) $f(x) = x^5 + 3x^3 - 2x^2 + 1$ (2) $f(x) = \log x$ (3) $f(x) = \sqrt{x^2 + 1}$

問 2.19 次の関数の n 次導関数を求めよ．
(1) $f(x) = \dfrac{1}{x}$ (2) $f(x) = e^{3x}$

2 つの関数の積の n 次導関数については，次の公式が成り立つ．便宜上，$f^{(0)}(x)$ は $f(x)$ を表すものとする．

定理 2.18(ライプニッツの公式)　関数 $f(x), g(x)$ が n 回微分可能であるとき，次が成り立つ．

$$\begin{aligned}(fg)^{(n)}(x) &= \sum_{k=0}^{n} {}_n\mathrm{C}_k\, f^{(n-k)}(x)g^{(k)}(x) \\ &= {}_n\mathrm{C}_0\, f^{(n)}(x)g(x) + {}_n\mathrm{C}_1\, f^{(n-1)}(x)g'(x) \\ &\quad + {}_n\mathrm{C}_2\, f^{(n-2)}(x)g''(x) + \cdots + {}_n\mathrm{C}_k\, f^{(n-k)}(x)g^{(k)}(x) + \\ &\quad \cdots + {}_n\mathrm{C}_{n-1}\, f'(x)g^{(n-1)}(x) + {}_n\mathrm{C}_n\, f(x)g^{(n)}(x). \quad (2.14)\end{aligned}$$

証明　数学的帰納法を用いて証明する．$n=0$ のとき，$(fg)^{(0)}(x) = (fg)(x)$, $f^{(0)}(x) = f(x)$ より $(fg)^{(0)}(x) = (fg)(x) = f(x)g(x) = {}_0\mathrm{C}_0\, f^{(0)}(x)g^{(0)}(x)$. よって (2.14) が成り立つ．$n=N$ のとき (2.14) が成り立つと仮定すると，$n=N+1$ のとき，${}_N\mathrm{C}_{-1} = {}_N\mathrm{C}_{N+1} = 0$ と約束して

$$\begin{aligned}(fg)^{(N+1)}(x) &= \bigl((fg)^{(N)}(x)\bigr)' \\ &= \left(\sum_{k=0}^{N} {}_N\mathrm{C}_k\, f^{(N-k)}(x)g^{(k)}(x)\right)' \quad \text{(帰納法の仮定)} \\ &= \sum_{k=0}^{N} {}_N\mathrm{C}_k \left(f^{(N-k)}(x)g^{(k)}(x)\right)' \\ &= \sum_{k=0}^{N} {}_N\mathrm{C}_k \left(f^{(N-k+1)}(x)g^{(k)}(x) + f^{(N-k)}(x)g^{(k+1)}(x)\right) \\ &= \sum_{k=0}^{N} {}_N\mathrm{C}_k\, f^{(N-k+1)}(x)g^{(k)}(x) + \sum_{k=1}^{N+1} {}_N\mathrm{C}_{k-1}\, f^{(N-k+1)}(x)g^{(k)}(x) \\ &= \sum_{k=0}^{N+1} \left({}_N\mathrm{C}_k + {}_N\mathrm{C}_{k-1}\right) f^{(N-k+1)}(x)g^{(k)}(x) \\ &= \sum_{k=0}^{N+1} {}_{N+1}\mathrm{C}_k\, f^{(N+1-k)}(x)g^{(k)}(x) \quad ({}_N\mathrm{C}_k + {}_N\mathrm{C}_{k-1} = {}_{N+1}\mathrm{C}_k \text{ より}).\end{aligned}$$

したがって，すべての自然数 n について (2.14) が成り立つ．∎

2.10 陰関数の導関数

円 $x^2 + y^2 = 1$ などの曲線の方程式が与えられたとき，方程式を解いて y を x の関数として表すことによって，その曲線の接線も微分法を用いて計算できる．しかし，$x^2 + y^2 = 1$ という条件だけでは，x の1つの関数としてすべての y を表すことはできない．定義 1.4 をもう一度確認しよう．x の値を決めると，それに対応して y の値がただ1つ決まるとき，y は x の関数であるという．$x^2 + y^2 = 1$ という条件だけを考えたとき，$x = 0$ と値を決めると，$y^2 = 1$. よって $y = \pm 1$. すなわち，y の値は 1 と -1 の 2 通りの場合があり得るので，ただ1つに決まらない．したがって，$x^2 + y^2 = 1$ という条件だけでは，y は x の関数として 1 通りに表すことはできない．

しかし，$x^2 + y^2 = 1$ を y の範囲を制限し，$y \geqq 0$ と $y \leqq 0$ の場合を考えれば，それぞれ

$$y = \sqrt{1 - x^2} \tag{2.15}$$

$$y = -\sqrt{1 - x^2} \tag{2.16}$$

となる．このとき (2.15), (2.16) は，$-1 \leqq x \leqq 1$ を定義域とする x の関数である（x の値を決めれば，y の値がただ1つ定まる）．$x^2 + y^2 = 1$ 自体は関数を定めないけれど，局所的にはそのなかに関数が隠れているということである．この意味で，関数 (2.15), (2.16) は方程式 $x^2 + y^2 = 1$ の陰関数と呼ばれる．より正確に，陰関数は次のように定義される．

> **定義 2.8** 変数 x, y に関する方程式 $F(x, y) = 0$ に対して，関数 $y = f(x)$ が条件
>
> $$F(x, f(x)) = 0$$
>
> を満たすとき，$y = f(x)$ を方程式 $F(x, y) = 0$ の**陰関数**という．

方程式 $x^2 + y^2 = 1$ の陰関数 (2.15), (2.16) を微分することで，円 $x^2 + y^2 = 1$ の接線の傾きを求めることができる．しかし，(2.15), (2.16) を直接微分することなく，以下の方法によっても (2.15), (2.16) の導関数を求めることができる．

解答 y を x の関数とみて $x^2 + y^2 = 1$ の両辺を x に関して微分すると，$2x + 2y \cdot \dfrac{dy}{dx} = 0$. よって $x^2 + y^2 = 1$ の陰関数の導関数は，$y \neq 0$ の

とき $\dfrac{dy}{dx} = -\dfrac{x}{y}$. これより，(2.15)の導関数は，$y = \sqrt{1-x^2}$ を代入して $\dfrac{dy}{dx} = -\dfrac{x}{\sqrt{1-x^2}}$. また，(2.16)の導関数は，$y = -\sqrt{1-x^2}$ を代入して $\dfrac{dy}{dx} = \dfrac{x}{\sqrt{1-x^2}}$. ∎

上の方法が重要なのは，次の例題で見られるように，陰関数が直接求められない方程式に対しても応用できる点である．

例題 2.10 方程式 $x - \log x - y - \log y = 0$ を満たす微分可能な陰関数について，$\dfrac{dy}{dx}$ を x, y で表せ．

解答 $x - \log x - y - \log y = 0$ の両辺を x に関して微分すると，
$$1 - \dfrac{1}{x} - \dfrac{dy}{dx} - \dfrac{1}{y}\dfrac{dy}{dx} = 0.$$
これを $\dfrac{dy}{dx}$ について解いて，$\dfrac{dy}{dx} = \dfrac{y(x-1)}{x(y+1)}$. ∎

問 2.20 次の方程式を満たす微分可能な陰関数について，$\dfrac{dy}{dx}$ を x, y で表せ．
 (1) $x^3 - 3xy + y^3 = 0$ (2) $e^{xy} + e^x - e^y = 0$

[補足 2.10] 上の議論のとおり，方程式 $x^2 + y^2 = 1$ を満たしているというだけでは，y は x の関数であるとはいえない．したがって，

　方程式 $x^2 + y^2 = 1$ について $\dfrac{dy}{dx}$ を求めよ．

という問題は，

　方程式 $x^2 + y^2 = 1$ を満たす微分可能な陰関数について $\dfrac{dy}{dx}$ を求めよ．

と解釈して考えなければならない．そこで次の問題が考えられる．

　方程式 $F(x, y) = 0$ に対して，微分可能な陰関数は存在するか．

方程式 $F(x, y) = 0$ が "よい" 性質を満たせば，必ず $F(x, y) = 0$ の微分可能な陰関数が存在する (陰関数定理)．そのよい条件は，「偏微分」を用いて表される (たとえば高木貞治著「定本 解析概論」p.317 を参照).

2.11　曲線の媒介変数表示と導関数

座標平面上の点 P(x, y) の座標 x, y が変数 t の関数として表されるときの，点 P の描く曲線について考える．例として，点 P(x, y) の座標 x, y が

$$\begin{cases} x = \cos t \\ y = \sin t \end{cases} \tag{2.17}$$

として表される場合を考える．

このとき，$\cos^2 t + \sin^2 t = 1$ より，
$$x^2 + y^2 = 1.$$

よって，(2.17)で x, y が表されたときの点 P(x, y) の描く曲線は中心 $(0, 0)$，半径 1 の円である (図 2.4)．

一般に，座標平面上の曲線が，ある変数 t によって

$$\begin{cases} x = f(t) \\ y = g(t) \end{cases}$$

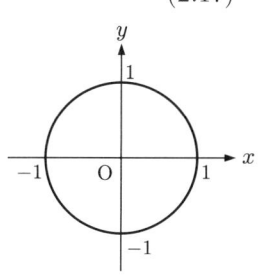

図 2.4

と表されるとき，これをその曲線の**媒介変数表示**といい，t を**媒介変数**という．媒介変数で表された曲線において，必要ならば x または y の範囲を制限して，y が x の関数である場合を考える．このとき，合成関数の微分法から

$$\frac{dy}{dt} = \frac{dy}{dx} \cdot \frac{dx}{dt}.$$

よって，$\dfrac{dx}{dt} \neq 0$ のとき，次の公式を得る．

定理 2.19　$x = f(t), y = g(t)$ のとき，$\dfrac{dy}{dx} = \dfrac{\frac{dy}{dt}}{\frac{dx}{dt}} = \dfrac{g'(t)}{f'(t)}.$

例題 2.11　変数 x, y が，次のように媒介変数 t によって

$$\begin{cases} x = \cos t \\ y = \sin t \end{cases}$$

と表されるとき，$\dfrac{dy}{dx}$ を t の式で表せ．

解答 $\dfrac{dx}{dt} = -\sin t,\ \dfrac{dy}{dt} = \cos t$ より

$$\dfrac{dy}{dx} = \dfrac{\frac{dy}{dt}}{\frac{dx}{dt}} = \dfrac{\cos t}{-\sin t} = -\dfrac{1}{\tan t}.$$

問 2.21 変数 x, y が，次のように媒介変数 t によって表されるとき，$\dfrac{dy}{dx}$ を t の式で表せ．

(1) $\begin{cases} x = t - t^2 \\ y = t^3 \end{cases}$ (2) $\begin{cases} x = t - \sin t \\ y = 1 - \cos t \end{cases}$

練習問題

1. 次の導関数を求めよ．
   (1) $f(x) = \sqrt[3]{x^5} - \sqrt[4]{x^3}$
   (2) $f(x) = \dfrac{x^3}{1-x^2}$
   (3) $f(x) = \sin^3(x^2 + 1)$
   (4) $f(x) = \dfrac{1}{\sin x \cos x}$
   (5) $f(x) = \mathrm{Cos}^{-1}\sqrt{x}$
   (6) $f(x) = \dfrac{1}{\mathrm{Cos}^{-1} x}$
   (7) $f(x) = \mathrm{Tan}^{-1}\dfrac{x+3}{x-3}$
   (8) $f(x) = x \log \sqrt{x}$
   (9) $f(x) = \log(x + \sqrt{x^2 + 2})$
   (10) $f(x) = \log \dfrac{\sin x}{\cos x + 1}$
   (11) $f(x) = 2^{\sin x}$
   (12) $f(x) = x^{\frac{1}{x}}\ (x > 0)$

2. 次の第 n 次導関数を求めよ．
   (1) $f(x) = \sin x$
   (2) $f(x) = \dfrac{1}{x+1}$
   (3) $f(x) = \dfrac{e^x + e^{-x}}{2}$
   (4) $f(x) = xe^{-x}$

3. 次の方程式を満たす微分可能な陰関数について，$\dfrac{dy}{dx}$ を x, y で表せ．
   (1) $\dfrac{1}{x} + \dfrac{1}{y} - 2xy = 0$ (2) $\mathrm{Sin}^{-1}(xy) - (x+y) = 0$ (3) $x^y = y^x$

4. 変数 x, y が，次のように媒介変数 t によって表されるとき，$\dfrac{dy}{dx}$ を t の式で表せ．

(1) $\begin{cases} x = \dfrac{t}{1+t} \\ y = \dfrac{t^2}{1+t} \end{cases}$ (2) $\begin{cases} x = \log t \\ y = \dfrac{1}{1+t} \end{cases}$ (3) $\begin{cases} x = \sin t \\ y = \cos^2 t \end{cases}$

5. 関数 $f(x)$ を次のように定めるとき $f(x)$ の微分可能性を調べよ．ただし，n は 2 以上の自然数である．
$$f(x) = \begin{cases} 0 & (x < 0 \text{ のとき}) \\ x^n & (0 \leqq x \leqq 1 \text{ のとき}) \\ 1 & (1 < x \text{ のとき}) \end{cases}$$

6. 次の各関数について，第 n 次導関数 $(n \geqq 3)$ を求めよ．
  (1) $f(x) = x^2 e^x$ (2) $f(x) = x^{n-1} \log x$

7. (1) $x^2 - y^2 = a^2$ のとき，$\dfrac{d^2 y}{dx^2}$ を x と y で表せ．
  (2) 変数 x, y が，媒介変数 t によって $x = 1 - \cos t$, $y = t - \sin t$ と表されるとき，$\dfrac{d^2 y}{dx^2}$ を t で表せ．

8. 次の極限値を求めよ．
  (1) $\lim\limits_{x \to 0} \dfrac{a^x - 1}{x}$ (a は $a > 1$ を満たす定数)   (2) $\lim\limits_{x \to 0} \dfrac{\log(\cos x)}{x}$

9. 次の各関数について，$\dfrac{dy}{dx}$ を y で表せ．
  (1) $x = y\sqrt{y+1}$ ($y > 0$)   (2) $x = \dfrac{1}{2}(e^y - e^{-y})$

10. $f(x) = \mathrm{Sin}^{-1} x$ について
  (1) $(1 - x^2) f''(x) - x f'(x) = 0$ であることを示せ．
  (2) $f^{(n)}(0) = \begin{cases} 0 & (n \text{ は偶数}) \\ (n-2)^2 (n-4)^2 (n-6)^2 \cdots \cdots 5^2 \cdot 3^2 \cdot 1^2 & (n \text{ が奇数}) \end{cases}$
  であることを示せ．

○コラム 11（記述式の解答を書くときに心得ておきたいこと）

　高校または大学での期末試験や大学入試などで，記述式の試験の解答を書く機会があるだろう．記述式の試験では書かれた答案によって評価されるので，解答を文章で正しく読み手に伝えなければならない．
　日本数学教育学会では毎年「大学入試懇談会」が開催され，解答の書き方についても話題になる．その中でも，入試に関わらず記述式の解答を書くときに共通して注意すべき点を挙げる．
　まず，
　　1. 読みやすい字で書く
ことが求められる．文章を正しく読んでもらえないと話にならない．きれいな字である必要はないが，読みやすい字で書くことを心がけよう．次に，
　　2. 説明を日本語できちんと書く
ことが大切である．簡単な計算問題を除いて，式だけの解答では，その式が出てきた意図が読み手に伝わらない．「$f'(x)=0$ を x について解くと」「求める面積 S は」など，何を議論するのかを明示しよう．
　そして，説明をする際に特に求められることは，
　　3. 論理的に表現すること
である．事実を述べる前に理由をつけることや，何が仮定でそこから結論として何が出てくるのかということをきちんと書くことが重要である．たとえば，「$x>0$ より」「仮定から $a \leqq b$ なので」のように事実の前に根拠を明確に示すとよい．なお，教科書では「明らか」という言葉が使われるが，これは「証明は簡単なので読者に譲る」という意味である（第 1.2 節 コラム 4 を参照）．したがって試験で「明らか」と書くのはおかしい．読み手に「理由をごまかしている」と思われないためにも，「明らかに○○である」，「○○は明らか」と述べずに，「△△なので○○である」と根拠を述べることが大切である．
　以上のことを気をつけても，初めはきちんとした解答が書けないかもしれない．わかりやすい論理的な文章を書くことは，一つの技術であり**平素のトレーニングのたまもの**である．教科書の記述や教師の解説を参考にし，自分の解答を反省しながら日々努力を積み重ねれば，読み手に伝わる論理的な文章を，自然に書くことができるようになるだろう．

3 微分法の応用

3.1 接線の方程式

接線の方程式

関数 $f(x)$ が $x=a$ において微分可能であるとき，接線の定義から（補足 2.1 を参照）曲線 $y=f(x)$ 上の点 $(a,f(a))$ における接線の方程式は

$$y - f(a) = f'(a)(x-a)$$

で与えられる．すなわち，微分可能な関数において，接点の座標がわかれば接線の方程式を求めることができる．

例題 3.1 曲線 $y=\sqrt{x}$ 上の点 $(9,3)$ における接線の方程式を求めよ．

解答 $y=\sqrt{x}$ について，$y'=\dfrac{1}{2\sqrt{x}}$ であるので，点 $(9,3)$ における接線の傾きは $\dfrac{1}{2\sqrt{9}}=\dfrac{1}{6}$ である．したがって，求める接線の方程式は $y-3=\dfrac{1}{6}(x-9)$ であり，これを整理すると，$y=\dfrac{1}{6}x+\dfrac{3}{2}$ となる． ∎

例題 3.2 曲線 $y=\log x$ の原点を通る接線の方程式を求めよ．

解答 $y=\log x$ について，$y'=\dfrac{1}{x}$ であるので，$y=\log x$ 上の点 $(a,\log a)$ における接線の方程式は，$y-\log a = \dfrac{1}{a}(x-a)$ である．そして，この接線が

原点 $(0,0)$ を通るので，$0 - \log a = \dfrac{1}{a}(0-a)$. すなわち，$\log a = 1$ となり，$a = e$ を得る．よって，求める接線の方程式は，$y - 0 = \dfrac{1}{e}(x - 0)$ であり，これを整理すると，$y = \dfrac{1}{e}x$ となる．

[補足 3.1] 上の例題における最後の接線の方程式を求めるとき，$a = e$ を
$$y - \log a = \dfrac{1}{a}(x - a)$$
に代入することによっても求められる．しかし，上の解答では，「点 (x_1, y_1) を通り，傾き m の直線の方程式は $y - y_1 = m(x - x_1)$」であることを用いて，傾きが $\dfrac{1}{e}$ で原点 $(0,0)$ を通る直線を求めた．その方が計算量を減らすことができ，計算ミスの可能性を低くすることができるからである．計算を行う前に，労力の少ない計算方法を考えることは大切である．

高校の教科書では，$y - \log a = \dfrac{1}{a}(x - a)$ を，$y = \dfrac{1}{a}x - 1 + \log a$ と「$y = \cdots$」に変形してあるものもある．しかし，必ずしもこの形にこだわらなくてもよい．

○コラム 12 (点 (a, b) を通る接線＝点 (a, b) からひいた接線？)

具体的に示した方がわかりやすいだろう．「点 $(2, 4)$ を通り曲線 $y = x^3 - 3x + 2$ に接する直線の方程式」を求めよ，という問題はあり得るが，「点 $(2, 4)$ から曲線 $y = x^3 - 3x + 2$ にひいた接線の方程式」を求めよ，という問題は出題しない方がよい (出題されたとしたら悪問といわれるに違いない)．点 $(2, 4)$ は，曲線 $y = x^3 - 3x + 2$ 上の点だから，「点 $(2, 4)$ から曲線 $y = x^3 - 3x + 2$ にひいた」といわれたら困ってしまう．というか，下に挙げる解答でいうところのうち，$y = 9x - 14$ は考えないのが普通の発想 (〜からひいた接線というときには，〜は接点ではないと考えるのが普通の発想) で，この問に対する答は，$y = 4$ と答えるのが通常の解答であろう．数学を学ぶ前に言葉にも敏感になりたいものである．

なお，「点 $(2, 4)$ を通り曲線 $y = x^3 - 3x + 2$ に接する直線の方程式」に対する解答は，以下のようになる．$y = x^3 - 3x + 2$ は $y' = 3x^2 - 3$ なので，点 $(t, t^3 - 3t + 2)$ における接線の方程式は，
$$y - (t^3 - 3t + 2) = (3t^2 - 3)(x - t).$$
これが点 $(2, 4)$ を通るので，
$$4 - (t^3 - 3t + 2) = (3t^2 - 3)(2 - t).$$
これを解いて，$t = -1, 2$. よって求める接線の方程式は，$y = 4$ と $y = 9x - 14$.

曲線の方程式 (陰関数表示) と接線

この節では陰関数表示された曲線上の点における接線の方程式を求める.

例題 3.3 円 $x^2+y^2=5$ 上の点 $(2,1)$ における接線の方程式を求めよ.

解答 $x^2+y^2=5$ の両辺を x で微分すると (第 **2.10** 節を参照), $2x+2y\dfrac{dy}{dx}=0$, つまり, $\dfrac{dy}{dx}=-\dfrac{x}{y}$. したがって, 点 $(2,1)$ における接線の傾きは $-\dfrac{2}{1}=-2$ であるので, 求める直線の方程式は $y-1=-2(x-2)$. これを整理して, $y=-2x+5$ を得る.

例題 3.4 楕円 $\dfrac{x^2}{a^2}+\dfrac{y^2}{b^2}=1$ 上の点 (x_1,y_1) における接線の方程式を求めよ.

解答 $\dfrac{x^2}{a^2}+\dfrac{y^2}{b^2}=1$ の両辺を x で微分すると, $\dfrac{2x}{a^2}+\dfrac{2y}{b^2}\cdot\dfrac{dy}{dx}=0$, つまり $\dfrac{dy}{dx}=-\dfrac{b^2 x}{a^2 y}$ を得る. したがって, $y_1\neq 0$ のとき, 点 (x_1,y_1) における接線の傾きは $-\dfrac{b^2 x_1}{a^2 y_1}$ であるので, 求める直線の方程式は, $y-y_1=-\dfrac{b^2 x_1}{a^2 y_1}(x-x_1)$ である. これを変形すると,

$$\frac{x_1(x-x_1)}{a^2}+\frac{y_1(y-y_1)}{b^2}=0,$$

$$\frac{x_1 x}{a^2}+\frac{y_1 y}{b^2}=\frac{x_1{}^2}{a^2}+\frac{y_1{}^2}{b^2}$$

を得る. ここで, (x_1,y_1) は楕円 $\dfrac{x^2}{a^2}+\dfrac{y^2}{b^2}=1$ 上の点なので, $\dfrac{x_1{}^2}{a^2}+\dfrac{y_1{}^2}{b^2}=1$. したがって, 求める接線の方程式は, $\dfrac{x_1 x}{a^2}+\dfrac{y_1 y}{b^2}=1$ である.

一方, $y_1=0$ のときは図形的に考えれば, $(x_1,y_1)=(a,0)$ または $(-a,0)$ で接線は $x=x_1$ である. ところで, 上で求めた接線の方程式に $y_1=0$ を代入すると $\dfrac{x_1 x}{a^2}=1$, すなわち, $x_1 x=a^2$. ゆえに, $x=x_1$ となり, $y_1\neq 0$ のときの接線の方程式と一致する. したがって, いずれの場合も, 接線の方程式は $\dfrac{x_1 x}{a^2}+\dfrac{y_1 y}{b^2}=1$ で与えられる.

[補足 3.2] y を独立変数, x を従属変数とする微分可能な関数 $x = g(y)$ の定義域内の点 $y = y_1$ における接線の方程式は (補足 2.1 で x と y を入れ替えればよいので)

$$x - g(y_1) = g'(y_1)(y - y_1)$$

で与えられる．この事実を用いると，例題 3.4 の解答において，$y_1 = 0$ を満たす楕円 $\dfrac{x^2}{a^2} + \dfrac{y^2}{b^2} = 1$ 上の点における接線の方程式は，次の方法でも求められる．

楕円の方程式 $\dfrac{x^2}{a^2} + \dfrac{y^2}{b^2} = 1$ の y に関する陰関数で，$x_1 = g(y_1)$ を満たす微分可能な関数を $x = g(y)$ で表す．$y_1 = 0$ のとき，(x_1, y_1) は楕円 $\dfrac{x^2}{a^2} + \dfrac{y^2}{b^2} = 1$ 上の点なので $x_1 \neq 0$ である．$\dfrac{x^2}{a^2} + \dfrac{y^2}{b^2} = 1$ の両辺を y で微分することによって，$g'(y) = \dfrac{dx}{dy} = -\dfrac{a^2 y}{b^2 x}$ を得る．ここで，$y_1 = 0, x_1 \neq 0$ より $g'(y_1) = -\dfrac{a^2 y_1}{b^2 x_1} = 0$．よって，$g(y_1) = x_1$ より点 (x_1, y_1) における接線の方程式は，$x - x_1 = 0 \cdot (y - y_1)$, すなわち $x = x_1$ である．

例題 3.4 と同様に，「円 $x^2 + y^2 = r^2$ 上の点 (x_1, y_1) における接線の方程式は，$x_1 x + y_1 y = r^2$」を導くことができる．

> **問 3.1** 円 $x^2 + y^2 = r^2$ 上の点 (x_1, y_1) における接線の方程式が
> $$x_1 x + y_1 y = r^2$$
> となることを，例題 3.4 と同じように微分法を用いて示せ．

> **例題 3.5** 方程式 $x - \log x - y - \log y = 0$ が表す曲線の上の点 $(1, 1)$ における接線の方程式を求めよ．

解答 例題 2.10 より $\dfrac{dy}{dx} = \dfrac{y(x-1)}{x(y+1)}$．よって，点 $(1, 1)$ における接線の傾きは $x = 1, y = 1$ を代入して $\dfrac{1 \cdot (1-1)}{1 \cdot (1+1)} = 0$．ゆえに，求める接線の方程式は，$y - 1 = 0 \cdot (x - 1)$．これを整理すると，$y = 1$．

> **問 3.2**
> (1) 方程式 $x^3 - 3xy + y^3 = 0$ が表す曲線の上の点 $\left(\dfrac{3}{2}, \dfrac{3}{2}\right)$ における接線の方程式を求めよ．

(2) 方程式 $e^{xy} + e^x - e^y = 0$ が表す曲線の上の点 $(0, \log 2)$ における接線の方程式を求めよ.

法線の方程式

曲線上の点 A を通り，点 A におけるこの曲線の接線と垂直な直線を，この曲線の点 A における**法線**という．よく知られているように，2 つの直線 $\ell : y = mx + n$ と $\ell' : y = m'x + n'$ $(m \neq 0, m' \neq 0)$ について，
$$\ell \text{ と } \ell' \text{ が平行} \iff m = m',$$
$$\ell \text{ と } \ell' \text{ が垂直} \iff mm' = -1$$
である．微分係数 $f'(a)$ は $y = f(x)$ の $x = a$ における接線の傾きを表すことに注意すると，次の公式を得る．

定理 3.1 曲線 $y = f(x)$ 上の点 $(a, f(a))$ における法線の方程式は，
$f'(a) \neq 0$ ならば $y - f(a) = -\dfrac{1}{f'(a)}(x - a)$,
$f'(a) = 0$ ならば $x = a$
で与えられる．

注意 3.1 $f'(a) = 0$ のときは，接線が x 軸に平行な直線であるので，法線は x 軸に垂直な直線となる．したがって，その方程式は $x = a$ となる．

例題 3.6 放物線 $y = x^2$ 上の点 $(1, 1)$ における法線の方程式を求めよ．

解答 $y = x^2$ について，$y' = 2x$ であるので，点 $(1, 1)$ における接線の傾きは $2 \cdot 1 = 2$. したがって，法線の傾きは $-\dfrac{1}{2}$ である．ゆえに，求める法線の方程式は $y - 1 = -\dfrac{1}{2}(x - 1)$. 式を整理すると $y = -\dfrac{1}{2}x + \dfrac{3}{2}$. これが求める法線の方程式である．

例題 3.7 $y = \tan x$ 上の点 $\left(\dfrac{\pi}{4}, 1\right)$ における接線と法線の方程式を求めよ．

解答 $y = \tan x$ について，$y' = \dfrac{1}{\cos^2 x}$ であるので，点 $\left(\dfrac{\pi}{4}, 1\right)$ における接線の傾きは

$$\frac{1}{\cos^2 \frac{\pi}{4}} = \frac{1}{\left(\frac{1}{\sqrt{2}}\right)^2} = 2$$

であり，法線の傾きは $-\dfrac{1}{2}$ である．したがって，求める接線の方程式は $y - 1 = 2\left(x - \dfrac{\pi}{4}\right)$，つまり $y = 2x - \dfrac{\pi}{2} + 1$ である．また法線の方程式は $y - 1 = -\dfrac{1}{2}\left(x - \dfrac{\pi}{4}\right)$，つまり $y = -\dfrac{1}{2}x + \dfrac{\pi}{8} + 1$ となる．

3.2 平均値の定理

ロルの定理

平均値の定理の前に，その特殊な場合であるロル (Rolle) の定理から始める．関数 $f(x)$ が，$[a,b]$ で連続，(a,b) で微分可能であるとする．連続性は端点を込めて保証されており，微分可能性は開区間 (a,b) でのみ保証されていることに注意する．このことに注意して証明を読んでもらいたい．実際には，ロルの定理あるいは平均値の定理を応用するときには，関数が定義される区間のすべての点で連続かつ微分可能であることが多いので，上の条件をあまり気にする必要はない．

定理 3.2(ロルの定理) 関数 $f(x)$ が，閉区間 $[a,b]$ で連続，開区間 (a,b) で微分可能，かつ，$f(a) = f(b)$ であるならば，
$$f'(c) = 0$$
を満たす点 c が開区間 (a,b) に存在する．

まず，定理のイメージを考える．

1. (幾何学的イメージ) $y = f(x)$ のグラフを描けば関数 $f(x)$ は微分可能でるから，そのグラフはなめらかであるので，$f(a) = f(b)$ であれば，x 軸と平行な接線がどこかで引ける．つまり，$f'(c) = 0$ を満たす c ($a < c < b$) が存在する．

3.2 平均値の定理

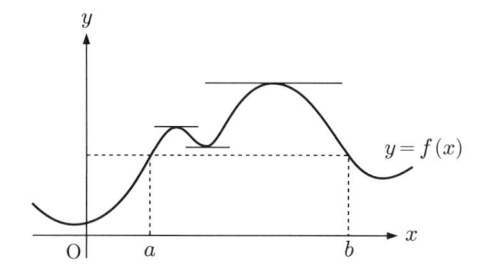

2. (物理的イメージ) ある点が y 軸上を運動しており，$f(x)$ が時刻 x におけるその点の座標を表すものとする．この場合，$f(x)$ が連続でかつ微分可能という条件は自然である．さて，このとき，$f(a) = f(b)$ は時刻 a での動点の位置と，時刻 b での動点の位置が一致することを示している．いま，動点は y 軸上を運動しているのであるから，どこかの瞬間で運動の方向が変わるはずである．その瞬間は物理的に考えれば，速度が 0 であること，つまり，$f'(c) = 0$ を満たす $c\ (a < c < b)$ が存在することを示している．

証明 関数 $f(x)$ が，$[a,b]$ で連続なので，最大値・最小値の定理 (定理 1.21) より，関数 $f(x)$ は $[a,b]$ で最大値, 最小値をとる．最大値, 最小値のいずれかは, (a,b) でとるとしてよい．なぜならば，もし，最大値, 最小値いずれもが端点 a, b でとるとすると，$f(a) = f(b)$ であったので，$f(x)$ は定数値関数になる．このとき，もちろん $f'(c) = 0$ を満たす $c\ (a < c < b)$ が存在する (実際，すべての $c\ (a < c < b)$ に対して $f'(c) = 0$ が成り立つ)．そこで，(a,b) で最大値をとると仮定する．$x = c\ (a < c < b)$ で $f(x)$ が最大値をとるとすると，すべての $x\ (a < x < b)$ に対して $f(x) \leqq f(c)$，つまり $f(x) - f(c) \leqq 0$ が成り立つ．さて，$f(x)$ は c において微分可能であるから，

$$f'(c) = \lim_{x \to c} \frac{f(x) - f(c)}{x - c} = \lim_{x \to c+0} \frac{f(x) - f(c)}{x - c} = \lim_{x \to c-0} \frac{f(x) - f(c)}{x - c}$$

が成り立つ．いま, $a < x < c$ を満たす x に対して，$x - c < 0$ なので $\dfrac{f(x) - f(c)}{x - c} \geqq 0$．よって

$$f'(c) = \lim_{x \to c-0} \frac{f(x) - f(c)}{x - c} \geqq 0. \tag{3.1}$$

一方，$c < x < b$ を満たす x に対して，$x - c > 0$ なので $\dfrac{f(x) - f(c)}{x - c} \leqq 0$．
よって
$$f'(c) = \lim_{x \to c+0} \frac{f(x) - f(c)}{x - c} \leqq 0. \tag{3.2}$$
(3.1), (3.2) より $f'(c) = 0$ となり，$f'(c) = 0$ を満たす開区間 (a, b) 内の点 c が存在することが示された．

$f(x)$ が (a, b) において最小値をとるときも上と同様にして c の存在を示すことができる．以上のことより，ロルの定理が証明された． ∎

> **問 3.3** ロルの定理の証明において，$f(x)$ が $a < x < b$ において最小値をとるとき，$f'(c) = 0$ を満たす開区間 (a, b) の点 c が存在することを証明せよ．

平均値の定理

定理 3.3（平均値の定理）　関数 $f(x)$ が，閉区間 $[a, b]$ で連続，開区間 (a, b) で微分可能ならば，
$$\frac{f(b) - f(a)}{b - a} = f'(c)$$
を満たす点 c が開区間 (a, b) に存在する．

ロルの定理のときと同様にまず定理のイメージについて考えてみよう．
1. （幾何学的イメージ）ロルの定理のときと同様に $y = f(x)$ のグラフはなめらかであるので，2 点 $(a, f(a))$, $(b, f(b))$ を通る直線と平行な接線がどこかで引けるはずである．つまり，$\dfrac{f(b) - f(a)}{b - a} = f'(c)$ を満たす c $(a < c < b)$ が存在する．

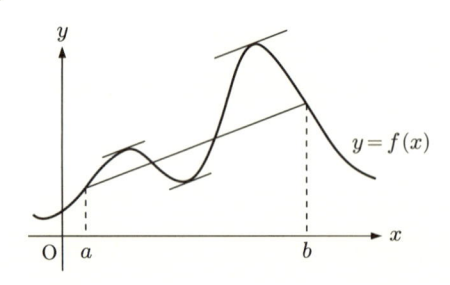

2. (物理的イメージ) ロルの定理のときと同様に，ある点が y 軸上を運動しており $f(x)$ が時刻 x におけるその点の座標を表すものとする．このとき，$\dfrac{f(b)-f(a)}{b-a}$ とは，時刻 a から時刻 b まで平均の速さ (方向も考えているから，速度といった方が正確) という意味をもつ．いま，y 軸上を運動している状況では，どこかの瞬間で時刻 a から時刻 b までの平均の速さになるはずである．つまり，$\dfrac{f(b)-f(a)}{b-a} = f'(c)$ を満たす c $(a<c<b)$ が存在する．

証明 $F(x) = f(x) - \dfrac{f(b)-f(a)}{b-a}(x-a)$ とおくと，$f(x)$ が，$[a,b]$ で連続，(a,b) で微分可能であるので，$F(x)$ も $[a,b]$ で連続，(a,b) で微分可能である．そして，

$$F(a) = f(a) - \dfrac{f(b)-f(a)}{b-a}(a-a) = f(a)$$

$$F(b) = f(b) - \dfrac{f(b)-f(a)}{b-a}(b-a) = f(a)$$

であるから，$F(x)$ はロルの定理の条件を満たしている．いま，$F'(x) = f'(x) - \dfrac{f(b)-f(a)}{b-a}$ であるので，ロルの定理より，$F'(c) = 0$ を満たす点 c が開区間 (a,b) に存在する．このとき，c は $f'(c) - \dfrac{f(b)-f(a)}{b-a} = 0$, すなわち，

$$\dfrac{f(b)-f(a)}{b-a} = f'(c)$$

を満たす． ∎

注意 3.2 平均値の証明をもう一度見てみよう．そこでは $f(x)$ に対して新しい関数

$$F(x) = f(x) - \dfrac{f(b)-f(a)}{b-a}(x-a)$$

が定義され使われている．この関数は，$f(x)$ から $\dfrac{f(b)-f(a)}{b-a}(x-a)$ を引いた関数として定められている．ここで，関数 $\dfrac{f(b)-f(a)}{b-a}(x-a)$ は 2 点 $(a, f(a))$, $(b, f(b))$ を通る直線を y 軸方向へ $-f(a)$ だけ平行移動した直線である．つまり，関数 $F(x)$ は $f(x)$ からこの直線を用いて $F(a)$ と $F(b)$ の値を一

致させ，ロルの定理を使える形にしたものであり，ここが上の証明のポイントである．

さて，上の証明を見ればわかるように，平均値の定理では $\dfrac{f(b)-f(a)}{b-a}=f'(c)$ を満たす開区間 (a,b) 内の点 c の存在を示して (保証して) いるが，具体的に c の値を定めているわけではない．次に，具体的な関数に対してその値を求めてみる．

例題 3.8 $a<b$ とするとき，関数 $f(x)=x^2$ において，$\dfrac{f(b)-f(a)}{b-a}=f'(c)$ を満たす開区間 (a,b) 内の点 c を求めよ．

解答 $f(x)=x^2$ はすべての実数に対して，連続でかつ微分可能であるので，$[a,b]$ で連続，(a,b) で微分可能 である．また，$f'(x)=2x$ である．いま，
$$\frac{f(b)-f(a)}{b-a}=\frac{b^2-a^2}{b-a}=\frac{(b-a)(b+a)}{b-a}=a+b$$
であり，$f'(c)=2c$ であるので，$\dfrac{f(b)-f(a)}{b-a}=f'(c)$ とすれば，$a+b=2c$，つまり，$c=\dfrac{a+b}{2}$ を得る．ところで，$a<b$ であるから，$a<\dfrac{a+b}{2}<b$ であり，$a<c<b$ である．ゆえに，$c=\dfrac{a+b}{2}$ が求める値である． ∎

例題 3.9 関数 $f(x)=x^3$ において，$\dfrac{f(3)-f(-1)}{3-(-1)}=f'(c)$ を満たす開区間 $(-1,3)$ 内の点 c を求めよ．

解答 $f(x)=x^3$ はすべての実数に対して，連続でかつ微分可能であるから，$[-1,3]$ で連続，$(-1,3)$ で微分可能 である．また，$f'(x)=3x^2$ である．いま，
$$\frac{f(3)-f(-1)}{3-(-1)}=\frac{3^3-(-1)^3}{3-(-1)}=\frac{27-(-1)}{4}=\frac{28}{4}=7$$
であり，$f'(c)=3c^2$ であるので，$\dfrac{f(3)-f(-1)}{3-(-1)}=f'(c)$ とすれば，$7=3c^2$，つまり，$c=\pm\dfrac{\sqrt{21}}{3}$ となる．ところで，$4<\sqrt{21}<5$ であるので，

$\dfrac{4}{3} < \dfrac{\sqrt{21}}{3} < \dfrac{5}{3}$ となる．したがって，$-1 < \dfrac{\sqrt{21}}{3} < 3$ で，$c = \dfrac{\sqrt{21}}{3}$ は，$-1 < c < 3$ を満たす．一方，$\dfrac{-\sqrt{21}}{3} < -1 < c < 3$ であるから $\dfrac{-\sqrt{21}}{3}$ は不適．ゆえに，$c = \dfrac{\sqrt{21}}{3}$ が求める値である． ∎

問 3.4 関数 $f(x) = x^3$ において，$\dfrac{f(2)-f(1)}{2-1} = f'(c)$ を満たす開区間 $(1,2)$ 内の点 c を求めよ．

次に，平均値の定理の不等式の証明への応用についてみる．

例題 3.10 $0 < a < b$ のとき，
$$\dfrac{1}{b} < \dfrac{\log b - \log a}{b - a} < \dfrac{1}{a}$$
が成り立つことを証明せよ．

解答 $f(x) = \log x$ とおくと，$f(x)$ は $x > 0$ で連続でかつ微分可能．特に，$[a,b]$ で連続，(a,b) で微分可能であるので，平均値の定理から，$\dfrac{f(b) - f(a)}{b - a} = f'(c)$ を満たす開区間 (a,b) 内の点 c が存在する．$f'(x) = \dfrac{1}{x}$ であるので，$\dfrac{\log b - \log a}{b - a} = \dfrac{1}{c}$．$0 < a < b$ より $f'(x) = \dfrac{1}{x}$ は $a < x < b$ で単調減少であるので，$\dfrac{1}{b} < \dfrac{1}{c} < \dfrac{1}{a}$ である．よって，$\dfrac{1}{b} < \dfrac{\log b - \log a}{b - a} < \dfrac{1}{a}$ が成り立つ． ∎

注意 3.3 平均値の定理を不等式の証明に用いるときに重要であるのは，「$\dfrac{f(b) - f(a)}{b - a} = f'(c)$ を満たす開区間 (a,b) 内の点 c が存在する」の特に「開区間 (a,b) 内の点 c」つまり「$a < c < b$」の部分である．

上の例題は次のように証明することもできる．

例題 3.10 の別証明 x を変数と考えて，$0 < a < x$ のとき，$\dfrac{1}{x} < \dfrac{\log x - \log a}{x - a} < \dfrac{1}{a}$ が成り立つことを証明すればよい．さらに，$0 < a < x$ であるから，$\dfrac{x - a}{x} <$

$\log x - \log a < \dfrac{x-a}{a}$ を示せばよい．ここで，$F(x) = \dfrac{x-a}{a} - (\log x - \log a)$ とおくと，$0 < a < x$ であるから $F'(x) = \dfrac{1}{a} - \dfrac{1}{x} = \dfrac{x-a}{ax} > 0$．よって，$F(x)$ は $x > a$ で単調増加であり（この理由は次節を参照のこと），$F(a) = \dfrac{a-a}{a} - (\log a - \log a) = 0$ なので，$x > a$ のとき $F(x) > F(a) = 0$．ゆえに，$\dfrac{x-a}{a} - (\log x - \log a) > 0$ となる．よって，$\log x - \log a < \dfrac{x-a}{a}$ が成り立つことが示せた．

同様にして $\dfrac{x-a}{x} < \log x - \log a$ も示すことができる．したがって，例題 3.10 は示された．

問 3.5 例題 3.10 の証明におけるもう 1 つの不等式 $\dfrac{x-a}{x} < \log x - \log a$ を，上の別証明と同じようにして証明せよ．

注意 3.4 例題 3.10 を用いて，不等式
$$\sum_{k=1}^{n} \dfrac{1}{k} > \log(n+1)$$
を証明できる．

証明 自然数 k に対して，例題 3.10 の不等式に $a = k, b = k+1$ を代入することで，
$$\dfrac{1}{k+1} < \log(k+1) - \log k < \dfrac{1}{k}$$
を得る．$\log(k+1) - \log k < \dfrac{1}{k}$ であることから，
$$\sum_{k=1}^{n} \dfrac{1}{k} > \sum_{k=1}^{n} (\log(k+1) - \log k)$$
$$= \log(n+1) - \log 1$$
$$= \log(n+1).$$

ゆえに $\sum_{k=1}^{n} \dfrac{1}{k} > \log(n+1)$．

コーシーの平均値の定理

定理 3.4(コーシーの平均値の定理) 関数 $f(x)$, $g(x)$ が $[a,b]$ で連続, (a,b) で微分可能であるとする. さらに, $a < x < b$ を満たすすべての x に対して $g'(x) \neq 0$ であるとする. このとき, 次を満たす c (ただし $a < c < b$) が存在する.

$$\frac{f(b) - f(a)}{g(b) - g(a)} = \frac{f'(c)}{g'(c)}.$$

証明 $p = f(b) - f(a)$, $q = g(b) - g(a)$ とおく. 関数 $g(x)$ に対するロルの定理の対偶

> $a < x < b$ を満たすすべての x に対して $g'(x) \neq 0$ ならば,
> $g(a) \neq g(b)$

と「$a < x < b$ を満たすすべての x に対して $g'(x) \neq 0$」という仮定から, $q = g(b) - g(a) \neq 0$ であることに注意する. 関数 $F(x)$ を

$$F(x) = f(x) - \frac{p}{q}(g(x) - g(a))$$

で定める. このとき, $F(x)$ は $[a,b]$ で連続, (a,b) で微分可能であって,

$$F(a) = f(a),$$
$$F(b) = f(b) - \frac{p}{q}(g(b) - g(a)) = f(b) - p = f(a)$$

より $F(a) = F(b)$. よってロルの定理より, $F'(c) = 0$ を満たす c (ただし $a < c < b$) が存在する. このとき, $0 = F'(c) = f'(c) - \frac{p}{q}g'(c)$. よって,

$$f'(c) = \frac{p}{q}g'(c). \tag{3.3}$$

仮定より, $g'(c) \neq 0$ である. よって, (3.3)の両辺を $g'(c)$ で割って,

$$\frac{p}{q} = \frac{f'(c)}{g'(c)}.$$

ゆえに

$$\frac{f(b) - f(a)}{g(b) - g(a)} = \frac{f'(c)}{g'(c)}.$$

注意 3.5 平均値の定理 (定理 3.3) の証明で
$$F(a) = f(x) - \frac{f(b) - f(a)}{b - a}(x - a)$$
とおいたが，今回は
$$F(a) = f(x) - \frac{p}{q}(g(x) - g(a)) = f(x) - \frac{f(b) - f(a)}{g(b) - g(a)}(g(x) - g(a))$$
とおいている．実は，よく似た作業を行っていることに注意したい．

コーシーの平均値の定理から，式が複雑な極限値を求める際に有用なロピタルの定理が得られる．

定理 3.5 (ロピタルの定理) $f(a) = g(a) = 0$ を満たす 2 つの関数 $f(x), g(x)$ が a の近くで微分可能であり，かつ $g'(x) \neq 0$ (ただし $x \neq a$) であるとする．このとき，極限値 $\lim_{x \to a} \dfrac{f'(x)}{g'(x)}$ が存在すれば，
$$\lim_{x \to a} \frac{f(x)}{g(x)} = \lim_{x \to a} \frac{f'(x)}{g'(x)}$$
が成り立つ．

証明 関数 $f(x), g(x)$ がコーシーの平均値の定理 (定理 3.4) の仮定を満たす a の十分近くの b を考える．このとき a と b の間に
$$\frac{f(b) - f(a)}{g(b) - g(a)} = \frac{f'(c)}{g'(c)}$$
を満たす c が存在する．仮定より $f(a) = g(a) = 0$ なので
$$\frac{f(b)}{g(b)} = \frac{f'(c)}{g'(c)}.$$
c は a と b の間にあるので，$b \to a$ のとき $c \to a$ である．また，仮定から極限値 $\lim_{x \to a} \dfrac{f'(x)}{g'(x)}$ が存在するので，
$$\lim_{x \to a} \frac{f(x)}{g(x)} = \lim_{b \to a} \frac{f(b)}{g(b)} = \lim_{c \to a} \frac{f'(c)}{g'(c)} = \lim_{x \to a} \frac{f'(x)}{g'(x)}.$$
ゆえに
$$\lim_{x \to a} \frac{f(x)}{g(x)} = \lim_{x \to a} \frac{f'(x)}{g'(x)}.$$

注意 3.6 定理 3.5 のように，$f(a) = g(a) = 0$ を満たす関数 $f(x)$，$g(x)$ の極限 $\lim_{x \to a} \dfrac{f(x)}{g(x)}$ は形式的に $\dfrac{0}{0}$ となり意味をもたないように見える．このような極限を $\dfrac{0}{0}$ の**不定形**という．

注意 3.7 定理 3.5 は，$x \to a+0$，あるいは $x \to a-0$ のときも成り立つ．

注意 3.8 $\lim_{x \to \infty} f(x) = 0$, $\lim_{x \to \infty} g(x) = 0$ のときは，定理 3.5 より，

$$\lim_{x \to \infty} \frac{f(x)}{g(x)} = \lim_{y \to 0} \frac{f(\frac{1}{y})}{g(\frac{1}{y})} = \lim_{y \to 0} \frac{f'(\frac{1}{y})(-\frac{1}{y^2})}{g'(\frac{1}{y})(-\frac{1}{y^2})} = \lim_{y \to 0} \frac{f'(\frac{1}{y})}{g'(\frac{1}{y})} = \lim_{x \to \infty} \frac{f'(x)}{g'(x)}$$

となり，定理 3.5 と同様なことが成り立つ．$\lim_{x \to -\infty} f(x) = 0$, $\lim_{x \to -\infty} g(x) = 0$ のときも同様である．

次に，2 つの関数 $f(x), g(x)$ の極限が $\lim_{x \to a} f(x) = \pm \infty$, $\lim_{x \to a} g(x) = \pm \infty$ のときを考える．このときは，$\lim_{x \to a} \dfrac{f(x)}{g(x)}$ は形式的に $\dfrac{\infty}{\infty}$ となり意味をもたないように見える．このような極限を $\dfrac{\infty}{\infty}$ の**不定形**という．$\dfrac{\infty}{\infty}$ の不定形の極限を求める次の定理もロピタルの定理と呼ばれている．

定理 3.6 (ロピタルの定理) $\lim_{x \to a} f(x) = \pm \infty$, $\lim_{x \to a} g(x) = \pm \infty$ を満たす 2 つの関数 $f(x), g(x)$ が a の近くで微分可能であり，かつ $g'(x) \neq 0$ (ただし $x \neq a$) とする．このとき，極限値 $\lim_{x \to a} \dfrac{f'(x)}{g'(x)}$ が存在すれば，

$$\lim_{x \to a} \frac{f(x)}{g(x)} = \lim_{x \to a} \frac{f'(x)}{g'(x)}$$

が成り立つ．

証明 $\lim_{x \to a} \dfrac{f'(x)}{g'(x)} = \alpha$ とする．このとき，任意の正数 ε に対して，

$$|x - a| < \delta_1 \Rightarrow \left| \frac{f'(x)}{g'(x)} - \alpha \right| < \varepsilon \tag{3.4}$$

となる正数 δ_1 が存在する．$\lim_{x \to a} f(x) = \pm \infty$, $\lim_{x \to a} g(x) = \pm \infty$ であるので，

$$|x - a| < \delta_2$$

$$\Rightarrow \left|\frac{f(a-\delta_1)}{f(x)}\right| < \varepsilon, \ \left|\frac{f(a+\delta_1)}{f(x)}\right| < \varepsilon, \ \left|\frac{g(a-\delta_1)}{g(x)}\right| < \varepsilon, \ \left|\frac{g(a+\delta_1)}{g(x)}\right| < \varepsilon \tag{3.5}$$

となる正数 $\delta_2(<\delta_1)$ が存在する．δ_1 を十分小さくとり，$[a-\delta_1, a+\delta_1]$ において関数 $f(x), g(x)$ がコーシーの平均値の定理 (定理 3.4) の仮定を満たすとしてよい．このとき，コーシーの平均値の定理 (定理 3.4) より，任意の x ($|x-a|<\delta_2$) に対して，もし，$x<a$ ならば

$$\frac{f(x)-f(a-\delta_1)}{g(x)-g(a-\delta_1)} = \frac{f'(c)}{g'(c)}$$

を満たす c $(a-\delta_1 < c < x)$ が存在し，また，もし $x > a$ ならば

$$\frac{f(a+\delta_1)-f(x)}{g(a+\delta_1)-g(x)} = \frac{f'(d)}{g'(d)}$$

を満たす d $(x<d<a+\delta_1)$ が存在する．したがって，任意の x $(a-\delta_2 < x < a)$ に対して，

$$\frac{f(x)}{g(x)} = \frac{f(x)-f(a-\delta_1)}{g(x)-g(a-\delta_1)} \frac{\frac{g(x)-g(a-\delta_1)}{g(x)}}{\frac{f(x)-f(a-\delta_1)}{f(x)}} = \frac{f'(c)}{g'(c)} \frac{1-\frac{g(a-\delta_1)}{g(x)}}{1-\frac{f(a-\delta_1)}{f(x)}}.$$

したがって，(3.4), (3.5) より

$$\left|\frac{f(x)}{g(x)} - \alpha\right| < \left|\frac{f'(c)}{g'(c)} - \alpha\right| \left|\frac{1-\frac{g(a-\delta_1)}{g(x)}}{1-\frac{f(a-\delta_1)}{f(x)}}\right| + |\alpha| \left|\frac{1-\frac{g(a-\delta_1)}{g(x)}}{1-\frac{f(a-\delta_1)}{f(x)}} - 1\right|$$

$$< \varepsilon \frac{1+\varepsilon}{1-\varepsilon} + |\alpha| \frac{2\varepsilon}{1-\varepsilon}$$

がわかる．そこで，$\varepsilon \to 0$ とすると，$\displaystyle\lim_{x \to a-0} \frac{f(x)}{g(x)} = \alpha$ となる．次に，任意の x $(a<x<a+\delta_2)$ に対して上と同様に考えると，$\displaystyle\lim_{x \to a+0} \frac{f(x)}{g(x)} = \alpha$ を得る．したがって，$\displaystyle\lim_{x \to a} \frac{f(x)}{g(x)} = \alpha = \lim_{x \to a} \frac{f'(x)}{g'(x)}$ を得る． ∎

注意 3.9 上の証明からわかるように，定理 3.6 は $x \to a+0$，あるいは $x \to a-0$ のときも成り立つ．

注意 3.10 注意 3.8 と同じ理由により，$\lim_{x\to\infty} f(x) = \pm\infty$, $\lim_{x\to\infty} g(x) = \pm\infty$ のときは，$\lim_{x\to\infty} \dfrac{f(x)}{g(x)} = \lim_{x\to\infty} \dfrac{f'(x)}{g'(x)}$ が成り立つ．
$\lim_{x\to-\infty} f(x) = \pm\infty$, $\lim_{x\to-\infty} g(x) = \pm\infty$ のときも同様である．

例題 3.11 自然数 p に対して $\lim_{x\to\infty} x^p e^{-x}$ を求めよ．

解答 $x^p e^{-x} = \dfrac{x^p}{e^x}$ であり，$\lim_{x\to\infty} x^p = \infty$, $\lim_{x\to\infty} e^x = \infty$ よりこの極限は，$\dfrac{\infty}{\infty}$ の不定形である．よって，定理 3.6 を p 回用いることにより，

$$\lim_{x\to\infty} x^p e^{-x} = \lim_{x\to\infty} \frac{x^p}{e^x} = \lim_{x\to\infty} \frac{px^{p-1}}{e^x} = \cdots = \lim_{x\to\infty} \frac{p!}{e^x} = 0.$$ ∎

問 3.6 ロピタルの定理を用いて次の極限値を求めよ．
(1) $\lim_{x\to 0} \dfrac{1-\cos x}{e^x + e^{-x} - 2}$
(2) $\lim_{x\to 0} \dfrac{\sin x - x}{x^3}$
(3) $\lim_{x\to\infty} \dfrac{\log x}{x^a}$ $(a > 0)$

○コラム 13 (関数の比較)

$\lim_{x\to a} f(x) = 0$, $\lim_{x\to a} g(x) = 0$ を満たす 2 つの関数 $f(x)$, $g(x)$ が $\lim_{x\to a} \dfrac{f(x)}{g(x)} = 0$ を満たすとする．このとき，$f(x)$ は $g(x)$ よりも $x \to a$ のとき**高位の無限小**であるという．これは，$x \to a$ としたときに $f(x)$ の方が $g(x)$ よりも速く 0 に近づく，すなわち，a の近くで，$g(x)$ の値に比べて $f(x)$ の値は無視できるほど 0 に近いことを意味する．

いま，関数 $f(x)$ が 2 回微分可能でかつ $f''(x)$ が連続であるとする．微分係数の定義から $\lim_{x\to a} \dfrac{f(x)-f(a)}{x-a} = f'(a)$ なので，$\lim_{x\to a} \dfrac{f(x)-f(a)-f'(a)(x-a)}{x-a} = 0$ である．すなわち，関数 $y = f(x) - f(a) - f'(a)(x-a)$ は関数 $y = x - a$ よりも $x \to a$ のとき高位の無限小である．したがって，a の近くの x に対して，$f(x) - f(a) - f'(a)(x-a)$ は $x-a$ に比べて無視できるほど 0 に近い．このことからも，$(a, f(a))$ における接線の方程式 $y = f(a) + f'(a)(x-a)$ は，a の近くで $y = f(x)$ を近似していることがわかる．

さらに，ロピタルの定理 (定理 3.5) から
$$\lim_{x \to a} \frac{f(x) - f(a) - f'(a)(x-a) - \frac{1}{2}f''(a)(x-a)^2}{(x-a)^2}$$
$$= \lim_{x \to a} \frac{f'(x) - f'(a) - f''(a)(x-a)}{2(x-a)}$$
$$= \lim_{x \to a} \frac{f''(x) - f''(a)}{2}$$
$$= 0$$
が成り立つ．したがって，a の近くの x に対して，
$$f(x) - f(a) - f'(a)(x-a) - \frac{1}{2}f''(a)(x-a)^2$$
は $(x-a)^2$ に比べて無視できるほど 0 に近いのだから，$y = f(a) + f'(a)(x-a) + \frac{1}{2}f''(a)(x-a)^2$ は，$y = f(a) - f'(a)(x-a)$ よりさらに a の近くで $y = f(x)$ を近似しているといえる．この事実は，第 3.6 節でより詳しく議論する．

3.3 関数の値の変化

関数 $y = f(x)$ のグラフを描くときに単なるイメージだけに頼らず，そのイメージをきちんと説明する道具が，前節で述べた平均値の定理である．

導関数の符号と関数の増減

定理 3.7 関数 $f(x)$ が閉区間 $[a, b]$ で連続，開区間 (a, b) で微分可能であるとする．このとき，
(1) $a < x < b$ でつねに $f'(x) > 0$ ならば，$f(x)$ は $a \leqq x \leqq b$ で狭義単調増加関数である．
(2) $a < x < b$ でつねに $f'(x) < 0$ ならば，$f(x)$ は $a \leqq x \leqq b$ で狭義単調減少関数である．
(3) $a < x < b$ でつねに $f'(x) = 0$ ならば，$f(x)$ は $a \leqq x \leqq b$ において定数関数である．

証明 (1) のみを証明する．(2), (3) についても同様に示すことができる (詳しくは演習問題とする)．さて，$a \leqq x_1 < x_2 \leqq b$ となる任意の 2 数 x_1, x_2 を

とすると，平均値の定理より
$$\frac{f(x_2) - f(x_1)}{x_2 - x_1} = f'(c)$$
を満たす $c\ (x_1 < c < x_2)$ が存在する．いま，$a < x < b$ でつねに $f'(x) > 0$ であるので，特に $f'(c) > 0$．つまり
$$\frac{f(x_2) - f(x_1)}{x_2 - x_1} = f'(c) > 0$$
である．したがって $x_2 - x_1 > 0$ であるから，$f(x_2) - f(x_1) > 0$．すなわち，$a \leqq x_1 < x_2 \leqq b$ となる任意の 2 数 x_1, x_2 に対して $f(x_1) < f(x_2)$ が成り立つ．これは，関数 $f(x)$ が $a \leqq x \leqq b$ で狭義単調増加関数であることを示している．　■

問 3.7 上の (2), (3) を証明せよ．

定理 3.7 を用いて，実際に関数のグラフの概形を描いてみよう．

例題 3.12 $y = x - 2\sqrt{x}$ の増減を調べ，グラフを描け．

解答 この関数の定義域は $x \geqq 0$．また，
$$y' = 1 - \frac{1}{\sqrt{x}} = \frac{\sqrt{x} - 1}{\sqrt{x}}$$
であるが，y' は $x > 0$ で定義されており，$x = 0$ では定義されていないことに注意する．さて，y' の分母は $\sqrt{x} > 0$ であるから，y' の符号の変化は $\sqrt{x} - 1$ の符号の変化と同じである．したがって，増減表は，

x	0	$\cdots$	1	$\cdots$
y'	/	$-$	0	$+$
y	0	$\searrow$	-1	$\nearrow$

となる．また，
$$\lim_{x \to +\infty} y = \lim_{x \to +\infty}(x - 2\sqrt{x}) = \lim_{x \to +\infty} \sqrt{x}\,(\sqrt{x} - 2) = \infty.$$
一方，
$$\lim_{x \to +0} y' = \lim_{x \to +0}\left(1 - \frac{1}{\sqrt{x}}\right) = -\infty$$

であるから，$y = x - 2\sqrt{x}$ のグラフは原点 $(0,0)$ で y 軸と接している．以上から，グラフの概形は図のようになる．

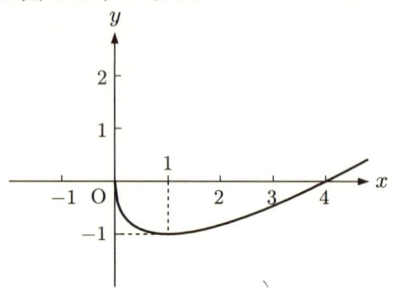

例題 3.12 で示したように，関数の増減を調べるためにはその関数の増減表を書くことが重要である．

注意 3.11 上でみたように関数 $y = f(x)$ の増減を調べることは，$f'(x)$ の符号の変化を調べることと同じである．そして，$f'(x)$ の符号の変化は $f'(x)$ が連続であれば，$f'(x) = 0$ となる x の前後で生じるので，$f'(x) = 0$ となる x の値を求めることは大切である．しかし，関数 $f(x) = x^3$ のように $f'(0) = 0$ であってもその前後で $f'(x)$ の符号が変化しないときもある．また，次の例題 3.13 のように $f'(x) = 0$ でないところ $(f'(x)$ が定義されないところ$)$ で符号が変わることもある．

注意 3.12 例題 3.12 では，導関数 y' は $x = 0$ で定義されていないが，$x = 0$ の近く $(x > 0)$ で定義されている．関数のグラフを描くときに，(導)関数がその点自身では定義されていないが，その点の近くでは定義されている場合，その点の近くの状況をしっかり調べるべきである．すなわち，定義されない点 $x = a$ に関しては $\lim_{x \to a \pm 0} f(x)$ を (状況によっては $\lim_{x \to a \pm 0} f'(x)$ も) 求めるべきである．

上の注意を踏まえ，グラフの描き方を確認しておこう．

【グラフの描き方】
1. 定義域を確認する．

2. 関数 $f(x)$ の増減表を書く．すなわち，微分して導関数 $f'(x)$ の符号を調べる．
3. 関数 $f(x)$ と x 軸, y 軸との共有点を調べる．すなわち，
   (a) y 軸との共有点を求める ($x=0$ のときの y の値を求める)．
   $$(x=0 \text{ を } y=f(x) \text{ に代入して } y \text{ を求める})$$
   (b) x 軸との共有点を求める ($y=0$ となる x の値を求める)．
   $$(\text{方程式 } f(x)=0 \text{ を } x \text{ について解く})$$
4. 定義されてない点の近くの様子を調べる．すなわち，極限の様子を調べる．また，状況によっては，$x \to \pm\infty$ の極限や漸近線も調べる．

例題 3.13 $y = \dfrac{2}{x} + \dfrac{1}{x^2}$ の増減を調べ，グラフを描け．

解答 この関数の定義域は $x \neq 0$．また，
$$y' = \frac{-2}{x^2} + \frac{-2}{x^3} = \frac{-2(x+1)}{x^3}$$
であり，y' は $x \neq 0$ で定義されており，$x=0$ では定義されていない．さて，y' の分母は x^3 であるので，$x>0$ のとき $x^3>0$, $x<0$ のとき $x^3<0$ となる．したがって，$x=0$ の前後で符号が変化する．ゆえに，増減表は，

x	$\cdots$	-1	$\cdots$	0	$\cdots$
y'	$-$	0	$+$	/	$-$
y	↘	-1	↗	/	↘

また，
$$\lim_{x \to +0} y = \lim_{x \to +0} \left(\frac{2}{x} + \frac{1}{x^2}\right) = \infty,$$
$$\lim_{x \to -0} y = \lim_{x \to -0} \left(\frac{2}{x} + \frac{1}{x^2}\right) = \lim_{x \to -0} \frac{2x+1}{x^2} = \infty.$$
さらに，
$$\lim_{x \to +\infty} y = \lim_{x \to +\infty} \left(\frac{2}{x} + \frac{1}{x^2}\right) = 0,$$
$$\lim_{x \to -\infty} y = \lim_{x \to -\infty} \left(\frac{2}{x} + \frac{1}{x^2}\right) = 0.$$
以上から，グラフの概形は次ページの図のようになる．

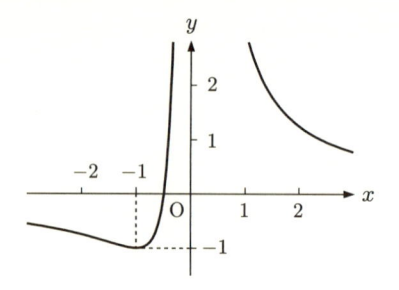

注意 3.13 $\dfrac{-2(x+1)}{x^3}$ の符号と $-2x^3(x+1)$ の符号は同じであるから，4次関数 $y = -2x^3(x+1)$ のグラフをイメージすれば，$\dfrac{-2(x+1)}{x^3}$ の符号の変化は調べやすい．

関数 $y = f(x)$ が次の条件を満たすとき，$f(x)$ は**単調増加関数**であるという．
　　定義域の任意の点 x_1, x_2 に対して，$x_1 < x_2$ ならば $f(x_1) \leqq f(x_2)$．
また，$f(x)$ が次の条件を満たすとき，$f(x)$ は**単調減少関数**であるという．
　　定義域の任意の点 x_1, x_2 に対して，$x_1 < x_2$ ならば $f(x_1) \geqq f(x_2)$．
定理 3.7 の逆については，次が成り立つ．

定理 3.8 　関数 $f(x)$ が区間 (a,b) で微分可能であるとする．このとき，
(1) 　$f(x)$ が (a,b) において単調増加関数ならば，$a < x < b$ でつねに $f'(x) \geqq 0$ である．
(2) 　$f(x)$ が (a,b) において単調減少関数ならば，$a < x < b$ でつねに $f'(x) \leqq 0$ である．
(3) 　$f(x)$ が (a,b) において定数関数ならば，$a < x < b$ でつねに $f'(x) = 0$ である．

証明　(1) を示す．関数 $f(x)$ が (a,b) において単調増加関数とする．$a < x < b$ を満たす実数 x を任意に与える．$f(x)$ は x で微分可能なので，$f'(x) = \lim\limits_{h \to 0} \dfrac{f(x+h) - f(x)}{h}$ が存在する．$h > 0$ のとき，$f(x)$ は単調増加なので $h > 0$ のとき $f(x+h) \geqq f(x)$ であり，$h < 0$ のとき $f(x+h) \leqq f(x)$ である．いずれの場合も $\dfrac{f(x+h) - f(x)}{h} \geqq 0$．したがっ

て，$f'(x) = \lim_{h \to 0} \dfrac{f(x+h) - f(x)}{h} \geqq 0$ である (第 **1.5** 節の定理 1.13 を参照).
(2) は (1) と同様に証明できる．(3) は定理 2.2 から従う． ∎

関数の極大と極小

$f(x)$ を連続な関数とする．高校の教科書では，$x = a$ を境目として増加から減少に変わるとき $f(x)$ は $x = a$ で極大であると定められ，$x = b$ を境目として減少から増加に変わるとき $f(x)$ は $x = b$ で極小であると定められる．この定義は，1 変数の関数に対してのみできる定義であり，大学で学ぶ 2 変数以上の関数に対しては定義できない．本書では 1 変数関数しか扱わないが，極大・極小の正確な意味を知るため，より一般に極大・極小を定義しよう．

> **定義 3.1** 連続な関数 $f(x)$ と，定義域の点 a に対して，条件
> 　　　　$0 < |x-a| < \delta$ である任意の定義域の点 x に対して $f(x) < f(a)$
> を満たす $\delta > 0$ が存在するとき，$f(x)$ は a で**極大**であるといい，そのときの関数の値 $f(a)$ を $f(x)$ の**極大値**という．また，関数 $f(x)$ の定義域の点 b に対して，条件
> 　　　　$0 < |x-b| < \delta$ である任意の定義域の点 x に対して $f(b) < f(x)$
> を満たす $\delta > 0$ が存在するとき，$f(x)$ は $x = b$ で**極小**であるといい，そのときの関数の値 $f(b)$ を $f(x)$ の**極小値**という．極大値と極小値をあわせて，**極値**という．

極大値は，その点の近くにおける最大値であることを意味している．同様に，極小値は，その点の近くにおける最小値であることを意味している (次ページの図を参照)．しかし，関数の極大値 (極小値) は，その関数の最大値 (極小値) であるとは限らない．

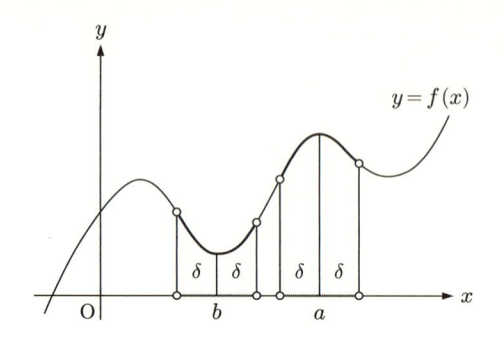

連続な関数 $f(x)$ が $x=a$ を境目として増加から減少に変わるとき, すなわち, 高校の教科書の意味で $x=a$ で極大のとき, $f(x)$ は (定義 3.1 の意味で) $x=a$ で極大である[1]. また, $x=b$ を境目として減少から増加に変わるとき $f(x)$ は (定義 3.1 の意味で) $x=b$ で極小である.

特に, 関数が微分可能であれば, 導関数が $+$ から $-$ に変化する境目の値が極大値であり, $-$ から $+$ に変化する境目の値が極小値である. このことから, 導関数の値が 0 になる点を見つけることが重要であることがわかる. 実際, 次が成り立つ.

定理 3.9 (極値をとるための必要条件)　関数 $f(x)$ が, $x=a$ で微分可能とする. このとき, $f(x)$ が $x=a$ で極値をとるならば, $f'(a)=0$ である.

証明　ロルの定理の証明と本質は同じである (ロルの定理の証明とよく比較してほしい). $f(x)$ は $x=a$ で微分可能であるから, $f'(a) = \lim_{h \to 0} \dfrac{f(a+h)-f(a)}{h}$ が存在する. $f(x)$ が $x=a$ で極大値をとるとする (極小値のときも同様である). $f(a)$ が $x=a$ の近くで最大であるから, $h \neq 0$ を $|h|$ が十分小さくなるようにとれば, $f(a+h) \leqq f(a)$ である. つまり, $f(a+h)-f(a) \leqq 0$ である. 以上のことを考慮すると, $h>0$ のとき, $\dfrac{f(a+h)-f(a)}{h} \leqq 0$ より,

$$f'(a) = \lim_{h \to +0} \frac{f(a+h)-f(a)}{h} \leq 0$$

---

[1] しかし, その逆は成り立たない (田島一郎 著『解析入門』p.145 を参照).

である (問 1.14 と定理 1.13 を参照). また, $h < 0$ のときは, $\dfrac{f(a+h)-f(a)}{h} \geqq 0$ であるから,
$$f'(a) = \lim_{h \to -0} \frac{f(a+h)-f(a)}{h} \geqq 0$$
である. したがって, $f'(a) = 0$ を得る. ∎

問 3.8 定理 3.9 において $f(x)$ が $x = a$ で極小値をとる場合について証明せよ.

注意 3.14 定理 3.9 より $f(x)$ が $x = a$ で微分可能なとき,「$f(x)$ が $x = a$ で極値をとるならば $f'(a) = 0$」は正しいが, 逆は成り立たない. $f(x)$ が $x = a$ で微分可能であり $f'(a) = 0$ であったとしても, $f(a)$ は極値にならないかもしれない. たとえば, $f(x) = x^3$ を考えると, $f'(0) = 0$ であるが, $f(0) = 0$ は極値でない (停留値, 次図を参照).

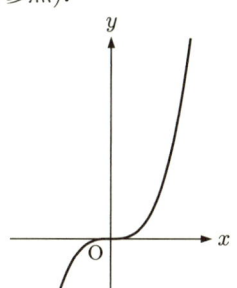

問 3.9 関数 $f(x) = x^4 + x^3 - 2$ の極値を求め, そのグラフの概形を描け.

例 3.1 $f(x) = x^3 - 3x + 1$ について,
$$f'(x) = 3x^2 - 3 = 3(x+1)(x-1)$$
なので, 増減表は,

x	$\cdots$	-1	$\cdots$	1	$\cdots$
$f'(x)$	$+$	0	$-$	0	$+$
$f(x)$	↗	3	↘	-1	↗

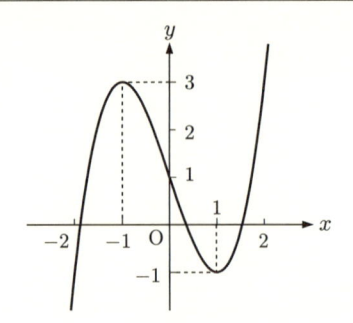

したがって，関数 $f(x)$ は $x=-3$ で極大値 3, $x=1$ で極小値 -1 をとる．

注意 3.15 定理 3.9 はいうまでもなく関数が微分可能であるという条件の下で成り立つ主張であって，次の例 3.2 のような微分可能でない点が存在する場合は極値の判定には別の考察が必要である．

例 3.2 (極値で微分係数が存在しない例)
$f(x) = |x|(x-1)^2$ について，$f(0) = 0$ で，$x > 0$ のとき，
$$f(x) = x(x-1)^2 = x^3 - 2x^2 + x,$$
$$f'(x) = 3x^2 - 4x + 1 = (x-1)(3x-1),$$

$x < 0$ のとき，
$$f(x) = -x(x-1)^2 = -x^3 + 2x^2 - x,$$
$$f'(x) = -3x^2 + 4x - 1 = -(x-1)(3x-1),$$

であるから，増減表は，

x	$\cdots$	0	$\cdots$	$\dfrac{1}{3}$	$\cdots$	1	$\cdots$
$f'(x)$	$-$	$/$	$+$	0	$-$	0	$+$
$f(x)$	$\searrow$	0	$\nearrow$	$\dfrac{4}{27}$	$\searrow$	0	$\nearrow$

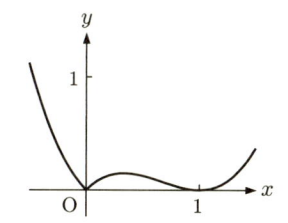

したがって，$x = \dfrac{1}{3}$ で極大値 $\dfrac{4}{27}$ をとり，$x = 0, 1$ で極小値 0 をとる．

注意 3.16 例3.2の関数は，$x = 0$ で微分可能ではない．実際，
$$\dfrac{f(h) - f(0)}{h} = \dfrac{|h|(h-1)^2}{h}$$
で，$h > 0$ のとき，$\dfrac{f(h) - f(0)}{h} = \dfrac{h(h-1)^2}{h} = (h-1)^2$ であるから，
$$\lim_{h \to +0} \dfrac{f(h) - f(0)}{h} = \lim_{h \to +0} (h-1)^2 = 1.$$
$h < 0$ のとき，$\dfrac{f(h) - f(0)}{h} = \dfrac{-h(h-1)^2}{h} = -(h-1)^2$ であるから，
$$\lim_{h \to -0} \dfrac{f(h) - f(0)}{h} = \lim_{h \to -0} \{-(h-1)^2\} = -1.$$
したがって，$\lim_{h \to 0} \dfrac{f(h) - f(0)}{h}$ が存在しない．つまり，$f(x)$ は $x = 0$ で微分可能ではない．

絶対値が含まれている関数について，例2.2 (第**2.1**節) の $f(x) = |x|$ や上の例では絶対値記号の中身の符号が変わるところでその関数は微分可能でないが，いつでも微分可能でない，とは言い切れない．実際，次のような例がある．

例 3.3 (絶対値記号の中身の符号が変わるところで微分可能な関数)

$f(x) = x|x|$ は $x = 0$ で微分可能である．

問 3.10 例3.3を証明せよ．

例題 3.14 $f(x) = xe^{-x}$ の極値を求め，グラフの概形を描け．

解答 積の微分法より，$f'(x) = e^{-x} + x(-e^{-x}) = -(x-1)e^{-x}$ であるから，増減表は，

x	$\cdots$	1	$\cdots$
$f'(x)$	$+$	0	$-$
$f(x)$	$\nearrow$	$\dfrac{1}{e}$	$\searrow$

となるので，$f(x)$ は $x=1$ で極大値 $\dfrac{1}{e}$ をとる．さて，グラフの概形を描くには $\displaystyle\lim_{x\to+\infty} xe^{-x}$ と $\displaystyle\lim_{x\to-\infty} xe^{-x}$ も調べる必要がある．まず，$\displaystyle\lim_{x\to+\infty} xe^{-x}$ について考える．後述の第 **3.8** 節の例題 3.29 より，$x > 0$ において $e^x > 1 + x + \dfrac{x^2}{2} > \dfrac{x^2}{2}$ がわかる．したがって，$\dfrac{x}{e^x} < \dfrac{x}{\frac{x^2}{2}} = \dfrac{2}{x}$ である．ゆえに，

$$0 \leq \lim_{x\to+\infty} \frac{x}{e^x} \leq \lim_{x\to+\infty} \frac{2}{x} = 0.$$

したがって，$\displaystyle\lim_{x\to+\infty} \frac{x}{e^x} = 0$．

一方，$\displaystyle\lim_{x\to-\infty} x = -\infty$, $\displaystyle\lim_{x\to-\infty} e^{-x} = \infty$ より $\displaystyle\lim_{x\to-\infty} xe^{-x} = -\infty$ を得る．したがって，グラフは図のようになる．

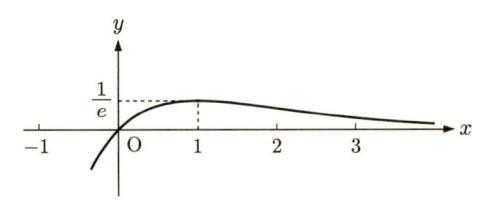

注意 3.17 上の例題において，$f'(x) = -(x-1)e^{-x}$ の符号の変化を調べるには $e^{-x} > 0$ であるから，1 次関数 $-(x-1)$ の符号の変化を調べるだけで十分である．

問 3.11 正の実数 p に対して $f(x) = x^p e^{-x}$ $(x \geq 0)$ の極値を求めよ．

例題 3.15 $f(x) = \dfrac{x^2}{x-1}$ の極値を求めよ．

解答 この関数は $x \neq 1$ で定義されていることに注意する．関数 $f(x)$ を変形して，$f(x) = x + 1 + \dfrac{1}{x-1}$ とする．このとき，$f(x)$ の導関数は
$$f'(x) = 1 - \dfrac{1}{(x-1)^2} = \dfrac{x(x-2)}{(x-1)^2}$$
であるから，増減表は，

x	$\cdots$	0	$\cdots$	1	$\cdots$	2	$\cdots$
$f'(x)$	$+$	0	$-$	/	$-$	0	$+$
$f(x)$	↗	0	↘	/	↘	4	↗

したがって，$f(x)$ は $x = 0$ で極大値 0，$x = 2$ で極小値 4 をとる．

注意 3.18 分数関数 $f(x) = \dfrac{A}{B}$ (ただし A, B は多項式) に関しては，A を B で割った商を Q，余りを R とすると，$A = BQ + R$ より，
$$f(x) = \dfrac{A}{B} = \dfrac{BQ + R}{B} = Q + \dfrac{R}{B}$$
とできる．このように変形しておくと，分数式は扱いやすい．標語的にいえば，「分数式は富士の山」(富士山のように，上の方が (分子の方が) 下より (分母より) 次数が小さい方が扱いやすい).

特に例題 3.15 であれば，$y = \dfrac{x^2}{x-1} = x + 1 + \dfrac{1}{x-1}$ としておけば，$y = \dfrac{x^2}{x-1}$ の漸近線の 1 つが，$y = x + 1$ であることがわかる．もう 1 つ漸近線 $x = 1$ があるのは明らかだろう．そして，微分を計算する際にも，上のように「分数式は富士の山」に変形しておくと計算が容易になる．

例題 3.16 関数 $f(x) = \dfrac{x^2 + x + a}{x-1}$ が $x = -1$ で極値をとるように定数 a の値を定めよ．また，このとき，関数 $f(x)$ の極値を求めよ．

解答 この関数は $x \neq 1$ で定義されていることに注意する．上の注意に従って関数 $f(x)$ を変形して，$f(x) = x + 2 + \dfrac{2+a}{x-1}$ とする．このとき，$f'(x) = 1 - \dfrac{2+a}{(x-1)^2}$ であるが，$f(x)$ は $x = -1$ で極値をとるので，$0 = f'(-1) = 1 - \dfrac{2+a}{(-1-1)^2}$．これより，$a = 2$ を得る．したがって，
$$f(x) = \frac{x^2+x+2}{x-1} = x + 2 + \frac{4}{x-1},$$
$$f'(x) = 1 - \frac{4}{(x-1)^2} = \frac{(x-3)(x+1)}{(x-1)^2}.$$
よって，増減表は，

x	$\cdots$	-1	$\cdots$	1	$\cdots$	3	$\cdots$
$f'(x)$	$+$	0	$-$	$/$	$-$	0	$+$
$f(x)$	↗	-1	↘	$/$	↘	7	↗

したがって，確かに，$a = 2$ のとき，$x = -1$ で極値(実際には極大値)をとる．さらに，この表を見れば，$x = 3$ で極小値をとることもわかる．

注意 3.19 この種の問題において，教科書の中には，商の微分法を用いて，
$$f'(x) = \frac{(2x+1)(x-1) - (x^2+x+a)\cdot 1}{(x-1)^2} = \frac{x^2-2x-1-a}{(x-1)^2}$$
として計算してあるものもある．しかし，注意 3.18 で述べたように「分数式は富士の山」に変形して計算した方がはるかに楽であることが例題 3.16 からもわかってもらえると思う．

注意 3.20 第 3.7 節で述べるが，第 2 次導関数を用いれば増減表を書かないで，極値であることを確認することができる．

3.4 関数の最大値・最小値

有界でない区間や閉区間でない区間で定義される連続関数は，最大値・最小値をもつとは限らない．しかし，最大値・最小値の定理(定理 1.21)より，有界な閉区間で定義された連続関数は，必ず最大値および最小値をもつ．この節では，与えられた微分可能な関数に対して，具体的な最大値・最小値を求める．

例題 3.17 $f(x) = (1+\sin x)\cos x$ の $0 \leq x \leq 2\pi$ における最大値・最小値を求めよ.

解答
$$f'(x) = \cos x \cos x + (1+\sin x)(-\sin x)$$
$$= \cos^2 x - \sin x - \sin^2 x$$
$$= -2\sin^2 x - \sin x + 1$$
$$= -(2\sin x - 1)(\sin x + 1)$$

であるから，増減表は，

x	0	$\cdots$	$\dfrac{\pi}{6}$	$\cdots$	$\dfrac{5\pi}{6}$	$\cdots$	$\dfrac{3\pi}{2}$	$\cdots$	2π
$f'(x)$		$+$	0	$-$	0	$+$	0	$+$	
$f(x)$	1	↗	$\dfrac{3\sqrt{3}}{4}$	↘	$\dfrac{-3\sqrt{3}}{4}$	↗	0	↗	1

よって，$x = \dfrac{\pi}{6}$ で最大値 $\dfrac{3\sqrt{3}}{4}$ をとり，$x = \dfrac{5\pi}{6}$ で最小値 $\dfrac{-3\sqrt{3}}{4}$ をとる. ∎

注意 3.21　最大値・最小値を求める問題において，グラフを描くことは基本である．しかし，上のように微分法を用いて解くときは増減表で済ませて構わない．

問 3.12　$f(x) = 2\sin x - \sin 2x$ の $0 \leq x \leq 2\pi$ における最大値，最小値を求めよ．

[補足 3.3] 例題 3.17 は，次のような数学 II の微分法で出題することができる問題の数学 III の学習内容を用いた解法の中に出てくる．

例題 3.18　$AB = BC = CD = 1$ を満たす辺 BC を下底とする等脚台形 ABCD の面積の最大値を求めよ．

解答例：数学 II 版　$AD \geq BC$ としてよい．点 B, C から，辺 AD に引いた垂線を BE, CF とし，$AE = DF = x$ とする．このとき，$0 < x < 1$ であり，三平方の定理から，$BE = CF = \sqrt{1-x^2}$ である．したがって，等脚台形 ABCD の面積 S は，
$$S = \frac{1}{2}(BC + AD)BE = \frac{1}{2}(1 + (x+1+x))\sqrt{1-x^2}$$

$$= (x+1)\sqrt{1-x^2} = \sqrt{(x+1)^2(1-x^2)}.$$

よって，$g(x) = (x+1)^2(1-x^2) = (x+1)^3(1-x)$ の $0 < x < 1$ における最大値を求めればよい．$g(x)$ の導関数は

$$g'(x) = 3(x+1)^2(1-x) + (x+1)^3(-1) = 2(x+1)^2(1-2x)$$

であるから，増減表は，

x	0	$\cdots$	$\dfrac{1}{2}$	$\cdots$	1
$f'(x)$		$+$	0	$-$	
$f(x)$	1	↗	$\dfrac{27}{16}$	↘	0

となる．したがって，S は，$x = \dfrac{1}{2}$ のとき，最大値 $\sqrt{\dfrac{27}{16}} = \dfrac{3\sqrt{3}}{4}$ をとる．

解答例：数学 III 版　(先の解答と同じ記号を用いることにする) $\angle \mathrm{BAD} = x$ とおくと，$\mathrm{AE} = \mathrm{FD} = \cos x$, $\mathrm{BE} = \mathrm{CF} = \sin x$ であるから，

$$S = \frac{1}{2}(1 + (\cos x + 1 + \cos x))\sin x = \sin x(1 + \cos x)$$

後は例題 3.17 のように増減表を用いて解けばよい．

このように，数学 II の範囲で十分に解ける問題ではあるが，

$$\mathrm{AE} = \mathrm{FD} = \cos x$$
$$\mathrm{BE} = \mathrm{CF} = \sin x$$

は三角関数 (三角比) の定義であり自然な発想である．

問 3.13　周囲の長さが ℓ である長方形で対角線の長さが最も短いものを求めよ．

問 3.14　半径 r の円に内接する長方形で最も面積の大きいものを求めよ．

3.5　曲線の凹凸

関数 $f(x)$ の微分係数 $f'(a)$ は $y = f(x)$ の $x = a$ における接線の傾きを表していた．だから素朴に考えて

$$f'(x) > 0 \iff f(x)\ \text{は}\ x = a\ \text{の近くで増加},$$
$$f'(x) < 0 \iff f(x)\ \text{は}\ x = a\ \text{の近くで減少}$$

であった．

3.5 曲線の凹凸

では，第2次導関数 $f''(x)$ はどのような意味をもつのだろうか？ $f''(x) > 0$, $f''(x) < 0$ は図形的にどのような意味をもつのか考えよう．物理的に考えると x が時刻を表すものと考えれば，第1次導関数 $f'(x)$ は「速度」という意味をもっている．このように考えると，第2次導関数 $f''(x)$ は「加速度」という意味をもつ．それでは，図形的には，どのような意味をもつのであろうか？

$f''(x)$ は，$f'(x)$ の導関数であるから，$f''(x)$ の符号は $f'(x)$ の増減を表す．図形的に見れば，$f'(x)$ は接線の傾きであるから，$f''(x)$ の符号は接線の傾きの増減を表すことになる．したがって，

$$f''(x) > 0 \iff \text{接線の傾きが増加}$$
$$f''(x) < 0 \iff \text{接線の傾きが減少}$$

ということになる．ここで，グラフにおいて $f''(x) > 0$, $f''(x) < 0$ の状態を示すとそれぞれ次の図のようになる．

そこで，

$f''(x) > 0$ つまり，接線の傾きが増加する状態を，**下に凸**,

$f''(x) < 0$ つまり，接線の傾きが減少する状態を，**上に凸**,

と呼ぶ．

と高校の数学 III の教科書には書いてある．このことについて詳しくみてみよう．上の定義では関数 $f(x)$ が2回微分可能，すなわち，第2次導関数をもたなければならない．しかし，「下に凸」，「上に凸」という概念はより一般の関数について定義されるものである．実際，関数 $f(x)$ が開区間 (a,b) 内の任意の x_1, x_2 $(x_1 < x_2)$ と任意の実数 λ $(0 < \lambda < 1)$ に対して，

$$f(\lambda x_1 + (1-\lambda)x_2) \leqq \lambda f(x_1) + (1-\lambda)f(x_2)$$

を満たすとき，関数 $f(x)$ は開区間 (a,b) で下に凸であるという．同様に

$$f(\lambda x_1 + (1-\lambda)x_2) \geqq \lambda f(x_1) + (1-\lambda)f(x_2)$$

を満たすとき，関数 $f(x)$ は開区間 (a,b) で上に凸であるという．定義より明らかなように，下に (上に) 凸ということは，関数 $f(x)$ の微分可能性，あるいは連続性とは無関係に定義されるものである．もちろん，いま，われわれが興味があるのは (2 回) 微分可能な関数である．以下，上に凸であることについては同様に示すことができるので，特に断らない限り，下に凸であることについて話を進める．次の定理は基本的である．

定理 3.10 関数 $f(x)$ について次の 4 つは同値である．
(1) 関数 $f(x)$ が開区間 (a,b) において下に凸．
(2) 開区間 (a,b) 内の点 x_1, x_2 $(x_1 < x_2)$ と任意の実数 λ_1, λ_2 $(\lambda_1 > 0, \lambda_2 > 0, \lambda_1 + \lambda_2 = 1)$ に対して，
$$f(\lambda_1 x_1 + \lambda_2 x_2) \leqq \lambda_1 f(x_1) + \lambda_2 f(x_2).$$
(3) 開区間 (a,b) 内の任意の x_1, x_2, x $(x_1 < x < x_2)$ に対して，
$$\frac{f(x) - f(x_1)}{x - x_1} \leqq \frac{f(x_2) - f(x)}{x_2 - x}.$$
(4) 開区間 (a,b) 内の任意の x_1, x_2, x $(x_1 < x < x_2)$ に対して，3 点，$P_1(x_1, f(x_1))$, $P_2(x_2, f(x_2))$, $P(x, f(x))$ をとる．このとき，点 P がつねに線分 $P_1 P_2$ の下側にある．

証明 まず (1) と (2) が同値であることは，$\lambda_1 = \lambda, \lambda_2 = 1 - \lambda$ とおくことにより直ちにわかる．

次に，(1) $\Rightarrow$ (3) を示す．$f(x)$ が (a,b) において下に凸であるとする．開区間 (a,b) 内の任意の x_1, x_2, x (ただし $x_1 < x < x_2$) に対して，$\lambda = \dfrac{x_2 - x}{x_2 - x_1}$ とおく．このとき $x_1 < x < x_2$ であるから，$0 < \lambda < 1$ である．また，$x = \lambda x_1 + (1 - \lambda) x_2$ である．すなわち，x は線分 $x_1 x_2$ を $1 - \lambda : \lambda$ に内分する点である．さて，(3) の不等式を示すには，$(x_2 - x)(f(x) - f(x_1)) \leqq (x - x_1)(f(x_2) - f(x))$, すなわち，
$$x_2 f(x) - x_2 f(x_1) + x f(x_1) \leqq x f(x_2) - x_1 f(x_2) + x_1 f(x) \tag{3.6}$$
を示せばよい．さて，関数 $f(x)$ が開区間 (a,b) において下に凸であるから

$\lambda = \dfrac{x_2 - x}{x_2 - x_1}$ のとき，$1 - \lambda = \dfrac{x - x_1}{x_2 - x_1}$ かつ $x = \lambda x_1 + (1 - \lambda)x_2$ だから，これらを $f(\lambda x_1 + (1 - \lambda)x_2) \leqq \lambda f(x_1) + (1 - \lambda)f(x_2)$ に代入して
$$f(x) \leqq \frac{x_2 - x}{x_2 - x_1}f(x_1) + \frac{x - x_1}{x_2 - x_1}f(x_2).$$
上式の右辺は $\dfrac{x_2 f(x_1) - xf(x_1) + xf(x_2) - x_1 f(x_2)}{x_2 - x_1}$ となるから，
$$f(x) \leqq \frac{x_2 f(x_1) - xf(x_1) + xf(x_2) - x_1 f(x_2)}{x_2 - x_1}.$$
ゆえに，
$$x_2 f(x) - x_1 f(x) \leqq x_2 f(x_1) - xf(x_1) + xf(x_2) - x_1 f(x_2).$$
これより (3.6) を得る．したがって，(3) が成り立つ．

次に，(3) $\Rightarrow$ (1) を示す．(3) が成り立っているとする．開区間 (a, b) 内の任意の x_1, x_2 と任意の実数 λ $(0 < \lambda < 1)$ に対して，$x = \lambda x_1 + (1 - \lambda)x_2$ とおくと，$x_1 < x < x_2$．したがって，(3) より $\dfrac{f(x) - f(x_1)}{x - x_1} \leqq \dfrac{f(x_2) - f(x)}{x_2 - x}$ が成り立つ．この式に $x = \lambda x_1 + (1 - \lambda)x_2$ を代入すると，
$$\frac{f(\lambda x_1 + (1 - \lambda)x_2) - f(x_1)}{(\lambda x_1 + (1 - \lambda)x_2) - x_1} \leqq \frac{f(x_2) - f(\lambda x_1 + (1 - \lambda)x_2)}{x_2 - (\lambda x_1 + (1 - \lambda)x_2)}$$
を得る．したがって，
$$\frac{f(\lambda x_1 + (1 - \lambda)x_2) - f(x_1)}{(1 - \lambda)(x_2 - x_1)} \leqq \frac{f(x_2) - f(\lambda x_1 + (1 - \lambda)x_2)}{\lambda(x_2 - x_1)}.$$
ゆえに，$x_2 - x_1 > 0$, $\lambda > 0$, $1 - \lambda > 0$ より，
$$\lambda(f(\lambda x_1 + (1 - \lambda)x_2) - f(x_1)) \leqq (1 - \lambda)(f(x_2) - f(\lambda x_1 + (1 - \lambda)x_2)).$$
この式を整理すると，$f(\lambda x_1 + (1 - \lambda)x_2) \leqq \lambda f(x_1) + (1 - \lambda)f(x_2)$ を得る．したがって，(1) が成り立つ．

最後に，(1) $\Leftrightarrow$ (4) を示す．開区間 (a, b) 内の任意の x_1, x_2 と任意の実数 λ $(0 < \lambda < 1)$ をとり，$x = \lambda x_1 + (1 - \lambda)x_2$ とする．さて，$y = f(x)$ のグラフを描いたとき，
$$f(x) = f(\lambda x_1 + (1 - \lambda)x_2) \leqq \lambda f(x_1) + (1 - \lambda)f(x_2)$$

は，点 $(x, f(x))$ が点 $(x, \lambda f(x_1) + (1-\lambda)f(x_2))$ の下にあることと同等であることである．

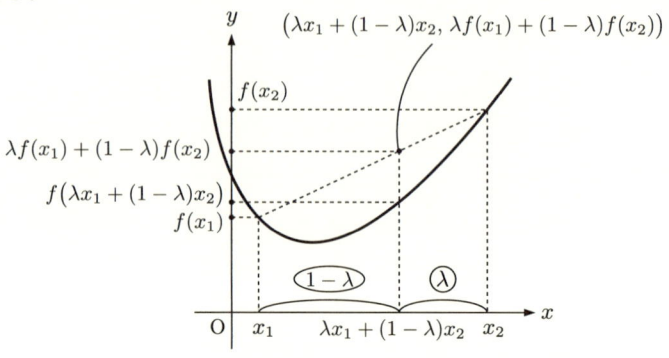

したがって，(1) ⇔ (4) が示された． ∎

注意 3.22 関数 $f(x)$ が，開区間 (a, b) で下に凸であるとする．開区間 (a, b) 内の点 x_1, x_2, x_3 $(x_1 < x_2 < x_3)$ と任意の実数 $\lambda_1, \lambda_2, \lambda_3$ $(\lambda_1 > 0, \lambda_2 > 0, \lambda_3 > 0, \lambda_1 + \lambda_2 + \lambda_3 = 1)$ について，

$$f(\lambda_1 x_1 + \lambda_2 x_2 + \lambda_3 x_3) = f\left(\lambda_1 x_1 + (\lambda_2 + \lambda_3)\frac{\lambda_2 x_2 + \lambda_3 x_3}{\lambda_2 + \lambda_3}\right)$$

であり，$\dfrac{\lambda_2 x_2 + \lambda_3 x_3}{\lambda_2 + \lambda_3}$ は開区間 (a, b) の点なので，定理 3.10 の (2) より

$$f\left(\lambda_1 x_1 + (\lambda_2 + \lambda_3)\frac{\lambda_2 x_2 + \lambda_3 x_3}{\lambda_2 + \lambda_3}\right)$$
$$\leqq \lambda_1 f(x_1) + (\lambda_2 + \lambda_3) f\left(\frac{\lambda_2}{\lambda_2 + \lambda_3} x_2 + \frac{\lambda_3}{\lambda_2 + \lambda_3} x_3\right).$$

再び定理 3.10 の (2) より

$$f\left(\frac{\lambda_2}{\lambda_2 + \lambda_3} x_2 + \frac{\lambda_3}{\lambda_2 + \lambda_3} x_3\right) \leqq \frac{\lambda_2}{\lambda_2 + \lambda_3} f(x_2) + \frac{\lambda_3}{\lambda_2 + \lambda_3} f(x_3).$$

以上より，

$$f(\lambda_1 x_1 + \lambda_2 x_2 + \lambda_3 x_3) \leqq \lambda_1 f(x_1) + \lambda_2 f(x_2) + \lambda_3 f(x_3)$$

が得られる．

同様にすれば (厳密には数学的帰納法を用いて証明)，次が成り立つことがわかる．

閉区間 (a,b) 内の点 $x_1, x_2, x_3, \ldots, x_n$ $(x_1 < x_2 < x_3 < \cdots < x_n)$ と任意の実数 $\lambda_1, \lambda_2, \lambda_3, \ldots, \lambda_n$ $(\lambda_1 > 0, \lambda_2 > 0, \lambda_3 > 0, \ldots, \lambda_n > 0, \lambda_1 + \lambda_2 + \lambda_3 + \cdots + \lambda_n = 1)$ に対して，
$$f(\lambda_1 x_1 + \lambda_2 x_2 + \lambda_3 x_3 + \cdots + \lambda_n x_n)$$
$$\leqq \lambda_1 f(x_1) + \lambda_2 f(x_2) + \lambda_3 f(x_3) + \cdots + \lambda_n f(x_n).$$
証明は章末の練習問題とするので各自解いてみられたい．

次に2回微分可能な関数 $f(x)$ について，$f''(x) > 0$ であることと $f(x)$ が下に凸であることとの関係について調べてみよう．

定理 3.11 関数 $f(x)$ は，開区間 (a,b) で C^2-級であるとする．このとき，$f(x)$ が下に凸である必要十分条件は，開区間 (a,b) の各点 x で，$f''(x) \geqq 0$ となることである．

証明 定理 3.10 の (3) を用いて証明する．

まず，関数 $f(x)$ が，開区間 (a,b) で下に凸であると仮定する．開区間 (a,b) 内の任意の 3 点 x_1, x, x_2 $(x_1 < x < x_2)$ をとる．このとき，定理 3.10 の (3) より，
$$\frac{f(x) - f(x_1)}{x - x_1} \leqq \frac{f(x_2) - f(x_1)}{x_2 - x_1}$$
が成り立つ．上式において $x \to x_1$ とすると，$f(x)$ が微分可能であることより
$$f'(x_1) \leqq \frac{f(x_2) - f(x_1)}{x_2 - x_1}$$
を得る．同様に，
$$\frac{f(x_2) - f(x_1)}{x_2 - x_1} \leqq \frac{f(x_2) - f(x)}{x_2 - x}$$
が成り立つので $x \to x_2$ として，
$$\frac{f(x_2) - f(x_1)}{x_2 - x_1} \leqq f'(x_2)$$
を得る．したがって，$f'(x_1) \leqq f'(x_2)$，つまり，$f'(x)$ が単調増加である．$f'(x)$ は区間 (a,b) で微分可能なので，定理 3.8 より $f''(x) \geqq 0$ である．

逆に，開区間 (a,b) の各点 x で，$f''(x) \geqq 0$ と仮定する．開区間 (a,b) 内の任意の 3 点 x_1, x, x_2 $(x_1 < x < x_2)$ をとる．閉区間 $[x_1, x]$，$[x, x_2]$ それぞれで平均値の定理を用いれば，

$$\frac{f(x) - f(x_1)}{x - x_1} = f'(c_1), \quad \frac{f(x_2) - f(x)}{x_2 - x} = f'(c_2)$$

を満たす c_1 $(x_1 < c_1 < x)$，c_2 $(x < c_2 < x_2)$ が存在する．$f''(x) \geqq 0$ であるから，定理 3.7 より，$f'(x)$ は開区間 (a,b) において単調増加である．よって，$c_1 < c_2$ より $f'(c_1) \leqq f'(c_2)$ である．したがって，

$$\frac{f(x) - f(x_1)}{x - x_1} = f'(c_1) \leqq f'(c_2) = \frac{f(x_2) - f(x)}{x_2 - x}$$

が得られる．よって，定理 3.10 の (3) より $f(x)$ は下に凸である ∎

注意 3.23 グラフの凹凸「$f''(x) > 0 \Leftrightarrow f(x)$ は下に凸」，「$f''(x) < 0 \Leftrightarrow f(x)$ は上に凸」に関しては，2 次関数 $y = x^2$ や $y = -x^2$ のグラフ (放物線) をイメージすればよい．

第 3.3 節に導関数 $f'(x)$ を利用して関数 $f(x)$ のグラフの概形を描くことを述べたが，グラフの概形をより詳しく描くときには曲線の凹凸を利用することができる．具体的には，グラフの凹凸を調べるために，第 3.3 節の【グラフの描き方】の 2 を，次のようにより詳しく調べる．

2′ 関数 $f(x)$ の増減表を書く．すなわち，導関数 $f'(x)$ と第 2 次導関数 $f''(x)$ を求め，それらの符号を調べる．

上にしたがってグラフの概形を描いてみよう．

例題 3.19 $y = x^3 - 3x^2 + 4$ のグラフの概形を描け．

解答 $y' = 3x^2 - 6x = 3x(x - 2)$，$y'' = 6x - 6 = 6(x - 1)$ なので，増減表は，

x	$\cdots$	0	$\cdots$	1	$\cdots$	2	$\cdots$
y'	$+$	0	$-$	-3	$-$	0	$+$
y''	$-$	$-$	$-$	0	$+$	$+$	$+$
y	↗	4	↘	2	↘	0	↗

したがって，グラフの概形は図のようになる．

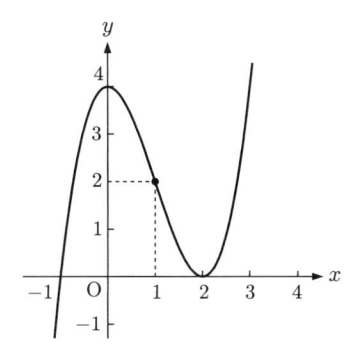

この例題 3.19 では点 $(1,2)$ を境目として曲線の凹凸が変わる．このように，曲線の凹凸が入れ替わる境目の点を**変曲点**という．

注意 3.24 3 次関数 $y = ax^3 + bx^2 + cx + d\ (a \neq 0)$ のグラフは必ず 1 つの変曲点をもつ．さらに，このグラフは，変曲点について対称である．

[補足 3.4] 関数 $f(x)$ が C^2-級であるとする．点 $(a, f(a))$ が $f(x)$ の変曲点であるとき，$x = a$ を境目として，$f''(a)$ の正負が入れ替わる．この事実と後述のテイラーの定理 (定理 3.13) 用いて，変曲点 $(a, f(a))$ の前後で，$f(x)$ のグラフと点 $(a, f(a))$ における $f(x)$ の接線の上下が入れ替わることを示そう．

$h \neq 0$ に対して，テイラーの定理 (定理 3.13) より
$$f(a+h) = f(a) + hf'(a) + \frac{h^2}{2}f''(a+\theta h)$$
となる $\theta\ (0 < \theta < 1)$ が存在する．点 $(a, f(a))$ における $f(x)$ の接線を $g(x)$ とすると，$g(x) = f'(a)(x-a) + f(a)$ より $g(a+h) = f(a) + hf'(a)$ である．ゆえに，
$$f(a+h) - g(a+h) = \frac{h^2}{2}f''(a+\theta h). \tag{3.7}$$

$x = a$ の前後で $f''(x)$ が正から負に変わるとすると，$h < 0$ のとき $f''(a+\theta h) > 0$ であり，$h > 0$ のとき $f''(a+\theta h) < 0$ である．ここで，$h \neq 0$ より，$h^2 > 0$ なので，(3.7) より，$h < 0$ のとき，$f(a+h) - g(a+h) > 0$，すなわち $f(a+h) > g(a+h)$ であり，$h > 0$ のとき，$f(a+h) - g(a+h) < 0$，すなわち $f(a+h) < g(a+h)$ である．

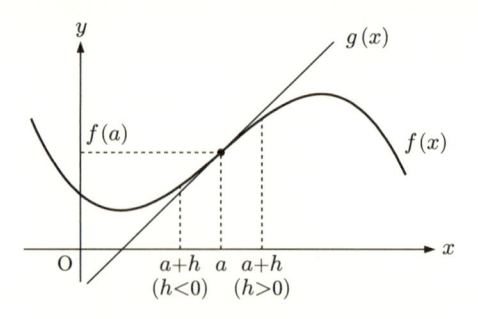

したがって，$x=a$ の前後で $f''(x)$ が正から負に変わるときは，$x=a$ の前でグラフが接線より上にあり，$x=a$ の後で接線がグラフより上にある．$x=a$ の前後で $f''(x)$ が負から正に変わる場合は，グラフと接線の上下が上の場合と反対になる．

以上のことから，グラフの概形を描くとき，変曲点における接線の傾きは求めておいた方がよい．可能ならグラフに変曲点における接線をひいておいた方がよいだろう．

なお，$f''(a)>0$ ならば，a の近くで関数 $f(x)$ のグラフは a における接線より上にあり，$f''(a)<0$ ならば，a の近くで関数 $f(x)$ のグラフは a における接線より下にあることも同様に証明できる．

例題 3.20 $y=xe^x$ のグラフを描け．

[解答] $y' = e^x + xe^x = (x+1)e^x$, $y'' = e^x + (x+1)e^x = (x+2)e^x$ となる．ここで，$e^x > 0$ であるから，y' の符号の変化は $x+1$ の符号の変化と同じであり，y'' の符号の変化は $x+2$ の符号の変化と同じである．

したがって，増減表は，

x	$\cdots$	-2	$\cdots$	-1	$\cdots$
y'	$-$	$-\dfrac{1}{e^2}$	$-$	0	$+$
y''	$-$	0	$+$	$+$	$+$
y	↘	$-\dfrac{2}{e^2}$	↘	$-\dfrac{1}{e}$	↗

また，
$$\lim_{x \to \infty} y = \lim_{x \to \infty} xe^x = +\infty, \quad \lim_{x \to -\infty} y = \lim_{x \to -\infty} xe^x = 0.$$

したがって，グラフの概形は，次ページの図のようになる．

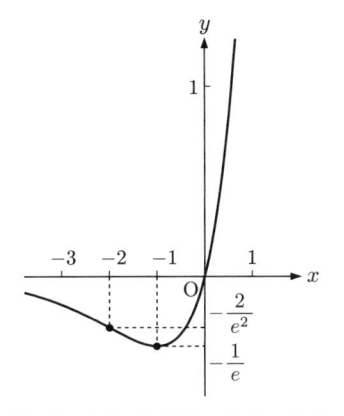

例題 3.21 $y = 1 - \dfrac{3}{x} + \dfrac{2}{x^2}$ のグラフを描け.

解答 この関数は $x \neq 0$ で定義されていることに注意する.

$$y = 1 - \frac{3}{x} + \frac{2}{x^2} = \frac{x^2 - 3x + 2}{x^2} = \frac{(x-1)(x-2)}{x^2},$$

$$y' = \frac{3}{x^2} - \frac{4}{x^3} = \frac{3x - 4}{x^3}, \quad y'' = \frac{-6}{x^3} + \frac{12}{x^4} = \frac{-6(x-2)}{x^4}$$

であるから, y' の符号の変化は $x^3(3x-4)$ の符号の変化と同じ. $x^2 \geqq 0$ であるから, y'' の符号の変化は $-6(x-2)$ の符号の変化と同じ. よって増減表は,

x	$\cdots$	0	$\cdots$	$\dfrac{4}{3}$	$\cdots$	2	$\cdots$
y'	$+$	/	$-$	0	$+$	$\dfrac{1}{4}$	$+$
y''	$+$	/	$+$	$+$	$+$	0	$-$
y	↗	/	↘	$-\dfrac{1}{8}$	↗	0	↗

また,

$$\lim_{x \to \pm\infty} y = \lim_{x \to \pm\infty} \left(1 - \frac{3}{x} + \frac{2}{x^2}\right) = 1,$$

$$\lim_{x \to \pm 0} y = \lim_{x \to \pm 0} \left(1 - \frac{3}{x} + \frac{2}{x^2}\right) = +\infty.$$

したがって, グラフの概形は次ページの図のようになる.

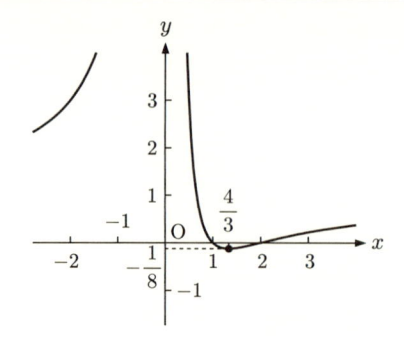

注意 3.25 例題 3.21 においては，先に述べたように定義されない点の近く ($x=0$ の近く) を調べている．また，漸近線を調べるために，$x \to \pm\infty$ のときの $f(x)$ の振る舞いを調べた．

また，この関数は $x=0$ の前後で y' の符号が変わる．つまり，関数 y の増減が変わる．増減表を書く際に，$y'=0$ となる x を調べる，という発想では間違える問題であるので注意しよう．

この節では，グラフの凹凸や変曲点まで調べてグラフの概形を描いてきた．しかし，そこまでは問われず，単に関数の極値を求めよといった問題に対しては，グラフの凹凸までは調べる必要はなく，関数の増減を調べるだけで十分である．

3.6 テイラーの定理

テイラーの定理

関数 $y=f(x)$ の導関数 $f'(x)$ の値がわかれば，各 x における $y=f(x)$ のグラフの接線の傾きがわかり，$y=f(x)$ の増減を調べることができる．また，前節で調べたように，$y=f(x)$ の第 2 次導関数 $f''(x)$ の符号がわかれば，各 x における $y=f(x)$ のグラフの凹凸を知ることができ，より正確にグラフを描くことができる．それでは，3 次以上の導関数は，一体どのようなときに役に立つのだろうか？

具体例を用いて考える．図 3.1 には，関数 $y=\sin x$ のグラフ (太線) と，$x=0$ における $y=\sin x$ の接線 (細線) が描かれている．

図 3.1

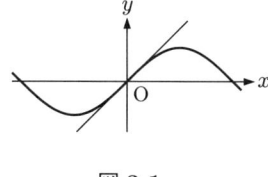

　接線の方程式は，$y = x$ である．このことから，x が 0 に十分近いとき，$\sin x$ は

$$\sin x \fallingdotseq x$$

と近似されていることがわかる．$\sin x$ の値は，特別な x のときにしか容易に求めることができない．したがって，この事実は 0 に十分近い x に対して $\sin x$ のおおよその値を知りたいときに，有用になる．

　ただし，上の場合において近似ができるのは x が 0 に十分近いときに限る．$y = \sin x$ は曲線なのだから，直線 $y = x$ で近似するのには限界がある．直線の式 (1 次式) の次に単純な式としては，多項式が挙げられる．それでは，より よい $y = \sin x$ の近似を与える多項式は，どのような式だろうか？

　図 3.2, 図 3.3 をご覧いただきたい．それぞれの細線は，

$$\begin{aligned} y &= f(0) + f'(0)x + \frac{f''(0)}{2!}x^2 + \frac{f'''(0)}{3!}x^3 \\ &= x - \frac{1}{6}x^3, \end{aligned}$$

$$\begin{aligned} y &= f(0) + f'(0)x + \frac{f''(0)}{2!}x^2 + \frac{f'''(0)}{3!}x^3 + \frac{f^{(4)}(0)}{4!}x^4 + \frac{f^{(5)}(0)}{5!}x^5 \\ &= x - \frac{1}{6}x^3 + \frac{1}{120}x^5, \end{aligned}$$

という計算によって得られた関数のグラフを表している．

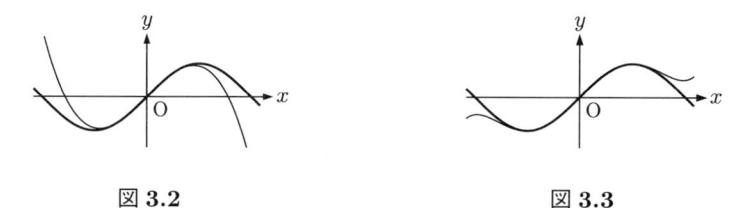

図 3.2　　　　　　　　　　　　図 3.3

$x = 0$ を中心に, $y = \sin x$ という関数が, 多項式によって, よりよく近似されていく様子が読み取れるだろう. さて, 上で登場した多項式の一般の点 a と次数 n での形は

$$f(a) + f'(a)(x-a) + \frac{f''(a)}{2!}(x-a)^2 + \cdots + \frac{f^{(n)}(a)}{n!}(x-a)^n$$

である. この多項式は数学者テイラーによって与えられたものである. $x = a$ を含む区間で $n+1$ 回微分可能な関数 $f(x)$ と上の多項式との関係を正確に述べたのが次の定理である.

定理 3.12(テイラーの定理) 関数 $f(x)$ が実数 a, b (ただし $a \neq b$) を含む区間で $n+1$ 回微分可能であるとする. このとき,

$$f(b) = f(a) + f'(a)(b-a) + \frac{f''(a)}{2!}(b-a)^2 +$$
$$\cdots + \frac{f^{(n)}(a)}{n!}(b-a)^n + \frac{f^{(n+1)}(c)}{(n+1)!}(b-a)^{n+1}$$

を満たす c が a と b の間に存在する.

証明 適当に R をとり,

$$f(b) = f(a) + f'(a)(b-a) + \frac{f''(a)}{2!}(b-a)^2 +$$
$$\cdots + \frac{f^{(n)}(a)}{n!}(b-a)^n + R(b-a)^{n+1}$$

を満たすようにする. 関数 $F(x)$ を

$$F(x) = f(x) + f'(x)(b-x) + \frac{f''(x)}{2!}(b-x)^2 +$$
$$\cdots + \frac{f^{(n)}(x)}{n!}(b-x)^n + R(b-x)^{n+1} \quad (3.8)$$

で定める. このとき, $F(x)$ は微分可能である. さて,

$$F(a) = f(a) + f'(a)(b-a) + \frac{f''(a)}{2!}(b-a)^2 +$$
$$\cdots + \frac{f^{(n)}(a)}{n!}(b-a)^n + R(b-a)^{n+1}$$
$$= f(b).$$

かつ $F(b) = f(b)$ より $F(a) = F(b)$. したがって, ロルの定理 (定理 3.2) より

$F'(c) = 0$ を満たす c が a と b の間に存在する．$F(x)$ の導関数は，
$$F'(x) = f'(x) + (f''(x)(b-x) + f'(x) \cdot (-1))$$
$$+ \frac{1}{2!}(f'''(x)(b-x)^2 + f''(x) \cdot 2(b-x) \cdot (-1))$$
$$+ \cdots + \frac{1}{n!}\left(f^{(n+1)}(x)(b-x)^n\right.$$
$$\left. + f^{(n)}x \cdot n(b-x)^{n-1} \cdot (-1)\right)$$
$$+ (n+1)R(b-x)^n \cdot (-1)$$
$$= \frac{1}{n!} f^{(n+1)}(x)(b-x)^n - (n+1)R(b-x)^n.$$

ここで $F'(c) = 0$ より
$$\frac{1}{n!} f^{(n+1)}(c)(b-c)^n - (n+1)R(b-c)^n = 0.$$

したがって
$$R = \frac{1}{n!} f^{(n+1)}(c) \cdot \frac{1}{n+1} = \frac{f^{(n+1)}(c)}{(n+1)!}$$

これを (3.8) へ代入して $x = a$ とすれば，$F(a) = f(b)$ より
$$f(b) = f(a) + f'(a)(b-a) + \frac{f''(a)}{2!}(b-a)^2 +$$
$$\cdots + \frac{f^{(n)}(a)}{n!}(b-a)^n + \frac{f^{(n+1)}(c)}{(n+1)!}(b-a)^{n+1}.$$

よって定理は証明された． ∎

定理 3.12 は次のように証明することもできる．

証明 $a < b$ であると仮定して証明する ($b < a$ のときも同様に証明できる)．
関数 $F(x)$ を
$$F(x) = f(x) - \left(f(a) + f'(a)(x-a) + \frac{f''(a)}{2!}(x-a)^2 + \right.$$
$$\left. \cdots + \frac{f^{(n)}(a)}{n!}(x-a)^n \right) \quad (3.9)$$
$$= f(x) - f(a) - \sum_{k=1}^{n} \frac{f^{(k)}(a)}{k!}(x-a)^k$$

で定める．このとき，

$$F'(x) = f'(x) - \sum_{k=1}^{n}\left(\frac{f^{(k)}(a)}{k!} \cdot k(x-a)^{k-1}\right)$$

$$= f'(x) - f'(a) - \sum_{k=2}^{n}\frac{f^{(k)}(a)}{(k-1)!}(x-a)^{k-1}$$

$$F''(x) = f''(x) - \sum_{k=2}^{n}\left(\frac{f^{(k)}(a)}{(k-1)!} \cdot (k-1)(x-a)^{k-2}\right)$$

$$= f''(x) - f''(a) - \sum_{k=3}^{n}\frac{f^{(k)}(a)}{(k-2)!}(x-a)^{k-2}$$

より，この作業を繰り返すことで，$m = 1, 2, \ldots, n-1$ に対して，

$$F^{(m)}(x) = f^{(m)}(x) - f^{(m)}(a) - \sum_{k=m+1}^{n}\frac{f^{(k)}(a)}{(k-m)!}(x-a)^{k-m},$$

$$F^{(n)}(x) = f^{(n)}(x) - f^{(n)}(a),$$

$$F^{(n+1)}(x) = f^{(n+1)}(x) \tag{3.10}$$

を得る．よって，

$$F(a) = F'(a) = \cdots = F^{(n)}(a) = 0 \tag{3.11}$$

が成り立つ．一方，関数 $G(x)$ を $G(x) = (x-a)^{n+1}$ で定めると，

$$G(a) = G'(a) = \cdots = G^{(n)}(a) = 0, \tag{3.12}$$

$$G^{(n+1)}(x) = (n+1)! \tag{3.13}$$

が成り立つ．ここで，関数 $F(x)$ と $G(x)$ はともに $[a, b]$ で連続かつ (a, b) で微分可能である．よって，コーシーの平均値の定理 (定理 3.4) と (3.11)，(3.12) から，

$$\frac{F(b)}{(b-a)^{n+1}} = \frac{F(b) - F(a)}{G(b) - G(a)} = \frac{F'(c_1)}{G'(c_1)}$$

を満たす c_1 $(a < c_1 < b)$ が存在する．再びコーシーの平均値の定理と (3.11)，(3.12) から，

$$\frac{F(b)}{(b-a)^{n+1}} = \frac{F'(c_1)}{G'(c_1)} = \frac{F'(c_1) - F'(a)}{G'(c_1) - G'(a)} = \frac{F''(c_2)}{G''(c_2)}$$

を満たす c_2 $(a < c_2 < c_1)$ が存在する．以下，同様に繰り返せば，

$$\frac{F(b)}{(b-a)^{n+1}} = \frac{F^{(n+1)}(c_{n+1})}{G^{(n+1)}(c_{n+1})}$$

を満たす c_{n+1} $(a < c_{n+1} < b)$ が存在する．このとき，(3.10), (3.13) より

$$\frac{F(b)}{(b-a)^{n+1}} = \frac{F^{(n+1)}(c_{n+1})}{G^{(n+1)}(c_{n+1})} = \frac{f^{(n+1)}(c_{n+1})}{(n+1)!} \tag{3.14}$$

が成り立ち，(3.14) と $F(x)$ の定め方 (3.9) から，

$$f(b) = f(a) + f'(a)(b-a) + \frac{f''(a)}{2!}(b-a)^2 +$$
$$\cdots + \frac{f^{(n)}(a)}{n!}(b-a)^n + \frac{f^{(n+1)}(c_{n+1})}{(n+1)!}(b-a)^{n+1}$$

を得る (なお，$b < a$ の場合は，区間 $[a, b]$, (a, b) をそれぞれ $[b, a]$, (b, a) に変えて証明すればよい). ■

注意 3.26 テイラーの定理において $n = 0$ の場合は，平均値の定理である．また，

$$\frac{f^{(n+1)}(c)}{(n+1)!}(b-a)^{n+1}$$

をラグランジュ (**Lagrange**) の剰余という．

テイラーの定理は，次のようにも述べられる．

定理 3.13 (テイラーの定理 (2))　関数 $f(x)$ が，$a, a+h$ を含む区間で $n+1$ 回微分可能ならば，

$$f(a+h) = f(a) + f'(a)h + \frac{f''(a)}{2!}h^2 + \cdots + \frac{f^{(n)}(a)}{n!}h^n + \frac{f^{(n+1)}(a+\theta h)}{(n+1)!}h^{n+1}$$

を満たす θ $(0 < \theta < 1)$ が存在する．

証明　$h = 0$ のときは明らかに成り立つ．そこで，$h \neq 0$ の場合を考える．定理 3.12 において $x = a + h$ とおくと，$x - a = h$. よって，

$$f(a+h) = f(a) + f'(a)h + \frac{f''(a)}{2!}h^2 + \cdots + \frac{f^{(n)}(a)}{n!}h^n + \frac{f^{(n+1)}(c)}{(n+1)!}h^{n+1}$$

を満たす c が a と $a+h$ の間に存在する．このとき，$\theta = \dfrac{c-a}{h}$ とおけば，$c = a + \theta h$ となる．さらに，$0 < \theta < 1$ が成り立つ ($h > 0$ の場合と $h < 0$ の

場合で分けて考えればよい). したがって,
$$f(a+h) = f(a) + f'(a)h + \frac{f''(a)}{2!}h^2 + \cdots + \frac{f^{(n)}(a)}{n!}h^n + \frac{f^{(n+1)}(a+\theta h)}{(n+1)!}h^{n+1}$$
となる θ $(0 < \theta < 1)$ が存在することが示された. ∎

注意 3.27 上の θ は, c が区間 $[a, a+h]$ を $\theta : (1-\theta)$ に分ける点 (ただし $0 < \theta < 1$) であることを意味している.

定理 3.12 において $a = 0$ とすると次のマクローリン (Maclaurin) の定理が得られる.

定理 3.14 (マクローリンの定理) 関数 $f(x)$ が, 0 を含む区間で $n+1$ 回微分可能ならば,
$$f(x) = f(0) + f'(0)x + \frac{f''(0)}{2!}x^2 + \cdots + \frac{f^{(n)}(0)}{n!}x^n + \frac{f^{(n+1)}(c)}{(n+1)!}x^{n+1}$$
を満たす c が 0 と x の間に存在する.

例 3.4 $f(x) = \sin x$ に対してマクローリンの定理を用いて, x^{2n+1} の項まで求める. マクローリンの定理を用いると, 0 と x の間に実数 c が存在して,
$$f(x) = f(0) + f'(0)x + \frac{f''(0)}{2!}x^2 + \cdots + \frac{f^{(2n)}(0)}{(2n)!}x^{2n} + \frac{f^{(2n+1)}(c)}{(2n+1)!}x^{2n+1}$$
が成り立つ. ここで,
$$f'(x) = \cos x, \quad f''(x) = -\sin x, \quad f'''(x) = -\cos x, \quad f^{(4)}(x) = \sin x, \quad \cdots$$
より
$$f^{(2k)}(0) = 0, \quad f^{(2k+1)}(0) = (-1)^k \quad (k = 0, 1, 2, \ldots, n+1).$$
また
$$f^{(2n+1)}(c) = (-1)^{n+1} \cos c.$$
よって,
$$f(x) = 0 + \frac{x}{1!} + 0 - \frac{x^3}{3!} + 0 + \frac{x^5}{5!} + \cdots + 0 + (-1)^{n+1}\frac{\cos c}{(2n+1)!}x^{2n+1}$$
$$= \frac{x}{1!} - \frac{x^3}{3!} + \frac{x^5}{5!}$$
$$\quad + \cdots + (-1)^n \frac{1}{(2n-1)!}x^{2n-1} + (-1)^{n+1}\frac{\cos c}{(2n+1)!}x^{2n+1}.$$

問 3.15 次の関数にマクローリンの定理を用いて，指定された項まで求めよ．
(1) $f(x) = e^x$ (x^{n+1} の項)   (2) $f(x) = \cos x$ (x^{2n} の項)

テイラー展開

定理 3.12 を思い出そう．
$$f(x) = f(a) + f'(a)(x-a) + \frac{f''(a)}{2!}(x-a)^2$$
$$+ \cdots + \frac{f^{(n)}(a)}{n!}(x-a)^n + \frac{f^{(n+1)}(c)}{(n+1)!}(x-a)^{n+1}$$

において，a が定数で x が変数であるとした場合，c は x によって決まるので，ラグランジュの剰余 $\frac{f^{(n+1)}(c)}{(n+1)!}(x-a)^{n+1}$ も x によって決まる．そこで，

$$R_{n+1}(x) = \frac{f^{(n+1)}(c)}{(n+1)!}(x-a)^{n+1} \tag{3.15}$$

とおく．

定義 3.2 関数 $f(x)$ が実数 a を含む区間において無限回微分可能で，その区間の各点 x で
$$\lim_{n \to \infty} R_{n+1}(x) = 0 \tag{3.16}$$
が成り立つならば，$\sum_{n=0}^{\infty} \frac{f^{(n)}(a)}{n!}(x-a)^n$ は収束し，
$$f(x) = \sum_{n=0}^{\infty} \frac{f^{(n)}(a)}{n!}(x-a)^n$$
となる (ただし $f^{(0)}(x) = f(x)$ とする)．これを f の a を中心とする**テイラー展開**という．特に，0 を中心とするテイラー展開
$$f(x) = \sum_{n=0}^{\infty} \frac{f^{(n)}(0)}{n!} x^n$$
を**マクローリン展開**という．

次は，テイラー展開できるための十分条件を与えている．

定理 3.15　R, K を正の実数とし，$|x-a| < R$ を満たす任意の実数 x と任意の非負整数 n に対して
$$|f^{(n)}(x)| \leqq K$$
が成り立つと仮定する．このとき，$|x-a| < R$ を満たすすべての実数 x に対して (3.16) が成り立つ．

証明　実数 x が $|x-a| < R$ を満たすとする．ラグランジュの剰余
$$R_{n+1}(x) = \frac{f^{(n+1)}(c)}{(n+1)!}(x-a)^{n+1}$$
に対して，実数 c は x と a の間に存在するので $|c-a| < R$ を満たす．したがって，仮定より $|f^{(n+1)}(c)| \leqq K$ が成り立つ．自然数 N を $N \geqq 2R$ を満たすようにとる．このとき，任意の自然数 k に対して
$$\frac{R}{N+k} \leqq \frac{1}{2}$$
であることに注意すると，$n+1 \geqq N$ なる自然数 $n+1$ に対して，
$$0 \leqq |R_{n+1}(x)| = \left|\frac{f^{(n+1)}(c)}{(n+1)!}(x-a)^{n+1}\right| = \frac{|f^{(n+1)}(c)|}{(n+1)!}|x-a|^{n+1}$$
$$\leqq \frac{K}{(n+1)!}R^{n+1} = K \cdot \frac{R}{n+1} \cdot \frac{R}{n} \cdots \cdot \frac{R}{N+1} \cdot \frac{R^N}{N!}$$
$$\leqq K \cdot \frac{1}{2} \cdot \frac{1}{2} \cdots \cdot \frac{1}{2} \cdot \frac{R^N}{N!}$$
$$= K \cdot \frac{R^N}{N!} \cdot \left(\frac{1}{2}\right)^{n+1-N}$$
が成り立つ．ここで $n+1 \to \infty$ ならば $K \cdot \frac{R^N}{N!} \cdot \left(\frac{1}{2}\right)^{n+1-N} \to 0$ となるので，定理 1.4 より $\lim_{n+1 \to \infty} R_{n+1}(x) = 0$ を得る．■

例 3.5　$f(x) = e^x$ とすると，すべての実数 x に対して (3.16) が成り立つ．よって，次のようにマクローリン展開される．
$$e^x = 1 + x + \frac{1}{2!}x^2 + \cdots + \frac{1}{n!}x^n + \cdots \tag{3.17}$$

証明 $f(x) = e^x$ に対して，マクローリンの定理を用いて x^{n+1} の項まで求めると (問 3.15 参照)，
$$e^x = 1 + x + \frac{1}{2!}x^2 + \cdots + \frac{1}{n!}x^n + \frac{e^c}{(n+1)!}x^{n+1} \qquad (3.18)$$
(ただし，c は 0 と x の間の実数)．R を任意の正の実数とする．このとき，$|x - 0| = |x| < R$ が成り立つとすると，任意の非負整数 n に対して，
$$|f^{(n)}(x)| = |e^x| \leqq e^R$$
が成り立つ．よって，定理 3.15 より $|x| < R$ を満たすすべての実数 x に対して (3.17) が成り立つ．R は任意に与えた正の実数なので，すべての x に対して (3.17) が成り立つ． ∎

問 3.16 $\sin x, \cos x$ がすべての実数 x に対して (3.16) を満たし，それぞれ次のようにマクローリン展開されることを証明せよ．
$$\sin x = x - \frac{1}{3!}x^3 + \frac{1}{5!}x^5 - \cdots + (-1)^n \frac{1}{(2n+1)!} x^{2n+1} + \cdots \qquad (3.19)$$
$$\cos x = 1 - \frac{1}{2!}x^2 + \frac{1}{4!}x^4 - \cdots + (-1)^n \frac{1}{(2n)!} x^{2n} + \cdots \qquad (3.20)$$

問 3.17 次の関数をマクローリン展開せよ．
(1) a^x (2) $\sin 2x$ (3) $\dfrac{1}{1+x}$

○コラム 14 (自然対数の底とオイラーの公式)

自然対数の底 e は，微分公式
$$(\log_e |x|)' = \frac{1}{x}, \quad (e^x)' = e^x$$
からも，その重要性がわかるが，実は，e の指数関数 e^x は，三角関数 $\sin x, \cos x$ とも関係がある．

e^x のマクローリン展開 (3.17) をもう少し詳しく表してみると，
$$e^x = 1 + x + \frac{1}{2!}x^2 + \frac{1}{3!}x^3 + \frac{1}{4!}x^4 + \frac{1}{5!}x^5$$
$$+ \cdots + \frac{1}{(2n)!}x^{2n} + \frac{1}{(2n+1)!}x^{2n+1} + \cdots. \qquad (3.21)$$

これと，$\sin x$ や $\cos x$ のマクローリン展開 (3.19), (3.20) を見比べると，関連がありそうに思える．よりはっきりした関係を見るために，もう少し議論を行う．

$y = e^x$ という関数は，x が実数のときに値が定義されている．一方，e^x のマクローリン展開で得られた級数

$$1 + x + \frac{1}{2!}x^2 + \cdots + \frac{1}{n!}x^n + \cdots$$

は，x がどのような複素数であっても絶対収束することが知られている (複素数の収束の正確な定義と上の級数が絶対収束することについては，たとえば，小平邦彦著「解析入門 I」§1.6 f) を参照)．そこで，複素数 z に対して，e^z という値を

$$\begin{aligned} e^z &= 1 + z + \frac{1}{2!}z^2 + \cdots + \frac{1}{n!}z^n + \cdots \\ &= 1 + z + \frac{1}{2!}z^2 + \frac{1}{3!}z^3 + \frac{1}{4!}z^4 + \frac{1}{5!}z^5 + \cdots \end{aligned} \quad (3.22)$$

によって<u>定義する</u>．そうすることで，指数関数を複素数の世界へ広げることができる．ここで，実数 x に対して，$z = ix$ を (3.22) へ代入してみよう (i は虚数単位)．このとき，次の計算が成り立つ．

$$\begin{aligned} e^{ix} &= 1 + ix + \frac{1}{2!}(ix)^2 + \cdots + \frac{1}{n!}(ix)^n + \cdots \\ &= 1 + ix + \frac{1}{2!}(ix)^2 + \frac{1}{3!}(ix)^3 + \frac{1}{4!}(ix)^4 + \frac{1}{5!}(ix)^5 + \cdots \\ &= 1 + ix - \frac{1}{2!}x^2 - \frac{1}{3!}ix^3 + \frac{1}{4!}x^4 + \frac{1}{5!}ix^5 - \cdots \quad ((ix)^n \text{の計算}) \\ &= \left(1 - \frac{1}{2!}x^2 + \frac{1}{4!}x^4 - \cdots\right) + i\left(x - \frac{1}{3!}x^3 + \frac{1}{5!}x^5 - \cdots\right) \end{aligned}$$

(実部と虚部に分ける)

$$= \cos x + i \sin x \quad ((3.20)\text{式}, (3.19)\text{式を代入})$$

(上の計算で実部と虚部に分けられるのは，複素数からなる無限級数に対しても定理 1.29 が成り立つからである)．ゆえに，次が得られた．

$$e^{ix} = \cos x + i \sin x. \quad (3.23)$$

この式は，**オイラーの公式**と呼ばれる．e^x と $\sin x, \cos x$ は，e の定義，三角関数の定義をみるだけでは，まったく関係がないと思われる．しかし，複素数まで世界を広げると，(3.23) の関係が成り立つのである．さらに，上のオイラーの公式において $x = \pi$ を代入してみよう．このとき，

$$e^{i\pi} = \cos \pi + i \sin \pi = -1.$$

つまり，自然対数の底 e と虚数単位 i，円周率 π の間に，$e^{i\pi} = -1$ という美しい関係が成り立つ．

3.7 第 2 次導関数と極値

定理 3.16 関数 $f(x)$ が 2 回微分可能で，$f''(x)$ が連続のとき，次が成り立つ．
(1) $f'(a)=0$ かつ $f''(a)>0$ ならば，$f(x)$ は $x=a$ で極小．
(2) $f'(a)=0$ かつ $f''(a)<0$ ならば，$f(x)$ は $x=a$ で極大．

証明 (1) $f''(a)>0$ とする．$f''(x)$ が連続であることより，x が a に十分近いとき $f''(x)>0$ とできるから，$f'(x)$ は a の近くで増加する．仮定より，$f'(a)=0$ であるから，

$$\begin{cases} x<a \text{ のとき}, f'(x)<0, \\ x>a \text{ のとき}, f'(x)>0. \end{cases}$$

したがって，増減表は，

x	$\cdots$	a	$\cdots$
$f'(x)$	$-$	0	$+$
$f(x)$	$\searrow$		$\nearrow$

となるから，$f(x)$ は $x=a$ で極小となる．

(2) (1) と同様に証明することができる． ■

問 3.18 定理 3.16 の (2) を証明せよ．

例題 3.22 関数 $f(x)=x^3+(a-3)x^2+(a^2-2a-6)x+1$ が $x=1$ で極小値をとるように定数 a の値を定めよ．

解答 (数学 II における解答) $f'(x)=3x^2+2(a-3)x+(a^2-2a-6)$ で，$f(x)$ が $x=1$ で極小値をとるので，$f'(1)=0$ である．このとき，
$$3+2(a-3)+(a^2-2a-6)=0$$
$$a^2-9=0$$
$$a=\pm 3$$

(i) $a=3$ のとき．$f(x)=x^3-3x+1, f'(x)=3x^2-3=3(x-1)(x+1)$ であるから，増減表は，

x	$\cdots$	-1	$\cdots$	1	$\cdots$
$f'(x)$	$+$	0	$-$	0	$+$
$f(x)$	↗	3	↘	-1	↗

となり，関数 $f(x)$ は $x=1$ で極小値をとる．

(ii) $a=-3$ のとき．$f(x)=x^3-6x^2+9x+1$, $f'(x)=3x^2-12x+9=3(x-1)(x-3)$ であるから，増減表は，

x	$\cdots$	1	$\cdots$	3	$\cdots$
$f'(x)$	$+$	0	$-$	0	$+$
$f(x)$	↗	5	↘	1	↗

となり，関数 $f(x)$ は $x=1$ で極小値をとらない (実際，極大値をとる)．
したがって，(i), (ii) より，$a=3$. ∎

解答 (数学 III における解答)　$a=\pm 3$ を導くまでは上と同じである．
(i) $a=3$ のとき．$f(x)=x^3-3x+1$, $f'(x)=3x^2-3$, $f''(x)=6x$ である．したがって，$f''(1)=6>0$ であるから，定理 3.16 より，関数 $f(x)$ は $x=1$ で極小値をとる．
(ii) $a=-3$ のとき．$f(x)=x^3-6x^2+9x+1$, $f'(x)=3x^2-12x+9$, $f''(x)=6x-12$ である．したがって，$f''(1)=-6<0$．定理 3.16 より，関数 $f(x)$ は $x=1$ で極小値をとらない (実際，極大値をとる)．
　したがって，(i), (ii) より $a=3$ を得る． ∎

定理 3.16 の関数 $f(x)$ は 2 回微分可能で，かつ第 2 次導関数 $f''(x)$ は連続であると仮定されている．しかし，それを満たさないような関数は存在する．以下でそのような関数の例を挙げるが，$f''(x)$ が連続ではないので，この関数は定理 3.16 の反例ではない．また，この例は後で述べる積分を用いて定義されている．したがって，いまはこの例を読まなくてもかまわない．積分を学習してから再度読んでいただきたい．

例 3.6　次の関数 $f(x)$ を考える．
$$f(x)=\int_0^x (4g(t)+t)\,dt.$$

ただし，
$$g(x) = \begin{cases} x^2 \sin \dfrac{1}{x} & (x \neq 0) \\ 0 & (x = 0). \end{cases}$$

このとき，$g(x)$ が求める例になっている．まず，$g(x)$ は微分可能であるが，導関数 $g'(x)$ は $x = 0$ で連続にならないことを示す．$x \neq 0$ のとき，$g(x)$ は微分可能で，
$$g'(x) = 2x \sin \frac{1}{x} + x^2 \cos \frac{1}{x} \left(\frac{-1}{x^2} \right) = 2x \sin \frac{1}{x} - \cos \frac{1}{x}$$
となる．したがって，$x = 0$ において $g(x)$ が微分可能であることを示せばよい．ここで，
$$\frac{g(h) - g(0)}{h} = \frac{h^2 \sin \frac{1}{h} - 0}{h} = h \sin \frac{1}{h}$$
であり，$\left| \sin \dfrac{1}{h} \right| \leqq 1$ であるから，$\left| h \sin \dfrac{1}{h} \right| \leqq |h|$ となる．$\displaystyle\lim_{h \to 0} |h| = 0$ であるので，はさみうちの原理から，$\displaystyle\lim_{h \to 0} \left| h \sin \dfrac{1}{h} \right| = 0$, つまり，$\displaystyle\lim_{h \to 0} \dfrac{g(h) - g(0)}{h} = 0$ となるので，$g(x)$ は $x = 0$ で微分可能であり，$g'(0) = 0$ である．

次に，$g'(x)$ が $x = 0$ において連続でないことを示す．$x \neq 0$ のとき，$g'(x) = 2x \sin \dfrac{1}{x} - \cos \dfrac{1}{x}$ であったから，$x = \dfrac{1}{2n\pi}$ とすると，
$$g'\left(\frac{1}{2n\pi} \right) = 2 \frac{1}{2n\pi} \sin(2n\pi) - \cos(2n\pi) = -1.$$
また，$x = \dfrac{1}{2n\pi + \pi}$ とすると，
$$g'\left(\frac{1}{2n\pi + \pi} \right) = 2 \frac{1}{2n\pi + \pi} \sin(2n\pi + \pi) - \cos(2n\pi + \pi) = 1$$
($g'(x)$ が $x = 0$ で連続でないことを示すだけならば，本当は $x = \dfrac{1}{2n\pi}$ か $x = \dfrac{1}{(2n+1)\pi}$ のどちらか一方の数列のみを考えればよいが，$g'(x)$ の 0 の近くの様子がわかるように両方計算してみた)．よって $x = 0$ のいくらでも近くで，$g'(x) = 1$ (あるいは $g'(x) = -1$) となる x が存在する．したがって，$g'(x)$ は $x = 0$ で連続ではない．

さて，次に $f(x)$ について考える．$f(x)$ は微分可能で，

$$f'(x) = 4g(x) + x = \begin{cases} 4x^2 \sin \dfrac{1}{x} + x & (x \neq 0), \\ 0 & (x = 0) \end{cases}$$

である．$g(x)$ のときと同様にすると，

$$f''(x) = \begin{cases} 8x \sin \dfrac{1}{x} - 4\cos \dfrac{1}{x} + 1 & (x \neq 0), \\ 1 & (x = 0) \end{cases}$$

がわかる．したがって，$f'(0) = 0, f''(0) = 1 > 0$ であるが，整数 n $(n \neq 0)$ に対して，$x = \dfrac{1}{2n\pi}$ とすると，$f''\left(\dfrac{1}{2n\pi}\right) = 8\dfrac{1}{2n\pi}\sin(2n\pi) - 4\cos(2n\pi) + 1 = -3$ となり，$x = 0$ のいくらでも近くで，$f''(x) < 0$ となる x が存在する．したがって，$f''(x)$ は $x = 0$ で連続でない．

○コラム 15

ここでは，問題を作る側に立って話をしてみたい．まず，例題 3.22 に話を戻し，この例題の意図を説明してみよう．発端は，数学Ⅱの教科書に出てくる次の問題である．

例題 3.23 関数 $f(x) = x^3 + ax + b$ が $x = 2$ で極小値 -6 をとるように定数 a, b の値を定めよ．

解答 $f'(x) = 3x^2 + a$ であり，$x = 2$ で極小値をとるから，$f'(2) = 0$ である．そして，その極小値が -6 であるので，$f(2) = -6$ である．よって，

$$\begin{cases} 12 + a = 0, \\ 8 + 2a + b = -6. \end{cases}$$

これを解いて，

$$\begin{cases} a = -12 \\ b = 10 \end{cases}$$

となる．このとき，$f(x) = x^3 - 12x + 10, f'(x) = 3x^2 - 12 = 3(x+2)(x-2)$ であるから，増減表は，

x	$\cdots$	-2	$\cdots$	2	$\cdots$
$f'(x)$	$+$	0	$-$	0	$+$
$f(x)$	↗	26	↘	-6	↗

となり，$x = 2$ で極小値をとることがわかる．

3.7 第 2 次導関数と極値　153

上の例題において,

「関数 $f(x)$ が $x=2$ で極小値 -6 をとる」
$\Leftrightarrow$ 「関数 $f(x)$ が $x=2$ で極小」かつ「$f(2)=-6$」

に注意する. 1 つの文章で書いてあるが, 条件が 2 つあるのでそれらをきちんと区別して考えなければならない. また, 定理 3.9 を用いていることにも注意する.

さて, 例題 3.23 の解答では $a=-12, b=10$ と解がとりあえず一通りに得られている. そして, その後, これらが題意を満たすことを増減表を書き, 実際に極小値をもつことを確認している. 本当に確認しなければならないのだろうか? もちろん, 確認しなければならない. 上にも述べたが,「$f(x)$ が $x=a$ で極値をとる $\Rightarrow$ $f'(a)=0$」であるが, その逆は成り立たないから, 本当に, 極小値になっていることを確認する必要がある. しかし, 1 つしか答えが出ていないのに確認が必要なのだろうか? このような疑問に対して, しっかり確認しなければならない問題として例題 3.22 を用意したのである.

次に, 例題 3.22 をどのように作ったか, 説明したい.

いま, 考える関数はすべての範囲で微分可能とする. $f(x)$ が $x=1$ で極小値をとるとすると $f'(1)=0$ であるから, $f'(x)$ は $x-1$ で割りきれる, すなわち, $x-1$ を因数にもつ. そこで, $f(x)$ の 3 次の係数が 1 であるとすれば, $f'(x)=3(x-1)(x-p)$ とおける. このとき,

　　　$p>1$ ならば, $f(x)$ は, $x=1$ で極大,
　　　$p=1$ ならば, $f(x)$ は, $x=1$ で極大でも極小でもない [停留値],
　　　$p<1$ ならば, $f(x)$ は, $x=1$ で極小

となっている. 上式をさらに変形する.
$$\begin{aligned} f'(x) &= 3(x-1)(x-p) \\ &= 3(x-1)\{(x-1)-(p-1)\} \\ &= 3(x-1)^2 - 3(p-1)(x-1) \end{aligned}$$

改めて, $p-1=q$ とおくと,
$$f'(x) = 3(x-1)^2 - 3q(x-1)$$

となる. つまり, 一般には, $f'(x)=3(x-1)^2-3q(x-1)+r$ という形をしているが, 題意を満たすためには, $r=0$ でなければならない.

そこで, たとえば $r=q^2-1$ とおき, 積分するときに分数にならないよう係数を調整して,
$$f'(x) = 3(x-1)^2 - 6q(x-1) + (q^2-1)$$

とおくと，
$$f(x) = (x-1)^3 - 3q(x-1)^2 + (q^2-1)x + C,$$
となる．ただし，C は積分定数．したがって，この式を整理すると，
$$\begin{aligned}f(x) &= (x^3 - 3x^2 + 3x - 1) - 3q(x^2 - 2x + 1) + (q^2 - 1)x + C \\ &= x^3 + (-3q - 3)x^2 + (q^2 + 6q + 2)x + (-1 - 3q + C)\end{aligned}$$
ここで，積分定数 C は定数項が綺麗になるように決めればよいので気にする必要はない．このようにして新たに問題ができる．すなわち，

> **例題 3.24** $f(x) = x^3 - (3q+3)x^2 + (q^2+6q+2)x + 1$ が $x = 1$ で極小となるように定数 q の値を定めよ．

ちなみに，例題 3.24 の解は，この問題の作り方より少なくとも $r = q^2 - 1 = 0$ の解でなければならないから，$q = \pm 1$ である．これらについて実際に増減表を書いて確認すると，$q = 1$ のときは $x = 1$ において極大値をもってしまう．したがって，これは不適．一方，$q = -1$ のときは $x = 1$ において確かに極小値をもつ．したがって，求める q の解は -1 である．

例題 3.22 の $f(x) = x^3 + (a-3)x^2 + (a^2-2a-6)x + 1$ は，いまと同じように考え，$(x-1)^3 + a(x-1)^2 + (a^2-9)(x-1)$ を展開して定数項をうまくまとめたものである．

これにならって，他の例題を作ってみよう．次は，前節の例題 3.22 の類題である．

> **例題 3.25** 3 次関数 $f(x) = ax^3 + bx^2 + cx + d$ が $x = 0$ で極大値 2 をとり，$x = 2$ で極小値 -6 をとるように，定数 a, b, c, d の値を定めよ．

> **例題 3.26** 3 次関数 $f(x) = 2ax^3 + (-8a-b)x^2 + (a^2+10a+2b-1)x$ が $x = 1$ で極小，$x = 2$ で極大となるように定数 a, b の値を求めよ．

問 3.19 例題 3.25 を解け．

問 3.20 例題 3.26 を解け．

例題 3.25 は高校の教科書や参考書でよく見られる問題である．未知数が 4 つであり，条件も 4 つであるので a, b, c, d の値が一意的に求まるわけである．しかし，例題 3.25 も例題 3.23 と同様に，a, b, c, d の値が求まった後に増減表を調べ，求めた値が条件を満たしていることを確認する必要性を意識させるのには適していない．きちんと増減表を書いて確認しなければならない，ということを意識させるために，あえて，2 つの解が求まり，かつ，その一方が不適となる問題として用意したのが例題 3.26 で

ある．

例題 3.26 のような問題の作り方について説明する．3 次関数 $f(x)$ が $x=1$ で極小，$x=2$ で極大となるのは，$f'(x) = a(x-1)(x-2)$．ただし，$a<0$ のときである．

$$f'(x) = a(x-1)(x-2) = a(x-1)^2 - a(x-1)$$

であるから，先ほど調べたことから，一般には，

$$f'(x) = a(x-1)^2 + b(x-1) + c$$

と表すことができるが，$c=0$ で，かつ，$b=-a$ でなければならない，ということだけである．そこで，たとえば $c = a^2 - 1$ として上と同様に，積分したときに分数が出てこないように係数を調整して，

$$f'(x) = 3a(x-1)^2 + 2b(x-1) + (a^2 - 1)$$

とおく．そして，上式を積分すると，

$$f(x) = a(x-1)^3 + b(x-1)^2 + (a^2-1)x + C$$
$$= ax^3 + (-3a+b)x^2 + (a^2 + 3a - 2b - 1)x + (-a+b) + C,$$

となる．ただし，C は積分定数である．したがって，次のような新しい問題を作ることができる．

例題 3.27 3 次関数 $f(x) = ax^3 + (-3a+b)x^2 + (a^2 + 3a - 2b - 1)x$ が $x=1$ で極小，$x=2$ で極大となるように定数 a, b の値を求めよ．

例題 3.26 の $f(x) = 2ax^3 + (-8a-b)x^2 + (a^2 + 10a + 2b - 1)x$ は，いまと同じように考え，$2a(x-1)^3 - (2a+b)(x-1)^2 + (a^2-1)(x-1)$ を展開して定数項をうまくまとめたものである．

問 3.21 上で示した方法により，上とは異なる係数をもつ問題を作れ．

3.8 微分法の不等式・方程式への応用

不等式への応用

微分法を不等式へ応用するにあたって，次の事実を確認しておこう．

1. $A > B$ $(A \geqq B)$ を証明するには，$A - B > 0$ $(\geqq 0)$ を証明すればよい．
2. 「すべての x に対して，$F(x) > 0$ $(\geqq 0)$」を証明するには，「$F(x)$ の最小値 > 0 $(\geqq 0)$」を証明すればよい．

上記のいずれもが当たり前のことではあるが，当たり前のことを積み重ねて，一見当たり前ではない事実を導き出すのが数学の醍醐味である．

例題 3.28 $x > 0$ のとき，$x \geqq 1 + \log x$ が成り立つことを証明せよ．

解答 $f(x) = x - 1 - \log x$ とおく．$f'(x) = 1 - \dfrac{1}{x} = \dfrac{x-1}{x}$ であるから，増減表は，

x	0	$\cdots$	1	$\cdots$
$f'(x)$	/	$-$	0	$+$
$f(x)$	/	↘	0	↗

よって，$f(x)$ は $x = 1$ のとき最小値 0 をとる．したがって，$x > 0$ のとき，$f(x) = x - 1 - \log x \geqq 0$，すなわち，$x \geqq 1 + \log x$．∎

問 3.22 すべての x に対して，$e^x \geqq 1 + x$ が成り立つことを証明せよ．

例題 3.29 $x > 0$ のとき，
$$e^x > 1 + x + \frac{x^2}{2}$$
が成り立つことを証明せよ．

解答 $f(x) = e^x - 1 - x - \dfrac{x^2}{2}$ とおく．$f'(x) = e^x - 1 - x$，$f''(x) = e^x - 1$ であるから，増減表は，

x	0	$\cdots$
$f''(x)$	0	$+$
$f'(x)$	0	↗

よって，$x > 0$ のとき，$f'(x) > 0$ である．したがって，$x > 0$ のとき，$f(x)$ は単調増加．よって，$x > 0$ のとき，$e^x - 1 - x - \dfrac{x^2}{2} = f(x) > f(0) = 0$ である．したがって，$x > 0$ のとき，$e^x > 1 + x + \dfrac{x^2}{2}$ である．∎

注意 3.28 高校の数学 II では 1 回微分するだけで導関数の符号の変化を捉えることができたが，数学 III 以降では，符号の変化がわかるまで何回でも微分し

てみる，というのが基本の考え方である．

注意 3.29 問 3.22 と例題 3.29 の右辺は，e^x のマクローリン展開 (例 3.5) を適当なところで切ったものである．例 3.5 の式を見れば，上記の不等式が成り立つのは当たり前のことであろう．

例題 3.30 $x > 0$ のとき，
$$\frac{x}{ax+1} \leq \log(1+x) \tag{3.24}$$
が成立するように，正の定数 a の範囲を定めよ． (1981 年 群馬大)

解答 $f(x) = \log(1+x) - \dfrac{x}{ax+1}$ $(x > 0)$ とおく．このとき，

$$f'(x) = \frac{(1+x)'}{1+x} - \frac{(ax+1) \cdot x' - (ax+1)' \cdot x}{(ax+1)^2}$$

$$= \frac{1}{1+x} - \frac{ax+1-ax}{(ax+1)^2}$$

$$= \frac{x(a^2x - (1-2a))}{(1+x)(ax+1)^2}. \tag{3.25}$$

(ア) $1 - 2a \leq 0$ ならば，$x > 0$ より $f'(x) > 0$ である ((3.25) 式の分母・分子の各因数がすべて正である)．つまり，$x > 0$ で $f(x)$ は単調増加である．したがって，$x > 0$ のときには，常に $f(x) > f(0) = \log 1 - 0 = 0$ となるので，(3.24) 式は成り立つ．

(イ) $1 - 2a > 0$ ならば，(3.25) 式より増減表は

x	0	$\cdots$	$\dfrac{1-2a}{a^2}$	$\cdots$
$f'(x)$	/	$-$	0	$+$
$f(x)$	/	↘	$f\left(\dfrac{1-2a}{a^2}\right)$	↗

よって $f(x)$ は $x = \dfrac{1-2a}{a^2}$ で極小かつ最小となる．つまり，最小値 $f\left(\dfrac{1-2a}{a^2}\right) < f(0) = 0$ なので，$x > 0$ のときに，$f(x) \geq 0$ でないことがある．したがって，(3.24) 式が成り立たないことがある．

(ア)(イ) より，求める a の範囲は，$a \geq \dfrac{1}{2}$ である． ∎

問 3.23 a を正の定数とするとき，次の問いに答えよ．

(1) 関数 $y = x - \dfrac{x^2}{2} + ax^3 - \log(1+x)$ が最小値をとるときの x の値を求めよ．

(2) $x > -1$ で，つねに $x - \dfrac{x^2}{2} + ax^3 \geqq \log(1+x)$ が成り立つような a の値を求めよ．
(1977 年　早稲田大)

方程式への応用

次に，方程式の問題を考えてみよう．方程式の解を直接求められなくても，微分法を応用することによって，解の存在範囲や解の個数を求められる場合がある．

例題 3.31 a が 1 でない定数のとき，方程式
$$x^2 + ax = \sin x \tag{3.26}$$
はちょうど 2 つの実数解をもつことを証明せよ．　　　(1973 年　名古屋大)

解答　$x = 0$ は明らかに (3.26) 式の解なので，$x \neq 0$ として，
$$\frac{\sin x - x^2}{x} = a \quad (a \neq 1) \tag{3.27}$$
がちょうど 1 つの実数解をもつことを示せばよい．

(3.27) の左辺を $f(x)$ とおくと，
$$\begin{aligned} f'(x) &= \frac{(\sin x - x^2)' \cdot x - (\sin x - x^2) \cdot x'}{x^2} \\ &= \frac{(\cos x - 2x)x - \sin x + x^2}{x^2} \\ &= \frac{-x^2 + x\cos x - \sin x}{x^2}. \end{aligned}$$

この式の分子に着目して，関数 $g(x)$ を $g(x) = -x^2 + x\cos x - \sin x$ で定める．このとき，
$$\begin{aligned} g'(x) &= -2x + x' \cdot \cos x + x \cdot (\cos x)' - \cos x \\ &= -2x + \cos x - x\sin x - \cos x \\ &= -x(2 + \sin x). \end{aligned}$$

ここで，$2+\sin x > 0$ より増減表は

x	$\cdots$	0	$\cdots$
$g'(x)$	$+$	0	$-$
$g(x)$	↗	0	↘

よって $g(x)$ は $x=0$ で極大かつ最大となる．したがって $x \neq 0$ のとき，$g(x) < g(0) = 0$. よって，$f'(x) < 0$ より，$f(x)$ は $x \neq 0$ で単調減少関数である．また，$\lim_{x \to 0} f(x) = \lim_{x \to 0} \left(\dfrac{\sin x}{x} - x \right) = 1$, $\lim_{x \to \infty} f(x) = -\infty$, $\lim_{x \to -\infty} f(x) = \infty$ だから，$y = f(x)$ のグラフは下図のようになる．

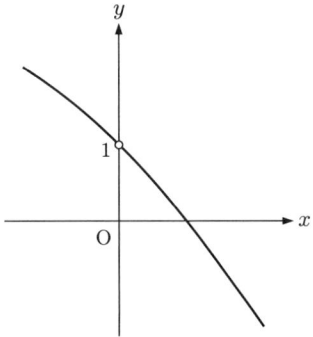

したがって，$a \neq 1$ のとき，$f(x) = a$ はちょうど1つの実数解をもつ．以上より，(3.26)は示された． ∎

注意 3.30 上記の解答において，常に解が1つであることを示すために，見い出した関数が単調増加(減少)であることに注目し，y の値が正負の無限大に発散していることををうまく利用している．言い換えれば，関数の値の変化に注意を払って答えを導いていることになる．関数の値の変化の様子が，微分法により厳密にわかっていくということをよく認識しておいてほしい．

問 3.24
(1) $y = \dfrac{\log x}{x}$ のグラフの概形を描け．
(2) (1)を利用して，$a^b = b^a$ $(a < b)$ の正整数解を決定せよ．

(1977年 岐阜大)

○コラム 16 (方程式の解と微分法)

例題 3.31 では，方程式 $f(x) = a$ (a は定数) の実数解の個数を，$y = f(x)$ のグラフと直線 $y = a$ の共有点の個数に読みかえることによって求めた．このように，微分法を利用することによって，実数解の個数や解の存在範囲を求めることができる場合がある．しかし，方程式によっては，解が存在することも困難な場合がある．

たとえば，「代数方程式 $x^n + a_{n-1}x^{n-1} + \cdots + a_2x^2 + a_1x + a_0 = 0$ ($a_0, a_1, \ldots, a_n$ は複素数) は，$n \geq 1$ のとき必ず複素数解をもつ」がガウスによって完全に証明されたのは，ようやく 18 世紀の終わりになってのことである．また，フェルマーの最終定理『$n \geq 3$ のとき，方程式 $x^n + y^n = z^n$ を満たす整数の組 (x, y, z) は存在しない』の解決には 350 年を要した．流体の運動を記述するある種の偏微分方程式のように，応用上重要であるにもかかわらず，未だに解の存在がわかっておらず，その解決に約 1 億円の懸賞がかかっているものもある．

もちろん解の存在がわかったとしても，その解を求めることは難しい．方程式の解を求めることは，その方程式を解くための計算手続きやアルゴリズムを得ることとほとんど同義である．有限回繰り返して解が求まるアルゴリズムがあれば，本当の解 (厳密解) を求めることができる．しかし，たとえ有限回では厳密解にたどり着けなくても，その途中段階で厳密解にだんだん近づく数値や関数，すなわち近似解が得られるならば，それは意味があるし，実用的にはそれで十分であることが多い．

現在では，近似解を求めるアルゴリズムが見つかれば，計算機・コンピュータを用いることによって比較的容易に近似解を計算できる．その際に重要になるのは，より速くコンピュータが近似解を計算するためのアルゴリズムを見つけることである．

次に，方程式の近似解を求めるためのアルゴリズム (求根アルゴリズム) の 1 つであるニュートン法を紹介する．ニュートン法は，方程式の解法への微分法のよい応用例である．ただし，このニュートン法でも初項 a_1 をどこに選ぶかは難しい問題である．初項をうまく選ぶためにも真の解がだいたいどのあたりにあるかを知っておいた方がよいが，この点でも微分法は役に立つ．

ニュートン法

$y = f(x)$ の $x = a_n$ における接線の方程式は $y = f'(a_n)(x - a_n) + f(a_n)$ である．この直線と x 軸との交点の x 座標を求めると，$x = a_n - \dfrac{f(a_n)}{f'(a_n)}$ (ただし，$f'(a_n) \neq 0$ を仮定する) となる．この x を a_{n+1} と定めると，漸化式 $a_{n+1} = a_n - \dfrac{f(a_n)}{f'(a_n)}$ が得られる．適切に初項 a_1 を定めることで，この漸化式で定義される数列 $\{a_n\}$ は，方程式 $f(x) = 0$ の実数解に収束する (下図参

照).この漸化式を利用して方程式の解の近似値を求める方法を「ニュートン法」という.コンピュータを用いて 近似値を求める方法の1つとして利用されている.

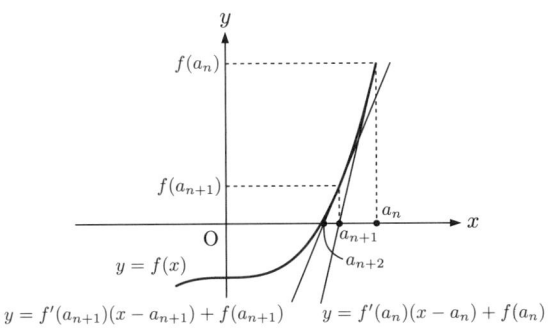

$y = f'(a_{n+1})(x - a_{n+1}) + f(a_{n+1})$ $y = f'(a_n)(x - a_n) + f(a_n)$

例題 3.32 3次関数 $f(x) = x^3 - 2$ を考える.この $f(x)$ を用いて,数列 $\{a_n\}$ を漸化式 $a_{n+1} = a_n - \dfrac{f(a_n)}{f'(a_n)}$ で定める.
(1) $a_1 > \sqrt[3]{2}$ のとき,すべての自然数 n に対して $\sqrt[3]{2} < a_{n+1} < a_n$ であることを示せ.
(2) $a_1 = 2$ のとき,$|a_n - \sqrt[3]{2}| < \dfrac{1}{10}$ となる最小の n の値を求めよ.

(1990年 慶應義塾大 改)

解答 (1) $f(x) = x^3 - 2$ から $f'(x) = 3x^2$.よって

$$a_{n+1} = a_n - \frac{f(a_n)}{f'(a_n)} = a_n - \frac{a_n^3 - 2}{3a_n^2} = \frac{a_n^3 + 2}{3a_n^2}$$

$$a_n > \sqrt[3]{2} \tag{3.28}$$

であることを数学的帰納法を用いて示す.
[1] $n = 1$ のとき,条件から成り立つ.
[2] $n = k(\geqq 1)$ のとき,$a_k > \sqrt[3]{2}$ であると仮定すると

$$a_{k+1} - \sqrt[3]{2} = \frac{2a_k^3 + 2}{3a_k^2} - \sqrt[3]{2} = \frac{2a_k^3 - 3\sqrt[3]{2}a_k^2 + 2}{3a_k^2}$$

$$= \frac{(a_k - \sqrt[3]{2})^2(2a_k + \sqrt[3]{2})}{3a_k^2} > 0 \quad (\because a_k > \sqrt[3]{2} \text{より}).$$

よって，$a_{k+1} > \sqrt[3]{2}$ となり，$n = k+1$ のとき成り立つ．
[1] [2] より，すべての自然数 n について (3.28) 式は成り立つ．
次に，
$$a_{n+1} < a_n \tag{3.29}$$
であることを証明する．(3.28) 式より，${a_n}^3 > (\sqrt[3]{2})^3 = 2$ なので，
$$a_n - a_{n+1} = \frac{f(a_n)}{f'(a_n)} = \frac{{a_n}^3 - 2}{3{a_n}^2} > 0.$$
ゆえに，すべての自然数 n について，(3.29) 式は成り立つ．以上より，すべての自然数 n に対して，$\sqrt[3]{2} < a_{n+1} < a_n$ である．

(2) $a_1 = 2$ のとき，$\sqrt[3]{2} < a_1$ を満たすので，$\sqrt[3]{2} < a_{n+1} < a_n$ である．ここで，$a_2 = \frac{2{a_1}^3 + 2}{3{a_1}^2} = \frac{3}{2}$．ここで，$2 < \frac{64}{27}$ なので，$\sqrt[3]{2} < \sqrt[3]{\left(\frac{4}{3}\right)^3} = \frac{4}{3}$ である．よって
$$a_2 - \sqrt[3]{2} > \frac{3}{2} - \frac{4}{3} = \frac{1}{6} > \frac{1}{10}.$$
さらに，$a_3 = \frac{2{a_2}^3 + 2}{3{a_2}^2} = \frac{35}{27}$．ここで，$2 > \frac{125}{64}$ なので，$\sqrt[3]{2} > \sqrt[3]{\left(\frac{5}{4}\right)^3} = \frac{5}{4}$ である．よって
$$a_3 - \sqrt[3]{2} < \frac{35}{27} - \frac{5}{4} = \frac{1}{108} < \frac{1}{10}.$$
以上から，不等式が成り立つ最小の n の値は $n = 3$ である． ■

練習問題

1. ロピタルの定理を用いて次の極限値を求めよ．
   (1) $\displaystyle\lim_{x \to 0} \frac{e^{3x} - 1}{x}$
   (2) $\displaystyle\lim_{x \to 0} \frac{4^x - 1}{3^x - 1}$
   (3) $\displaystyle\lim_{x \to 0} \frac{e^x - \cos x}{\sin x}$
   (4) $\displaystyle\lim_{x \to 0} \frac{\sin x - x}{x \sin x}$
   (5) $\displaystyle\lim_{x \to \infty} \frac{\log(1 + x^2)}{\log x}$
   (6) $\displaystyle\lim_{x \to +0} \frac{\log(e^x - 1)}{\log x}$
   (7) $\displaystyle\lim_{x \to 1} \frac{e^x - ex}{x \log x - x + 1}$
   (8) $\displaystyle\lim_{x \to +0} x(\log x)^2$

2. 底面が半径 r の円であり，高さが h である直円錐がある．
   (1) この円錐に内接する直円柱の体積の最大値を求めよ．

(2) この円錐に内接する直円柱の表面積の最大値を求めよ．

3. 半径 r の球がある．
  (1) この球に内接する最大の体積をもつ直円柱の高さを求めよ．
  (2) この球に内接する最大の体積をもつ直円錐の高さを求めよ．
  (3) この球に内接する最大の側面積をもつ直円錐の高さを求めよ．

4. 次の関数をマクローリン展開せよ．
  (1) e^{2x}　　　(2) $\cos^2 x$　　　(3) $\dfrac{1}{(1+x)^2}$

5. 次の関数の増減，極値，凹凸を調べ，そのグラフの概形を描け．
  (1) $f(x) = xe^{-x^2}$　　　(2) $f(x) = e^{-x}\cos x$
  (3) $f(x) = x\log\dfrac{x}{2}$　　　(4) $f(x) = x^2 e^{-x}$

6. 関数 $f(x)$ が，開区間 (a,b) で下に凸であるとき，閉区間 (a,b) 内の点 $x_1, x_2, x_3, \ldots, x_n$ ($x_1 < x_2 < x_3 < \cdots < x_n$) と任意の実数 $\lambda_1, \lambda_2, \lambda_3, \ldots, \lambda_n$ ($\lambda_1 > 0, \lambda_2 > 0, \lambda_3 > 0, \ldots, \lambda_n > 0$, $\lambda_1 + \lambda_2 + \lambda_3 + \cdots + \lambda_n = 1$) に対して，
$$f(\lambda_1 x_1 + \lambda_2 x_2 + \lambda_3 x_3 + \cdots + \lambda_n x_n)$$
$$\leqq \lambda_1 f(x_1) + \lambda_2 f(x_2) + \lambda_3 f(x_3) + \cdots + \lambda_n f(x_n)$$
が成り立つことを証明せよ．

7. 6 と $f(x) = -\log x$ が下に凸であることを用いて，一般の相加・相乗平均の関係
$$\dfrac{x_1 + x_2 + x_3 + \cdots + x_n}{n} \geqq \sqrt[n]{x_1 x_2 x_3 \cdots x_n}$$
が成り立つことを示せ．

4

積分法

4.1 区分求積法から積分へ

区間 $[a,b]$ で定義された連続関数 $f(x)$ とそのグラフを考える．区間 $[a,b]$ を n 等分し，
$$x_0 = a,\ x_1 = a + \frac{b-a}{n},\ x_2 = a + \frac{2(b-a)}{n},\ \ldots,\ x_n = a + \frac{n(b-a)}{n} = b$$
とする．

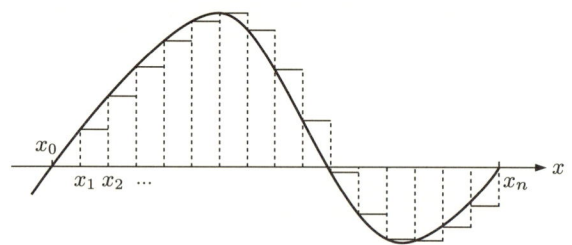

さて，ここで,
$$S_n(f) = \sum_{k=1}^{n} f(x_{k-1})(x_k - x_{k-1}) = \sum_{k=1}^{n} f(x_{k-1}) \frac{b-a}{n} \tag{4.1}$$
という量を考えてみよう．$S_n(f)$ は上にある短冊形の図形の面積に符号を考えて足し合わせたものである．次に，分割の幅 $(b-a)/n$ をどんどん小さくすれば，$S_n(f)$ は $f(x)$ のグラフと x 軸，$x = a$, $x = b$ で囲まれた図形の「上側の面積－下側の面積」に収束するだろう．このことを,
$$S_n(f) \to \int_a^b f(x)\,dx \ \ (n \to \infty) \tag{4.2}$$

と表し，(4.2) の極限値 $\int_a^b f(x)\,dx$ は $f(x)$ の a から b までの積分 (または定積分) と呼ばれることは高等学校で学習する通りである．

さて，第1章で極限というものを厳密に定義したが，その観点に従って (4.2) の収束を数学的に厳密に証明することはなかなか骨の折れる仕事である．それは，そもそも，グラフの面積という言葉があいまいだからである．それではここで一度根本に戻って，面積という概念についてもう一度考え直してみよう．以下では，話を単純にするために，$f(x) \geqq 0$ $(x \in [a,b])$ を満たす関数だけを考え，曲線 $y = f(x)$ と x 軸，$x = a$, $x = b$ とで囲まれた図形の面積のことを，簡単にグラフの面積ということにする．

まず，これまでに面積を求めることができた図形は，長方形，三角形，円，またはそれらの組み合わせだけであったという事実を認識する必要がある．たとえば，三角形の面積は確かに計算できる．この意味で三角形の面積というものをわれわれは知っているといってもよいだろう．一方，複雑なグラフの面積を具体的に計算する方法をわれわれは知らない．しかも，長方形，三角形，円の組み合わせでそれを計算できるとは思えない．計算もできないのにグラフの面積などというものを考えてもよいのだろうか？

さて，ここで思い切って，(4.2) の極限値 $\lim_{n\to\infty} S_n(f)$ をグラフの面積と定義してしまおう．この発想は，最初は受け入れ難いかもしれないが，直感に反するものではない．この考えの下では $S_n(f)$ が収束すればグラフの面積は定まるのである．したがって，問題の核心は $S_n(f)$ の収束性の証明にある．実際に，$f(x)$ が $[a,b]$ 上の連続関数であれば，$S_n(f)$ が収束することが証明される．これは積分論における重要な事実であるから，ここで定理として述べておこう．証明は次節で与えられる．

定理 4.1 $f(x)$ が $[a,b]$ 上の連続関数ならば $S_n(f)$ は収束する．

この節を終える前にいくつかの補足を与えておこう．

[補足 4.1] $f(x)$ が負の値をとらない場合，その積分は $f(x)$ のグラフと x 軸，$x = a$, $x = b$ とで囲まれた図形の面積を表している．$f(x)$ が負の値をとる場合，その積分は通常の意味の面積ではない．あえていうならば，積分は符号付きの面積と考えることができる．

[補足 4.2] (4.1) と (4.2) において
$$S_n(f) = \sum_{k=1}^{n} f(x_{k-1})(x_k - x_{k-1})$$
の代わりに
$$S_n(f) = \sum_{k=1}^{n} f(x_k)(x_k - x_{k-1}) \tag{4.3}$$
と定めても実際の問題を解く上では不都合は生じない．詳しいことは次節で解説される．

[補足 4.3] 記号 $\int$ と dx の意味をここで説明する．そのために，x の増分を表す記号として，Δx を用意する．いまの場合，$\Delta x = (b-a)/n$ と考えてよい．すると，(4.2) は
$$S_n(f) = \sum_{k=1}^{n} f(x_{k-1}) \Delta x \to \int_a^b f(x)\,dx \quad (\Delta x \to 0)$$
と書き換えられる．極限をとったことにより，$\sum$ が $\int$ になり，Δx が dx になったのである．これは，微分の定義で
$$\frac{\Delta y}{\Delta x} \to \frac{dy}{dx} \quad (\Delta x \to 0)$$
となったことと同じ発想である (第 2 章のコラム 10 を参照せよ)．

4.2 定積分の定義

$f(x)$ を区間 $[a,b]$ で定義された連続関数とする．n 等分とは限らない $[a,b]$ の分割
$$a = x_0 < x_1 < \cdots < x_{n-1} < x_n = b$$
を考える．この分割を Δ と名付けよう．このとき，各 x_k $(0 \leqq k \leqq n)$ は分割 Δ の**分点**と呼ばれる．また，$x_k - x_{k-1}$ の最大値を $|\Delta|$ と定める．すなわち，
$$|\Delta| = \max_{1 \leqq k \leqq n} (x_k - x_{k-1})$$
とおく．ここで，$\xi_k \in [x_{k-1}, x_k]$ に対し，
$$S(f, \Delta, \xi_1, \ldots, \xi_n) = \sum_{k=1}^{n} f(\xi_k)(x_k - x_{k-1}) \quad (リーマン和)$$
という量を考える．

4.2 定積分の定義

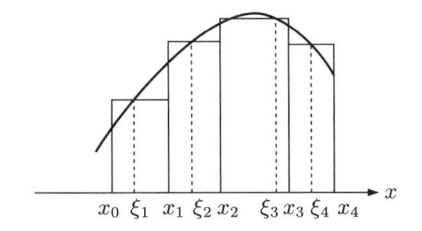

この $S(f, \Delta, \xi_1, \ldots, \xi_n)$ も上にある (等間隔とは限らない) 短冊形の図形の面積に符号を考えて足し合わせたものである．さらに，$|\Delta| \to 0 \ (n \to \infty)$ となるように，Δ に分点をどんどん追加していくと，直観的には，$S(f, \Delta, \xi_1, \ldots, \xi_n)$ は $f(x)$ のグラフと x 軸，$x = a$，$x = b$ で囲まれた図形の「上側の面積 − 下側の面積」に収束するだろう．以下ではこの議論を数学的に正当化する．

定義 4.1 $[a, b]$ 上の連続関数 $f(x)$ と分割 $\Delta : a = x_0 < x_1 < \cdots < x_n = b$ に対し，
$$M_k = \max_{x_{k-1} \leqq x \leqq x_k} f(x),$$
$$m_k = \min_{x_{k-1} \leqq x \leqq x_k} f(x)$$
とおき，
$$S(f, \Delta) = \sum_{k=1}^{n} M_k (x_k - x_{k-1}),$$
$$s(f, \Delta) = \sum_{k=1}^{n} m_k (x_k - x_{k-1})$$
と定める．さらに，
$$S(f) = \inf \{ S(f, \Delta) \mid \Delta \text{ は } [a, b] \text{ の分割} \},$$
$$s(f) = \sup \{ s(f, \Delta) \mid \Delta \text{ は } [a, b] \text{ の分割} \}$$
と定める．

注意 4.1 定理 1.21 により，$[a, b]$ 上の連続関数 $f(x)$ は有界である．したがって，
$$\{ S(f, \Delta) \mid \Delta \text{ は } [a, b] \text{ の分割} \}$$

は下に有界な集合であるから，その下限である $S(f)$ は存在する．$s(f)$ についても同様である．

定義 4.2 Δ と Δ' を $[a,b]$ の分割とする．Δ の分点がすべて Δ' の分点であるとき，Δ' を Δ の**細分**と呼ぶことにする．すなわち，$\Delta : a = x_0 < x_1 < \cdots < x_n = b$, $\Delta' : a = y_0 < y_1 < \cdots < y_m = b$ かつ $\{x_0, x_1, \ldots, x_n\} \subset \{y_0, y_1, \ldots, y_m\}$ が成り立つとき，Δ' は Δ の細分と呼ばれる．

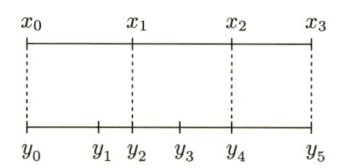

定理 4.2 $[a,b]$ 上の連続関数 $f(x)$ に対して以下が成り立つ．
(1) 任意の分割 Δ とその細分 Δ' に対して，
$$s(f, \Delta) \leqq s(f, \Delta') \leqq S(f, \Delta') \leqq S(f, \Delta).$$
(2) 任意の分割 Δ, Δ' に対して，
$$s(f, \Delta) \leqq S(f, \Delta').$$
(3) $s(f) \leqq S(f)$.

証明 (1) を示す．Δ' の各区間は Δ の区間に含まれることに注意すると，$S(f, \Delta), s(f, \Delta)$ の定義から
$$s(f, \Delta) \leqq s(f, \Delta') \leqq S(f, \Delta') \leqq S(f, \Delta).$$

(2) を示す．Δ と Δ' の分点をあわせて作られる分割を Δ'' とする．Δ'' は Δ の細分であり，Δ' の細分でもある．(1) から，
$$s(f, \Delta) \leqq s(f, \Delta'') \leqq S(f, \Delta'') \leqq S(f, \Delta') \tag{4.4}$$
が成り立つ．したがって，任意の分割 Δ, Δ' に対し
$$s(f, \Delta) \leqq S(f, \Delta').$$

(3) は (2) と $s(f), S(f)$ の定義からしたがう． ∎

定理 4.3 $f(x)$ を $[a,b]$ 上の連続関数とする．このとき，$|\Delta|$ が 0 に収束するならば，Δ, ξ_k の選び方によらず，$S(f, \Delta, \xi_1, \ldots, \xi_n)$ はある共通の値に収束する．その極限値を $\int_a^b f(x)\,dx$ と表す．すなわち，
$$\lim_{|\Delta| \to 0} S(f, \Delta, \xi_1, \ldots, \xi_n) \to \int_a^b f(x)\,dx.$$

証明 まず，$S(f) = s(f)$ を示す．$[a,b]$ の分割 $\Delta: a = x_0 < x_1 < \cdots < x_n = b$ に対し，$f(x)$ の一様連続性 (定理 1.22) と定理 4.2 の (3) から，
$$0 \leqq S(f) - s(f) \leqq S(f, \Delta) - s(f, \Delta)$$
$$= \sum_{k=1}^n M_k(x_k - x_{k-1}) - \sum_{k=1}^n m_k(x_k - x_{k-1})$$
$$= \sum_{k=1}^n (M_k - m_k)(x_k - x_{k-1})$$
$$\leqq \sum_{k=1}^n \sup_{|x-y| \leqq |\Delta|} |f(x) - f(y)|(x_k - x_{k-1})$$
$$= \sup_{|x-y| \leqq |\Delta|} |f(x) - f(y)|(b - a)$$
$$\to 0 \ (|\Delta| \to 0).$$

よって，はさみうちの原理 (定理 1.12) により $S(f) = s(f)$．この共通の値を $\int_a^b f(x)\,dx$ と表すことにする．いま，$\xi_k \in [x_{k-1}, x_k]$ の選び方に関係なく
$$s(f, \Delta) \leqq S(f, \Delta, \xi_1, \ldots, \xi_n) \leqq S(f, \Delta)$$
が成り立ち，上限・下限の定義より
$$s(f, \Delta) \leqq s(f) = \int_a^b f(x)\,dx = S(f) \leqq S(f, \Delta)$$
も成り立つ．したがって，前半に証明したことから，
$$\left| \int_a^b f(x)\,dx - S(f, \Delta, \xi_1, \ldots, \xi_n) \right| \leqq S(f, \Delta) - s(f, \Delta) \to 0 \ (|\Delta| \to 0). \ \blacksquare$$

ここまで来れば定理 4.1 の証明はほぼ自明である．

(**定理 4.1 の証明**)　Δ を，$[a,b]$ を n 等分する分割とし，
$$S_n(f) = \sum_{k=1}^n f(x_{k-1})(x_k - x_{k-1})$$
とすれば，定理 4.3 の条件はすべて満たされるので，
$$S_n(f) \to \int_a^b f(x)\,dx \ (n \to \infty)$$
である．補足 4.2 にあるように，
$$S_n(f) = \sum_{k=1}^n f(x_k)(x_k - x_{k-1})$$
としても同様である．　■

問 4.1　$f(x)$ を $[a,b]$ 上の連続関数とする．

(1) 任意の $x \in [a,b]$ に対し $f(x) \geqq 0$ ならば $\int_a^b f(x)\,dx \geqq 0$ が成り立つことを証明せよ．

(2) $\left| \int_a^b f(x)\,dx \right| \leqq \int_a^b |f(x)|\,dx$ が成り立つことを証明せよ．

4.3　定積分の基本的な性質

定理 4.4　$f(x), g(x)$ を $[a,b]$ 上の連続関数とする．このとき，以下のことが成り立つ．

(1) $\int_a^b (f(x) + g(x))\,dx = \int_a^b f(x)\,dx + \int_a^b g(x)\,dx$.

(2) k を定数とすると $\int_a^b kf(x)\,dx = k \int_a^b f(x)\,dx$.

(3) $a < c < b$ に対して，$\int_a^c f(x)\,dx + \int_c^b f(x)\,dx = \int_a^b f(x)\,dx$.

証明　(1) を証明する．まず，定理 4.3 から
$$S(f+g, \Delta, \xi_1, \ldots, \xi_n) = \sum_{k=1}^n (f(\xi_k) + g(\xi_k))(x_k - x_{k-1})$$

$$= \sum_{k=1}^{n} f(\xi_k)(x_k - x_{k-1}) + \sum_{k=1}^{n} g(\xi_k)(x_k - x_{k-1})$$
$$= S(f, \Delta, \xi_1, \ldots, \xi_n) + S(g, \Delta, \xi_1, \ldots, \xi_n)$$
$$\to \int_a^b f(x)\,dx + \int_a^b g(x)\,dx \quad (|\Delta| \to 0).$$

また,同様に定理 4.3 から

$$S(f+g, \Delta, \xi_1, \ldots, \xi_n) \to \int_a^b (f(x) + g(x))\,dx \quad (|\Delta| \to 0).$$

したがって,

$$\int_a^b (f(x) + g(x))\,dx = \int_a^b f(x)\,dx + \int_a^b g(x)\,dx$$

が成り立つ.

(2) も同様である. (3) を証明する. $[a,c]$ の分割を Δ', $[c,b]$ の分割を Δ'' とする. このとき, Δ' と Δ'' をつなげれば, $[a,b]$ の分割 Δ が 1 つ定まり,

$$S(f, \Delta', \xi_1, \ldots, \xi_n) + S(f, \Delta'', \eta_1, \ldots, \eta_m) = S(f, \Delta, \xi_1, \ldots, \xi_n, \eta_1, \ldots, \eta_m) \tag{4.5}$$

が成り立つ. $|\Delta| \to 0$ のとき, $|\Delta'|, |\Delta''| \to 0$ であるから,定理 4.3 により,

$$(4.5) \text{ の左辺} \to \int_a^c f(x)\,dx + \int_c^b f(x)\,dx$$

かつ

$$(4.5) \text{ の右辺} \to \int_a^b f(x)\,dx.$$

よって,

$$\int_a^c f(x)\,dx + \int_c^b f(x)\,dx = \int_a^b f(x)\,dx. \qquad \blacksquare$$

問 4.2 定理 4.4 の (2) を証明せよ.

4.4 微分と積分の関係 (微分積分学の基本定理)

関数 $f(x)$ を $[a,b]$ 上の連続関数とする. $a \leqq x \leqq b$ に対し,

$$S(x) = \int_a^x f(t)\,dt. \tag{4.6}$$

という関数を考える．これまで積分のなかでは x を使っていたところが，t に変わっているが，$\int_a^x f(x)\,dx$ では x が 2 つあり紛らわしいのでこのように書く．$\int_a^x f(t)\,dt$ を x の関数とみるところがポイントである．

定理 4.5 (微分積分学の基本定理 1) $[a,b]$ 上の連続関数 $f(x)$ に対して
$$\frac{d}{dx}\int_a^x f(t)\,dt = f(x).$$

証明 $x \in (a,b)$ に対し，$h > 0$ を $x+h \in [a,b]$ となるように小さくとる．このとき，定理 4.4 の (3) から
$$\frac{1}{h}\left(\int_a^{x+h} f(t)\,dt - \int_a^x f(t)\,dt\right) = \frac{1}{h}\int_x^{x+h} f(t)\,dt.$$
ここで，積分の定義から，
$$\min\{f(t) \mid t \in [x, x+h]\} \leqq \frac{1}{h}\int_x^{x+h} f(t)\,dt \leqq \max\{f(t) \mid t \in [x, x+h]\} \tag{4.7}$$
となる．さらに，$f(x)$ が連続であることから，定理 1.21 により，各 h ごとに
$$\max\{f(t) \mid t \in [x, x+h]\} = f(x_h)$$
となる x_h が $[x, x+h]$ に存在する．このとき，$x_h \to x$ $(h \to +0)$ であるから，
$$\max\{f(t) \mid t \in [x, x+h]\} = f(x_h) \to f(x) \ (h \to +0)$$
が成り立つ．同様に
$$\min\{f(t) \mid t \in [x, x+h]\} \to f(x) \ (h \to +0)$$
も成り立つ．したがって，(4.7) にはさみうちの原理 (定理 1.12) を適用すると，
$$\frac{1}{h}\int_x^{x+h} f(t)\,dt \to f(x) \ (h \to +0)$$
を得る．$h < 0$ の場合も同様である．したがって，
$$\frac{d}{dx}\int_a^x f(t)\,dt = f(x)$$
が成り立つ．

次に，(4.6) の $S(x)$ の求め方について考えてみよう．定理 4.5 から，微分して $f(x)$ になるような関数 $F(x)$ がその候補である．このような関数は，実はたくさんある．しかし，平均値の定理 (定理 3.3) により，$S(x) - F(x)$ は定数関数であるから，

$$F(x) + C = S(x) = \int_a^x f(t)\,dt$$

を満たす定数 C が存在する．一方，積分の意味から

$$S(a) = \int_a^a f(t)\,dt = 0$$

に注意する．したがって，次を得る．

定理 4.6(微分積分学の基本定理 2)　$F'(x) = f(x)$ となる C^1-級関数 $F(x)$ に対して，

$$\int_a^x f(t)\,dt = F(x) - F(a) \qquad (4.8)$$

が成り立つ．

注意 4.2　(4.8) の右辺を $[F(t)]_a^x$ という記号により表すことが多い．したがって，

$$\int_a^b f(x)\,dx = [F(x)]_a^b = F(b) - F(a)$$

となる．

4.5　不定積分

さて，$F'(x) = f(x)$ を満たす関数 $F(x)$ を $f(x)$ の**原始関数**という．このような関数はたくさんあるが，とりあえず

$$\int f(x)\,dx = F(x) + C \qquad (4.9)$$

と表すことにする．このように表記する理由は定理 4.5 にある．伝統的に，(4.9) の左辺を**不定積分**，右辺を原始関数というが，呼び名の他に違いはなく，本質的に同じものである．また，この C は**積分定数**と呼ばれる．

第 2 章にて証明したことから，以下の公式を得る．

定理 4.7

(1) $\int x^\alpha \, dx = \dfrac{1}{\alpha+1} x^{\alpha+1} + C \ (\alpha \neq -1).$

(2) $\int \dfrac{1}{x} \, dx = \log|x| + C.$

(3) $\int e^x \, dx = e^x + C.$

(4) $\int \sin x \, dx = -\cos x + C.$

(5) $\int \cos x \, dx = \sin x + C.$

(6) $\int \dfrac{1}{\cos^2 x} \, dx = \tan x + C.$

(7) $\int \dfrac{1}{\sqrt{1-x^2}} \, dx = \mathrm{Sin}^{-1} x + C.$

(8) $\int \dfrac{1}{1+x^2} \, dx = \mathrm{Tan}^{-1} x + C.$

(9) $\int \sqrt{x^2+1} \, dx = \dfrac{1}{2}\left(x\sqrt{x^2+1} + \log\left|x + \sqrt{x^2+1}\right|\right) + C.$

問 4.3

$$\dfrac{d}{dx}\left(\dfrac{1}{2}\left(x\sqrt{x^2+1} + \log\left|x + \sqrt{x^2+1}\right|\right) + C\right) = \sqrt{x^2+1}$$

を示せ．

定理 4.8 　不定積分に関して以下が成り立つ．

(1) $\int (f(x) + g(x)) \, dx = \int f(x) \, dx + \int g(x) \, dx.$

(2) k を定数とすると $\int k f(x) \, dx = k \int f(x) \, dx.$

(3) $\int f'(x) g(x) \, dx = f(x) g(x) - \int f(x) g'(x) \, dx$ （部分積分法）．

(4) $x = \varphi(t)$ のとき $\int f(x) \, dx = \int f(\varphi(t)) \varphi'(t) \, dt$ （置換積分法）．

証明　(4) だけを証明しよう．$F(x)$ を $f(x)$ の原始関数の 1 つとすると，合

成関数の微分法 (定理 2.7) により，
$$\frac{d}{dt}F(\varphi(t)) = F'(\varphi(t))\varphi'(t) = f(\varphi(t))\varphi'(t).$$
したがって，
$$\int f(x)\,dx = F(x) = F(\varphi(t)) = \int f(\varphi(t))\varphi'(t)\,dt. \qquad \blacksquare$$

問 4.4 定理 4.8 の (1), (2), (3) を証明せよ．

例題 4.1 定理 4.8 の部分積分法を使って，不定積分 $\int \log x\,dx$ を求めよ．

解答 定理 4.8 の (3) において，$f(x) = x$, $g(x) = \log x$ の場合を考えれば，
$$\begin{aligned}
\int \log x\,dx &= \int x' \cdot \log x\,dx \\
&= x\log x - \int x \cdot (\log x)'\,dx \\
&= x\log x - \int x \cdot \frac{1}{x}\,dx \\
&= x\log x - \int 1\,dx \\
&= x\log x - x + C \qquad (C \text{ は積分定数}). \qquad \blacksquare
\end{aligned}$$

例題 4.2 次の不定積分を求めよ．
(1) $\displaystyle\int \sqrt[3]{2x+3}\,dx$ 　　(2) $\displaystyle\int \frac{x+1}{x^3 - 2x^2 + x}\,dx$

解答 (1) $t = 2x+3$ を x について解くと，$x = \dfrac{t-3}{2}$. そこで，$\varphi(t) = \dfrac{t-3}{2}$ とおく．このとき $\varphi'(t) = \dfrac{1}{2}$. よって，定理 4.8 の (4) と定理 4.7 の (1) より，
$$\begin{aligned}
\int \sqrt[3]{2x+3}\,dx &= \int \sqrt[3]{t} \cdot \frac{1}{2}\,dt = \frac{1}{2}\int t^{\frac{1}{3}}\,dt = \frac{1}{2} \cdot \frac{3}{4}t^{\frac{4}{3}} + C \\
&= \frac{3}{8}(2x+3)\sqrt[3]{2x+3} + C \qquad (C \text{ は積分定数}).
\end{aligned}$$

(2) $\dfrac{x+1}{x^3-2x^2+x} = \dfrac{x+1}{x(x-1)^2} = \dfrac{A}{x} + \dfrac{B}{x-1} + \dfrac{C}{(x-1)^2}$ とおくと, $A=1$, $B=-1$, $C=2$ を得るので, $\dfrac{x+1}{x(x-1)^2} = \dfrac{1}{x} - \dfrac{1}{x-1} + \dfrac{2}{(x-1)^2}$. よって,

$$\begin{aligned}
\int \dfrac{x+1}{x^3-2x^2+x}\,dx &= \int \left(\dfrac{1}{x} - \dfrac{1}{x-1} + \dfrac{2}{(x-1)^2} \right) dx \\
&= \int \dfrac{1}{x}\,dx - \int \dfrac{1}{x-1}\,dx + 2\int \dfrac{1}{(x-1)^2}\,dx \\
&= \log|x| - \log|x-1| - \dfrac{2}{x-1} + C \\
&= \log\left|\dfrac{x}{x-1}\right| - \dfrac{2}{x-1} + C \quad (C\text{ は積分定数}). \blacksquare
\end{aligned}$$

問 4.5 以下の不定積分を求めよ.

(1) $\displaystyle\int \sqrt{x}\,dx$ (2) $\displaystyle\int \dfrac{1}{x+1}\,dx$ (3) $\displaystyle\int \dfrac{1}{x^2+4x}\,dx$

(4) $\displaystyle\int e^{3x}\,dx$ (5) $\displaystyle\int \sin(x+\pi)\,dx$ (6) $\displaystyle\int \cos 2x\,dx$

(7) $\displaystyle\int \dfrac{1}{\cos^2 3x}\,dx$ (8) $\displaystyle\int \log(x+1)\,dx$ (9) $\displaystyle\int \dfrac{1}{\sqrt{9-x^2}}\,dx$

(10) $\displaystyle\int \dfrac{1}{4+x^2}\,dx$

4.6 部分積分法と置換積分法

この節に現れる関数はすべて $[a,b]$ 上で連続とする.

定理 4.9 (部分積分法) $f(x)$, $g(x)$ を C^1-級関数とするとき,
$$\int_a^b f'(x)g(x)\,dx = [f(x)g(x)]_a^b - \int_a^b f(x)g'(x)\,dx$$
が成り立つ.

証明 積の微分公式から, $(f(x)g(x))' = f'(x)g(x) + f(x)g'(x)$ である. これを積分すると
$$\int_a^b (f(x)g(x))'\,dx = \int_a^b (f'(x)g(x) + f(x)g'(x))\,dx$$

を得る．この左辺は $[f(x)g(x)]_a^b$ に等しいので，
$$\int_a^b f'(x)g(x)\,dx = [f(x)g(x)]_a^b - \int_a^b f(x)g'(x)\,dx$$
となることがわかる． ∎

$F'(x) = f(x)$, $\varphi(x)$ を $[a,b]$ 上の関数とするとき，
$$F(\varphi(b)) - F(\varphi(a)) = \int_{\varphi(a)}^{\varphi(b)} f(x)\,dx \tag{4.10}$$
と表すことにする．一般に $\varphi(a) < \varphi(b)$ とは限らないので，厳格に述べれば，(4.10) の右辺は積分としての意味をもたないことに注意する．この記号の用法の下では，
$$\int_b^a f(x)\,dx = F(a) - F(b) = -(F(b) - F(a)) = -\int_a^b f(x)\,dx$$
である．したがって次のことを約束しておこう．
$$\int_b^a f(x)\,dx = -\int_a^b f(x)\,dx.$$
さて，次の定理は重要である．

定理 4.10（置換積分法1） $\varphi(x)$ を C^1-級関数とする．このとき，
$$\int_a^b f(\varphi(x))\varphi'(x)\,dx = \int_{\varphi(a)}^{\varphi(b)} f(t)\,dt$$
が成り立つ．

証明 $F'(x) = f(x)$ とすると，合成関数の微分公式 $(F(\varphi(x)))' = F'(\varphi(x))\varphi'(x)$ から，
$$\begin{aligned}
\int_a^b f(\varphi(x))\varphi'(x)\,dx &= \int_a^b F'(\varphi(x))\varphi'(x)\,dx \\
&= \int_a^b (F(\varphi(x)))'\,dx \\
&= [F(\varphi(x))]_a^b \\
&= F(\varphi(b)) - F(\varphi(a)) \\
&= \int_{\varphi(a)}^{\varphi(b)} f(t)\,dt.
\end{aligned}$$
∎

例題 4.3 定理 4.10 を使って定積分 $\int_0^1 x\sqrt{1-x^2}\,dx$ の値を求めよ。

[解答] $f(t) = \sqrt{1-t}$, $\varphi(x) = x^2$ と考えると，$\varphi'(x) = 2x$ であり，

x	$0 \to 1$
$\varphi(x)$	$0 \to 1$

であるから

$$\int_0^1 x\sqrt{1-x^2}\,dx = \int_0^1 f(\varphi(x))\frac{1}{2}\varphi'(x)\,dx$$
$$= \frac{1}{2}\int_{\varphi(0)}^{\varphi(1)} f(t)\,dt$$
$$= \frac{1}{2}\int_0^1 \sqrt{1-t}\,dt$$
$$= \frac{1}{2}\left[-\frac{2}{3}(1-t)^{\frac{3}{2}}\right]_0^1$$
$$= \frac{1}{3}.$$

次は定理 4.10 の言い換えに過ぎないが，実際に積分を計算する場面では，この言い換えは有用である．

定理 4.11 (置換積分法 2) $\varphi(t)$ を C^1-級関数とする．このとき $\varphi(\alpha) = a$, $\varphi(\beta) = b$ となる α, β に対し，
$$\int_a^b f(x)\,dx = \int_\alpha^\beta f(\varphi(t))\varphi'(t)\,dt$$
が成り立つ．

[証明] $\varphi(t)$ の選び方によって，α, β の大小関係が変わるので，以下では議論を 2 つに分ける．

($\alpha < \beta$ の場合) 定理 4.10 をそのまま使って，
$$\int_a^b f(x)\,dx = \int_{\varphi(\alpha)}^{\varphi(\beta)} f(x)\,dx = \int_\alpha^\beta f(\varphi(t))\varphi'(t)\,dt.$$

($\alpha > \beta$ の場合) 定理 4.10 を使って,

$$\int_a^b f(x)\,dx = -\int_b^a f(x)\,dx$$
$$= -\int_{\varphi(\beta)}^{\varphi(\alpha)} f(x)\,dx$$
$$= -\int_\beta^\alpha f(\varphi(t))\varphi'(t)\,dt$$
$$= \int_\alpha^\beta f(\varphi(t))\varphi'(t)\,dt.$$

いずれの場合も

$$\int_a^b f(x)\,dx = \int_\alpha^\beta f(\varphi(t))\varphi'(t)\,dt$$

が成り立つことがわかった. ∎

例題 4.4 定理 4.11 を使って定積分 $\displaystyle\int_{-1}^1 \sqrt{1-x^2}\,dx$ の値を求めよ.

解答 $\varphi(t) = \cos t\ (0 \leqq t \leqq \pi)$ とおくと, $\varphi'(t) = -\sin t$ であり,

t	$0 \to \pi$
x	$1 \to -1$

であるから

$$\int_{-1}^1 \sqrt{1-x^2}\,dx = \int_\pi^0 \sqrt{1-\varphi^2(t)} \cdot \varphi'(t)\,dt$$
$$= \int_\pi^0 \sqrt{1-\cos^2 t} \cdot (-\sin t)\,dt$$
$$= \int_0^\pi \sin^2 t\,dt$$
$$= \int_0^\pi \frac{1-\cos 2t}{2}\,dt$$
$$= \frac{1}{2}\left[t - \frac{\sin 2t}{2}\right]_0^\pi$$
$$= \frac{\pi}{2}.$$
∎

> **例題 4.5** 定積分を用いて極限値 $\displaystyle\lim_{n\to\infty}\sum_{k=1}^{n}\frac{1}{n+k}$ を求めよ．

解答
$$\sum_{k=1}^{n}\frac{1}{n+k}=\sum_{k=1}^{n}\frac{1}{1+\frac{k}{n}}\frac{1}{n}$$

と見て，$f(x)=\dfrac{1}{1+x}$ $(0\leqq x\leqq 1)$ を考え，補足 4.2 の (4.3) の記号を用いると，

$$\sum_{k=1}^{n}\frac{1}{n+k}=S_n(f)$$

となる．定理 4.3 と定理 4.6 により，

$$\lim_{n\to\infty}\sum_{k=1}^{n}\frac{1}{n+k}=\lim_{n\to\infty}S_n(f)=\int_0^1\frac{1}{1+x}\,dx=[\log(1+x)]_0^1=\log 2.\blacksquare$$

問 4.6 定積分を用いて極限 $\displaystyle\lim_{n\to\infty}\sum_{k=1}^{n}\frac{\sqrt[n]{e^k}}{n}$ を求めよ．

4.7 広義積分

> **定義 4.3** $f(x)$ を $(a,b]$ 上の連続関数とする．極限値
> $$\lim_{\varepsilon\to +0}\int_{a+\varepsilon}^{b}f(x)\,dx$$
> が存在するとき，この値を $\displaystyle\int_a^b f(x)\,dx$ と表し，**広義積分** $\displaystyle\int_a^b f(x)\,dx$ は収束するという．同様に次のような広義積分
> $$\int_a^b f(x)\,dx=\lim_{\varepsilon\to +0}\int_a^{b-\varepsilon}f(x)\,dx\quad(f(x)\text{ の定義域が }[a,b)\text{ の場合})$$
> $$\int_a^b f(x)\,dx=\lim_{\varepsilon,\varepsilon'\to +0}\int_{a+\varepsilon'}^{b-\varepsilon}f(x)\,dx\quad(f(x)\text{ の定義域が }(a,b)\text{ の場合})$$
> $$\int_a^b f(x)\,dx=\lim_{\varepsilon\to +0}\int_a^{c-\varepsilon}f(x)\,dx+\lim_{\varepsilon'\to +0}\int_{c+\varepsilon'}^{b}f(x)\,dx$$

$$(f \text{ の定義域が } [a,c) \cup (c,b] \text{ の場合})$$

を考えることができる．

注意 4.3 $\lim_{\varepsilon, \varepsilon' \to +0}$ は ε と ε' を独立に 0 に近づけることを意味する．

問 4.7 次の計算の誤りを指摘し，正しい結論を述べよ．
$$\int_{-1}^{1} x^{-1} \, dx = \lim_{\varepsilon \to +0} \left(\int_{-1}^{-\varepsilon} x^{-1} \, dx + \int_{\varepsilon}^{1} x^{-1} \, dx \right)$$
$$= \lim_{\varepsilon \to +0} ([\log |x|]_{-1}^{-\varepsilon} + [\log |x|]_{\varepsilon}^{1})$$
$$= \lim_{\varepsilon \to +0} (\log \varepsilon - \log 1 + \log 1 - \log \varepsilon)$$
$$= 0.$$

定義 4.4 $f(x)$ を $[a, \infty)$ 上の連続関数とする．極限値
$$\lim_{R \to +\infty} \int_{a}^{R} f(x) \, dx$$
が存在するとき，この値を $\int_{a}^{+\infty} f(x) \, dx$ と表し，広義積分 $\int_{a}^{+\infty} f(x) \, dx$ は収束するという．同様に次のような広義積分
$$\int_{-\infty}^{b} f(x) \, dx = \lim_{R \to +\infty} \int_{-R}^{b} f(x) \, dx$$
$$(f(x) \text{ の定義域が } (-\infty, b] \text{ の場合})$$
$$\int_{-\infty}^{+\infty} f(x) \, dx = \lim_{R, R' \to +\infty} \int_{-R'}^{R} f(x) \, dx$$
$$(f(x) \text{ の定義域が } (-\infty, \infty) \text{ の場合})$$
を考えることができる．

注意 4.4 注意 4.3 と同様に，$\lim_{R, R' \to +\infty}$ は R と R' を独立に $+\infty$ に近づけることを意味する．また，以下では $\int_{a}^{+\infty} f(x) \, dx$ は $\int_{a}^{\infty} f(x) \, dx$ と書く．

問 4.8 次の計算の誤りを指摘し，正しい結論を述べよ．
$$\int_{-\infty}^{\infty} \sin x \, dx = \lim_{R \to \infty} \int_{-R}^{R} \sin x \, dx$$
$$= \lim_{R \to \infty} [-\cos x]_{-R}^{R}$$
$$= \lim_{R \to \infty} (-\cos R + \cos R)$$
$$= 0.$$

注意 4.5 極限の性質を考えることで，広義積分でも通常の積分で成り立っていた定理 4.4 などの性質を得ることができる．今後，この事実は断りなく用いられる．

問 4.9 $f(x)$ を (a, b) 上の連続関数とする．(a, b) 内のある点 c に対し，次の 2 つの広義積分
$$\int_a^c f(x) \, dx, \quad \int_c^b f(x) \, dx$$
がともに存在するならば，$f(x)$ は (a, b) 上で広義積分可能で
$$\int_a^b f(x) \, dx = \int_a^c f(x) \, dx + \int_c^b f(x) \, dx$$
が成り立つことを証明せよ (定理 4.14, 4.15 にこの問いの応用がある)．

定理 4.12
(1) $a < b, p < 1$ のとき，広義積分 $\int_a^b \dfrac{1}{(x-a)^p} \, dx$ は収束する．

(2) $a > 0, p > 1$ のとき，広義積分 $\int_a^{\infty} \dfrac{1}{x^p} \, dx$ は収束する．

証明 まず (1) を示す．
$$\int_{a+\varepsilon}^b (x-a)^{-p} \, dx = \left[\frac{1}{1-p}(x-a)^{1-p} \right]_{a+\varepsilon}^b$$
$$= \frac{1}{1-p} \left((b-a)^{1-p} - \varepsilon^{1-p} \right)$$

$$\to \frac{(b-a)^{1-p}}{1-p} \ (\varepsilon \to +0).$$

次に (2) を示す.
$$\int_a^R x^{-p}\,dx = \left[\frac{1}{1-p}x^{1-p}\right]_a^R$$
$$= \frac{1}{1-p}(R^{1-p} - a^{1-p})$$
$$\to -\frac{a^{1-p}}{1-p} \ (R \to +\infty).$$

定理 4.13

(1) $a < b$ とし, $f(x)$ を $(a,b]$ 上の非負値のみをとる連続関数とする. 以下の $(*)$ を満たす定数 $K > 0,\ p < 1$ が存在するとき, 広義積分 $\displaystyle\int_a^b f(x)\,dx$ は収束する.
$$\text{任意の } x \in (a,b] \text{ に対して } 0 \leqq f(x) \leqq \frac{K}{(x-a)^p}. \quad (*)$$

(2) $a > 0$ とし, $f(x)$ を $[a,\infty)$ 上の非負値のみをとる連続関数とする. 以下の $(**)$ を満たす定数 $K > 0,\ p > 1$ が存在するとき, 広義積分 $\displaystyle\int_a^\infty f(x)\,dx$ は収束する.
$$\text{任意の } x \in [a, +\infty) \text{ に対して } 0 \leqq f(x) \leqq \frac{K}{x^p}. \quad (**)$$

証明 (1) を示す. 定理 4.12 の (1) により,
$$0 \leqq \int_{a+\varepsilon}^b f(x)\,dx \leqq \int_{a+\varepsilon}^b \frac{K}{(x-a)^p}\,dx \to \frac{K(b-a)^{1-p}}{1-p} \ (\varepsilon \to +0).$$
また, $f(x) \geqq 0$ であるから,
$$I(\varepsilon) = \int_{a+\varepsilon}^b f(x)\,dx$$
とおくと, 任意の $\varepsilon_1 \geqq \varepsilon_2$ となる正の数に対して,
$$0 \leqq I(\varepsilon_1) \leqq I(\varepsilon_2) \leqq \frac{K(b-a)^{1-p}}{1-p}.$$

したがって，$I(\varepsilon)$ は有界な単調減少関数である．よって，定理 1.14 により，
$$\lim_{\varepsilon \to +0} I(\varepsilon) = \int_a^b f(x)\,dx$$
が存在する．

(2) を示す．定理 4.12 の (2) により，
$$0 \leqq \int_a^R f(x)\,dx \leqq \int_a^R \frac{K}{x^p}\,dx \to -\frac{a^{1-p}}{1-p} \quad (R \to +\infty).$$
また，$f(x) \geqq 0$ であるから，
$$I(R) = \int_a^R f(x)\,dx$$
とおくと，任意の $R_1 \leqq R_2$ となる正の数に対して
$$0 \leqq I(R_1) \leqq I(R_2) \leqq -\frac{a^{1-p}}{1-p}.$$
したがって，$I(R)$ は有界な単調増加関数である．よって，定理 1.14 により，
$$\lim_{R \to +\infty} I(R) = \int_a^\infty f(x)\,dx$$
が存在する． ∎

4.8　ベータ関数とガンマ関数

定理 4.14（ベータ関数）　$p, q > 0$ に対し，次の積分は収束する．
$$B(p, q) = \int_0^1 x^{p-1}(1-x)^{q-1}\,dx\,.$$

証明　$p, q \geqq 1$ のとき，$f(x) = x^{p-1}(1-x)^{q-1}$ は $[0, 1]$ で連続であるから，定理 4.3 により，$B(p, q)$ は通常の積分として定義される．以下 $p < 1$ または $q < 1$ と仮定する．この場合，$B(p, q)$ は広義積分であることに注意する．まず $\left(0, \dfrac{1}{2}\right]$ 上で $f(x)$ を考えると，$0 \leqq f(x) \leqq 2x^{p-1}$ が成り立つ．したがって，定理 4.13 の (1) により広義積分
$$\int_0^{\frac{1}{2}} x^{p-1}(1-x)^{q-1}\,dx$$

は収束する．一方，$\left[\frac{1}{2}, 1\right]$ 上で $f(x)$ を考えると，$0 \leqq f(x) \leqq 2(1-x)^{q-1}$ が成り立つ．したがって，

$$0 \leqq \int_{\frac{1}{2}}^{1-\varepsilon} f(x)\,dx \leqq \int_{\frac{1}{2}}^{1-\varepsilon} 2(1-x)^{q-1}\,dx = \int_{\varepsilon}^{\frac{1}{2}} 2t^{q-1}\,dt. \qquad (4.11)$$

$\varepsilon \to +0$ としたとき，定理 4.12 の (1) により (4.11) の最右辺は収束する．したがって，定理 4.13 の (1) の証明と同じ理由により広義積分

$$\int_{\frac{1}{2}}^{1} x^{p-1}(1-x)^{q-1}\,dx$$

は収束する．以上をまとめて，広義積分

$$\int_{0}^{1} x^{p-1}(1-x)^{q-1}\,dx$$

は収束することがわかった． ∎

問 4.10 m, n を自然数，$p, q > 0$ とする．以下を証明せよ．
(1) $B(p, q) = B(q, p)$
(2) $B(p+1, q) = \dfrac{p}{q} B(p, q+1)$ （ヒント：部分積分法）
(3) $B(m, n) = \dfrac{(m-1)!\,(n-1)!}{(m+n-1)!}$ （ヒント：2 を用いる）
(4) $B(p, q) = 2\displaystyle\int_{0}^{\frac{\pi}{2}} (\sin x)^{2p-1}(\cos x)^{2q-1}\,dx$
（ヒント：$x = \sin^2 t$ とおく）
(5) $B\left(\dfrac{1}{2}, \dfrac{1}{2}\right) = \pi$

定理 4.15 $p > 0$ に対し，次の広義積分は収束する．

$$\Gamma(p) = \int_{0}^{\infty} x^{p-1} e^{-x}\,dx \quad \text{（ガンマ関数）}$$

証明 $f(x) = x^{p-1} e^{-x}$ とおく．まず $[1, \infty)$ 上で $f(x)$ を考えると，以下の (∗∗) を満たす定数 $K > 0$ が存在する（第 **3.3** 節の問 3.11 を参照）．

$$x \geqq 1 \text{ のとき } 0 \leqq f(x) \leqq \frac{K}{x^2}. \qquad (\ast\ast)$$

したがって，定理 4.13 の (2) により，広義積分
$$\int_1^\infty x^{p-1} e^{-x}\, dx$$
は収束する．次に，$(0,1]$ 上で $f(x)$ を考えると，$p \geqq 1$ の場合，$f(x)$ は $[0,1]$ で連続であるから，
$$\int_0^1 x^{p-1} e^{-x}\, dx$$
は存在する．$p<1$ の場合，任意の $x \in (0,1]$ に対して，$0 \leqq f(x) \leqq x^{p-1}$ であるから，定理 4.13 の (1) により，広義積分
$$\int_0^1 x^{p-1} e^{-x}\, dx$$
は収束する．以上をまとめて，広義積分
$$\int_0^\infty x^{p-1} e^{-x}\, dx$$
は収束することがわかった．

例題 4.6 n を自然数，$p>0$ とする．以下を証明せよ．
(1) $\Gamma(1) = 1$.
(2) $\Gamma(p+1) = p\Gamma(p)$.
(3) $\Gamma(n) = (n-1)!$.

解答 (1) $\Gamma(1) = \displaystyle\int_0^\infty e^{-x}\, dx = [-e^{-x}]_0^\infty = 1$.

(2) 例題 3.11 により，
$$\begin{aligned}
\Gamma(p) &= \int_0^\infty x^{p-1} e^{-x}\, dx \\
&= \lim_{R\to\infty} \left[\frac{1}{p} x^p e^{-x}\right]_0^R + \int_0^\infty \frac{1}{p} x^p e^{-x}\, dx \\
&= \frac{1}{p} \Gamma(p+1).
\end{aligned}$$

(3) (1) と (2) を用いて，
$$\Gamma(n) = (n-1)\Gamma(n-1) = \cdots = (n-1)(n-2)\cdots 2\cdot 1\cdot \Gamma(1) = (n-1)!.$$

問 4.11　m, n を自然数とする．$B(m, n) = \dfrac{\Gamma(m)\Gamma(n)}{\Gamma(m+n)}$ を証明せよ．

○コラム 17　$\left(\dfrac{1}{2}\right)!$

$\left(\dfrac{1}{2}\right)!$ はいくつであろうか？例題 4.6 によれば，$\left(\dfrac{1}{2}\right)! = \Gamma\left(\left(\dfrac{1}{2}\right) + 1\right)$ と考えるのが妥当のようである．このようにガンマ関数を用いれば，いままで自然数だけに限られていた階乗の演算を正の数全体に拡げることができる．ところが，その拡げ方は 1 通りではない．すなわち，他にもすべての自然数 n に対して $f(n) = (n-1)!$ を満たす関数が無数に存在するのである．しかし，それでもガンマ関数は特別な存在であり，オイラーの時代から現代に至る数学のあらゆる場面にその姿を現すのである．

練習問題

1. 次の不定積分を求めよ．
   (1) $\displaystyle\int \dfrac{2x-1}{x^2}\,dx$ 　(2) $\displaystyle\int \dfrac{1}{x^2+x-2}\,dx$ 　(3) $\displaystyle\int \dfrac{x^2}{1+x}\,dx$

2. 次の定積分を求めよ．
   (1) $\displaystyle\int_0^1 2^x\,dx$ 　(2) $\displaystyle\int_0^1 e^{2x}\,dx$ 　(3) $\displaystyle\int_0^1 \dfrac{1}{x+1}\,dx$
   (4) $\displaystyle\int_0^{\frac{\pi}{4}} \sin^2 x\,dx$ 　(5) $\displaystyle\int_0^{\frac{\pi}{3}} \sin 3x \cos 5x\,dx$ 　(6) $\displaystyle\int_0^{\frac{\pi}{2}} \sin^4 x\,dx$

3. m, n を正の整数とする．$m \neq n$ のときと $m = n$ に分けて，定積分 $\displaystyle\int_{-\pi}^{\pi} \sin mx \sin nx\,dx$ の値を求めよ．

4. 次の不定積分を求めよ．
   (1) $\displaystyle\int x \sin 2x\,dx$ 　(2) $\displaystyle\int x^2 \sin x\,dx$

5. 次の定積分を求めよ．
   (1) $\displaystyle\int_0^{\frac{\pi}{2}} x \cos x\,dx$ 　(2) $\displaystyle\int_0^1 xe^{-x}\,dx$ 　(3) $\displaystyle\int_1^e x \log x\,dx$

(4) $\displaystyle\int_1^e (\log x)^2\, dx$ (5) $\displaystyle\int_0^\pi e^x \sin x\, dx$

6. $I = \displaystyle\int e^x \sin x\, dx,\ J = \int e^x \cos x\, dx$ とおくとき，次の問に答えよ．
   (1) $I+J,\ I-J$ を求めよ．
   (2) $I,\ J$ を求めよ．

7. 次の不定積分を求めよ．
   (1) $\displaystyle\int \sin^3 x \cos x\, dx$ (2) $\displaystyle\int \frac{x^2}{(x^3+1)^3}\, dx$ (3) $\displaystyle\int x\sqrt{x-1}\, dx$
   (4) $\displaystyle\int x e^{-x^2}\, dx$ (5) $\displaystyle\int x \sin x^2\, dx$

8. 次の定積分を求めよ．
   (1) $\displaystyle\int_0^{\frac{\pi}{3}} \tan x\, dx$ (2) $\displaystyle\int_0^1 \frac{e^x}{1+e^x}\, dx$ (3) $\displaystyle\int_0^1 \frac{1}{1+e^x}\, dx$
   (4) $\displaystyle\int_e^{e^2} \frac{1}{x(\log x)^2}\, dx$ (5) $\displaystyle\int_0^{\frac{\pi}{2}} \frac{\sin x \cos x}{1+\sin^2 x}\, dx$ (6) $\displaystyle\int_0^{\sqrt{3}} \sqrt{4-x^2}\, dx$
   (7) $\displaystyle\int_0^1 \frac{1}{\sqrt{1-x^2}}\, dx$ (8) $\displaystyle\int_0^{2\sqrt{3}} \frac{1}{x^2+4}\, dx$ (9) $\displaystyle\int_0^1 \frac{1}{(x^2+1)^2}\, dx$
   (10) $\displaystyle\int_0^{\frac{\pi}{4}} \frac{1}{\cos x}\, dx$ (11) $\displaystyle\int_0^{\frac{1}{2}} (x+1)\sqrt{1-2x^2}\, dx$

9. $\tan\dfrac{x}{2} = t$ とおき，次の問に答えよ．
   (1) $\sin x$ および $\cos x$ を t で表せ．
   (2) $\dfrac{dx}{dt}$ を t で表せ．
   (3) 不定積分 $\displaystyle\int \frac{5}{3\sin x + 4\cos x}\, dx$ を求めよ． (2004 年 埼玉大)

10. $f(x)$ が $0 \leqq x \leqq 1$ で連続な関数であるとき，
$$\int_0^\pi x f(\sin x)\, dx = \frac{\pi}{2} \int_0^\pi f(\sin x)\, dx$$
が成立することを示し，これを用いて定積分 $\displaystyle\int_0^\pi \frac{x \sin x}{3+\sin^2 x}\, dx$ を求めよ． (1999 年 信州大)

11. 次の問に答えよ.
    (1) $\dfrac{1}{x^3+1} = \dfrac{A}{x+1} + \dfrac{Bx+C}{x^2-x+1}$ を満たす定数 A, B, C の値を求めよ.
    (2) 定積分 $\displaystyle\int_0^1 \dfrac{1}{x^3+1}\,dx$ の値を求めよ.

12. 自然数 n について, $I_n = \displaystyle\int_1^e (\log x)^n\,dx$ とする.
    (1) I_1 を求めよ.
    (2) I_{n+1} を I_n を用いて表せ.
    (3) I_4 を求めよ.

13. 0 以上の整数 n に対して, $I_n = \displaystyle\int_0^{\frac{\pi}{2}} \sin^n x\,dx$ とおく.
    (1) $I_n = \dfrac{n-1}{n} I_{n-2}$ $(n \geqq 2)$ であることを示せ.
    (2) I_8 の値を求めよ.

14. 負でない整数 n に対して, $I_n = \displaystyle\int_0^{\frac{\pi}{4}} \tan^n x\,dx$ とする. 次の問に答えよ.
    (1) I_0 と I_1 の値を求めよ.
    (2) $I_n + I_{n+2} = \dfrac{1}{n+1}$ であることを示せ.
    (3) I_2 と I_3 の値を求めよ.

15. n が 0 以上の整数のとき, $I_n = \displaystyle\int_0^1 (1-x^2)^n\,dx$ について考える.
    (1) $I_0 = \boxed{}$, $I_1 = \boxed{}$ である.
    (2) n が 1 以上のとき, I_n を I_{n-1} を用いて表すと, $I_n = \boxed{}$ である.
    (3) (2) の結果を用いて I_3 と I_4 を求めると, $I_3 = \boxed{}$, $I_4 = \boxed{}$ である.
    (4) I_n を n を用いて表すと, $I_n = \boxed{}$ となる.
    (2004 年 秋田県立大)

16. 定積分を用いて, 次の極限値を求めよ.

(1) $\displaystyle\lim_{n\to\infty}\frac{1}{n}\left(\sqrt{\frac{1}{n}}+\sqrt{\frac{2}{n}}+\cdots+\sqrt{\frac{n}{n}}\right)$ (2) $\displaystyle\lim_{n\to\infty}\frac{1}{n}\sum_{k=1}^{n}\sin\frac{k}{n}\pi$

17. $a_n\ (n=1,2,3,\dots)$ を $a_n=\dfrac{1}{n}\sqrt[n]{n(n+1)(n+2)\cdots(2n-1)}$ で定める．$\displaystyle\lim_{n\to\infty}a_n$ を求めよ．

5

積分法の応用

5.1 定積分と面積

第 **4.1** 節で面積を定義した.そこでは,区間 $[a,b]$ で定義された非負の値をとる連続関数 $f(x)$ に対して,まず区間 $[a,b]$ の分割
$$\Delta : a = x_0 < x_1 < x_2 < \cdots < x_n = b$$
を考え,
$$S(f, \Delta, \xi_1, \ldots, \xi_n) = \sum_{k=1}^{n} f(\xi_k)(x_k - x_{k-1}) \quad \xi_k \in [x_{k-1}, x_k]$$
という量を考えた.分割した区間の幅の最大値
$$|\Delta| = \max\{x_k - x_{k-1} \mid 1 \leqq k \leqq n\}$$
を限りなく 0 に近づける ($|\Delta| \to 0$) ときに,$S(f, \Delta, \xi_1, \ldots, \xi_n)$ がある一定の値に収束するので (定理 4.3),この値を $f(x)$ の a から b までの定積分といい,$\int_a^b f(x)\,dx$ と書く.すなわち,
$$\lim_{|\Delta| \to 0} \sum_{k=1}^{n} f(\xi_k)(x_k - x_{k-1}) = \int_a^b f(x)\,dx$$
であった.

次に,Δ を $[a,b]$ を n 等分する分割とし,
$$\sum_{k=1}^{n} f(x_k)(x_k - x_{k-1})$$

を考えても，定理 4.1 から $\displaystyle\lim_{n\to\infty}\sum_{k=1}^{n}f(x_k)(x_k-x_{k-1})=\int_a^b f(x)\,dx$ であることが示された．

注意 5.1 上の議論において $\Delta x=\dfrac{b-a}{n}$ とおくと，上の式は
$$\lim_{n\to\infty}\sum_{k=1}^{n}f(x_k)\Delta x=\int_a^b f(x)\,dx$$
と書ける．この式の左辺は，短冊形の微小面積 $f(x_k)\cdot\Delta x$ を $x=a$ から $x=b$ まで足しあわせて $\Delta x\to 0$ とした極限を表しているが，これを非負な連続関数 $y=f(x)$ のグラフと x 軸と 2 直線 $x=a$, $x=b$ で囲まれた部分の面積と定義するのであった．

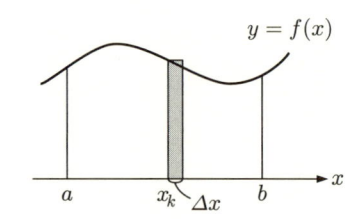

面積

区間 $[a,b]$ において連続な関数 $f(x)$ に対して，$|f(x)|$ は常に非負の値をとる連続関数である．また，グラフを考えると，曲線 $y=f(x)$ と x 軸，2 直線 $x=a$, $x=b$ で囲まれた部分の「直観的な」面積は，曲線 $y=|f(x)|$ と x 軸，2 直線 $x=a$, $x=b$ で囲まれた部分の「直観的な」面積と等しいことがわかる．そこで，曲線 $y=f(x)$ と x 軸，2 直線 $x=a$, $x=b$ で囲まれた部分の「数学的な」面積を次で定める．

定義 5.1 区間 $[a,b]$ において連続な関数 $f(x)$ に対して，
$$\int_a^b |f(x)|\,dx$$
を曲線 $y=f(x)$ と x 軸，2 直線 $x=a$, $x=b$ で囲まれた部分の面積という．

このとき，次が成り立つ．

定理 5.1 区間 $[a,b]$ において $f(x) \geqq 0$ であるとき，曲線 $y=f(x)$ と x 軸，2 直線 $x=a, x=b$ で囲まれた部分の面積は $\displaystyle\int_a^b f(x)\,dx$ である（図 5.1）．また，区間 $[a,b]$ において $f(x) \leqq 0$ であるとき，曲線 $y=f(x)$ と x 軸，2 直線 $x=a, x=b$ で囲まれた部分の面積は $-\displaystyle\int_a^b f(x)\,dx$ である（図 5.2）．

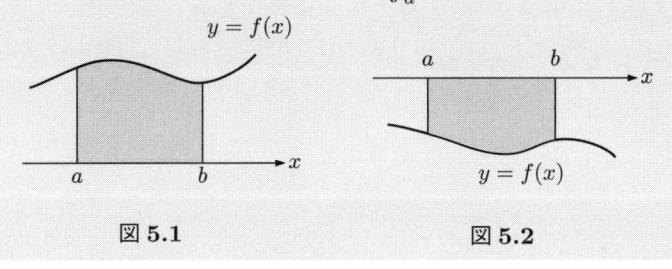

図 5.1　　　図 5.2

注意 5.2 たとえば，区間 $[a,c]$ において $f(x) \geqq 0$ であり，区間 $[c,b]$ において $f(x) \leqq 0$ である曲線 $y=f(x)$ と，x 軸，2 直線 $x=a, x=b$ で囲まれた部分の面積は

$$\int_a^b |f(x)|\,dx = \int_a^c f(x)\,dx + \int_c^b (-f(x))\,dx$$
$$= \int_a^c f(x)\,dx - \int_c^b f(x)\,dx$$

である．

例題 5.1 次の面積を求めよ．
(1) 曲線 $y=e^x$ と x 軸，y 軸，および直線 $x=1$ とで囲まれた部分．
(2) $0 \leqq x \leqq \pi$ において，曲線 $y=\sin x$ と x 軸とで囲まれた部分．
(3) $0 \leqq x \leqq \pi$ において，曲線 $y=\cos x$ と x 軸，y 軸，直線 $x=\pi$ とで囲まれた部分．

解答 (1) $0 \leqq x \leqq 1$ で $e^x > 0$ であるから，求める面積 S は，

$$S = \int_0^1 e^x\,dx = \Big[e^x\Big]_0^1 = e-1.$$

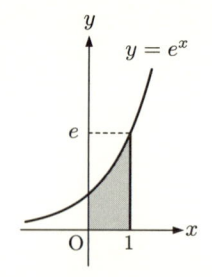

(2) $0 \leqq x \leqq \pi$ で $\sin x \geqq 0$ であるから,求める面積 S は,
$$S = \int_0^\pi \sin x\, dx = \Big[-\cos x\Big]_0^\pi = 1-(-1) = 2.$$

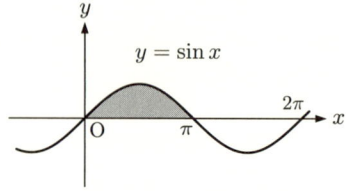

(3) $0 \leqq x \leqq \dfrac{\pi}{2}$ で $\cos x \geqq 0$, $\dfrac{\pi}{2} \leqq x \leqq \pi$ で $\cos x \leqq 0$ なので,求める面積 S は,
$$S = \int_0^{\frac{\pi}{2}} \cos x\, dx - \int_{\frac{\pi}{2}}^\pi \cos x\, dx = \Big[\sin x\Big]_0^{\frac{\pi}{2}} - \Big[\sin x\Big]_{\frac{\pi}{2}}^\pi$$
$$= 1 - 0 - (0 - 1) = 2.$$

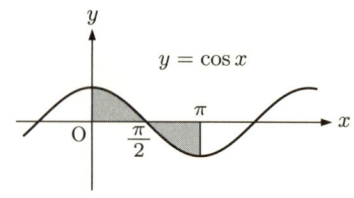

注意 5.3 平面上には曲線と x 軸,2 直線 $x = a, x = b$ で囲まれた部分以外の図形もあり,それらの面積も考えることは自然である.実際,平面上の図形の面積は,定積分の定義と同様に定めることができる.しかし,厳密に面積や体積を定義して行う議論は高度になる.そこで,本書では厳密な面積や体積の定義を行わず,注意 5.1 のように微小面積を考えるなど,直観的な解説にとどめる (厳密な面積や体積の定義については,たとえば,高木貞治著「定本 解析概論」 p.351 を参照).

関数 $f(x), g(x)$ が区間 $[a,b]$ において連続で，かつ $f(x) \geqq g(x)$ であるとする．このとき，2 曲線 $y = f(x), y = g(x)$ と 2 直線 $x = a, x = b$ で囲まれた部分の面積 S について考えよう．

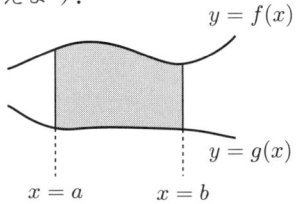

区間 $[a,b]$ において常に $g(x) \geqq 0$ のとき，求める面積 S は，「曲線 $y = f(x)$ と x 軸，2 直線 $x = a, x = b$ で囲まれた部分の面積」から「曲線 $y = g(x)$ と x 軸，2 直線 $x = a, x = b$ で囲まれた部分の面積」を除いた面積なので，定理 5.1 より

$$S = \int_a^b f(x)\,dx - \int_a^b g(x)\,dx = \int_a^b (f(x) - g(x))\,dx.$$

一方，一般の場合については，区間 $[a,b]$ において常に $g(x) + M \geqq 0$ となるような十分大きな正数 M をとることができる (定理 1.21 を参照)．このとき，求める面積 S は 2 曲線 $y = f(x) + M, y = g(x) + M$ と 2 直線 $x = a, x = b$ で囲まれた部分の面積に等しいので，$g(x) \geqq 0$ の場合で得られた式より

$$S = \int_a^b (f(x) + M - (g(x) + M))\,dx = \int_a^b (f(x) - g(x))\,dx.$$

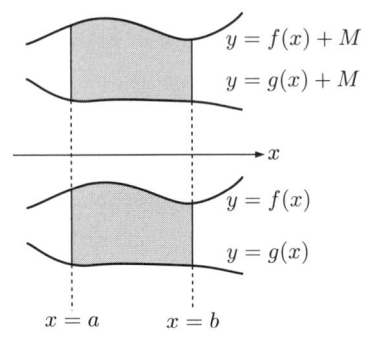

以上の考察により次が成り立つことがわかる．

定理 5.2 関数 $f(x), g(x)$ が区間 $[a,b]$ において連続で，かつ $f(x) \geqq g(x)$ であるとき，2 曲線 $y = f(x), y = g(x)$ と 2 直線 $x = a, x = b$ で囲まれた部

分の面積は,
$$\int_a^b (f(x) - g(x))\, dx \tag{5.1}$$
である.

例題 5.2 次の面積を求めよ.
(1) 2 曲線 $y = x^2 - 2x$, $y = -x^2 + 3x$ と 2 直線 $x = 1$, $x = 2$ で囲まれた部分.
(2) $\dfrac{\pi}{4} \leqq x \leqq \dfrac{5}{4}\pi$ において, 2 曲線 $y = \sin x$, $y = \cos x$ で囲まれた部分.
(3) 曲線 $C: y = x^3$ 上の点 $(-1, -1)$ における接線 l と曲線 C で囲まれた部分.

解答 (1) $1 \leqq x \leqq 2$ において $-x^2 + 3x \geqq x^2 - 2x$ であるから, 求める面積 S は,

$$S = \int_1^2 (-x^2 + 3x - (x^2 - 2x))\, dx = \int_1^2 (-2x^2 + 5x)\, dx$$
$$= \left[-\frac{2}{3}x^3 + \frac{5}{2}x^2\right]_1^2 = -\frac{16}{3} + 10 - \left(-\frac{2}{3} + \frac{5}{2}\right) = \frac{17}{6}.$$

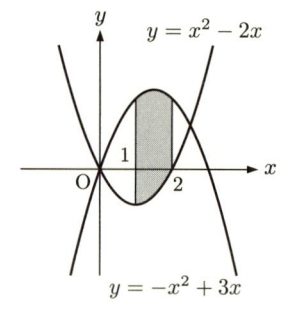

(2) 2曲線の交点の x 座標は $x = \dfrac{\pi}{4}, \dfrac{5}{4}\pi$ であり，$\dfrac{\pi}{4} \leqq x \leqq \dfrac{5}{4}\pi$ の範囲で $\sin x \geqq \cos x$ であるから，求める面積 S は，

$$S = \int_{\frac{\pi}{4}}^{\frac{5}{4}\pi} (\sin x - \cos x)\,dx = \Big[-\cos x - \sin x\Big]_{\frac{\pi}{4}}^{\frac{5}{4}\pi}$$

$$= \frac{\sqrt{2}}{2} + \frac{\sqrt{2}}{2} - \left(-\frac{\sqrt{2}}{2} - \frac{\sqrt{2}}{2}\right) = 2\sqrt{2}.$$

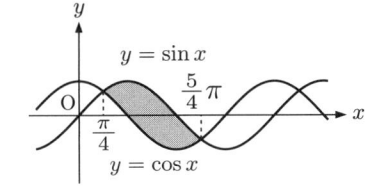

(3) $y' = 3x^2$ より，l の傾きは 3 で，その方程式は $y = 3x + 2$. C と l の交点の x 座標は -1 と 2 であり，$-1 \leqq x \leqq 2$ で $3x + 2 \geqq x^3$ であるから，求める面積 S は，

$$S = \int_{-1}^{2} (3x + 2 - x^3)\,dx = \left[-\frac{1}{4}x^4 + \frac{3}{2}x^2 + 2x\right]_{-1}^{2}$$

$$= 4 + 6 + 4 - \left(-\frac{1}{4} + \frac{3}{2} - 2\right) = \frac{27}{4}.$$

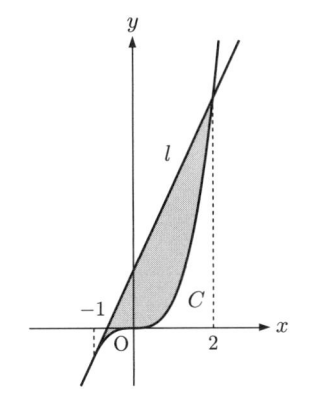

例題 5.3 楕円 $\dfrac{x^2}{4} + y^2 = 1$ で囲まれた部分の面積を求めよ．

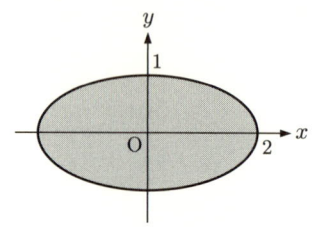

解答 $\dfrac{x^2}{4} + y^2 = 1$ より，$y = \pm \dfrac{1}{2}\sqrt{4 - x^2}$．求める面積 S は，

$$S = \int_{-2}^{2} \left(\dfrac{1}{2}\sqrt{4 - x^2} - \left(-\dfrac{1}{2}\sqrt{4 - x^2}\right) \right) dx = \int_{-2}^{2} \sqrt{4 - x^2}\, dx = 2\pi$$

($\int_{-2}^{2} \sqrt{4 - x^2}\, dx$ の計算については，例題 4.4（第 **4.6** 節）を参照)．■

注意 5.4 この楕円は原点を中心とする半径 1 の円を x 軸方向に 2 倍したものと考えて，$\pi \cdot 1^2 \cdot 2 = 2\pi$ として求めることもできる．一般に，楕円 $\dfrac{x^2}{a^2} + \dfrac{y^2}{b^2} = 1$ $(a > 0, b > 0)$ の囲む面積は $\pi a^2 \cdot \dfrac{b}{a} = \pi ab$ である．

定理 5.1 において，x と y の役割を入れ替えることによって，曲線 $x = g(y)$ と y 軸とで囲まれた部分について，次のことが成り立つ．

定理 5.3 $g(y)$ が区間 $c \leqq y \leqq d$ において連続で，$g(y) \geqq 0$ であるとき，曲線 $x = g(y)$ と y 軸，2 直線 $y = c, y = d$ で囲まれた部分の面積は，$\displaystyle\int_{c}^{d} g(y)\, dy$ である．

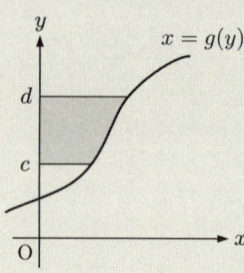

例題 5.4 次の面積を求めよ．
(1) 曲線 $y = \log x$ と x 軸，y 軸，および直線 $y = 1$ で囲まれた部分．
(2) 曲線 $x = 4y - y^2$ と直線 $y = x$ で囲まれた部分．

解答 (1) $y = \log x \Leftrightarrow x = e^y$ であるから，求める面積 S は，
$$S = \int_0^1 e^y dy = \left[e^y\right]_0^1 = e - 1.$$

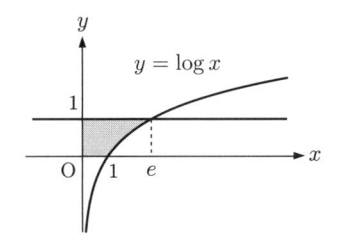

(2) 曲線 $x = 4y - y^2$ と直線 $y = x$ の交点の y 座標は，
$$4y - y^2 = y \text{ を解いて，} y = 0, 3.$$
求める面積 S は，
$$S = \int_0^3 ((4y - y^2) - y)\, dy = \int_0^3 (-y^2 + 3y) dy$$
$$= \left[-\frac{1}{3}y^3 + \frac{3}{2}y^2\right]_0^3 = -9 + \frac{27}{2} = \frac{9}{2}.$$

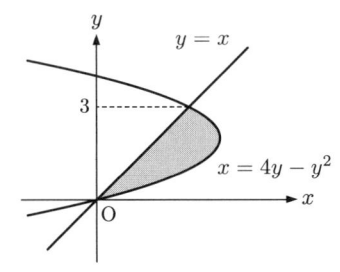

問 5.1 曲線 $y = \sqrt{x}$ と直線 $y = x$ とで囲まれた部分の面積を求めよ．

○コラム 18 (2 次関数の定積分の公式)

　放物線と直線，あるいは放物線どうしで囲まれた部分の面積を求める際によく現れるのが，次の公式である．
$$\int_\alpha^\beta (x-\alpha)(x-\beta)\,dx = -\frac{(\beta-\alpha)^3}{6}.$$

証明
$$\begin{aligned}
\text{左辺} &= \int_\alpha^\beta (x-\alpha)\left((x-\alpha)-(\beta-\alpha)\right)dx \\
&= \int_\alpha^\beta (x-\alpha)^2\,dx - (\beta-\alpha)\int_\alpha^\beta (x-\alpha)\,dx \\
&= \left[\frac{(x-\alpha)^3}{3}\right]_\alpha^\beta - (\beta-\alpha)\left[\frac{(x-\alpha)^2}{2}\right]_\alpha^\beta \\
&= \frac{(\beta-\alpha)^3}{3} - \frac{(\beta-\alpha)^3}{2} = -\frac{(\beta-\alpha)^3}{6}.
\end{aligned}$$

　この公式を用いると，積分の計算を簡略化できる．ただし，試験の答案の作成など読み手がいる文章を書く場合には，この公式を適用していることが伝わるように記述するよう心掛けたい．

　また，この公式は m, n が 0 以上の整数であるとき，
$$\int_\alpha^\beta (x-\alpha)^m(\beta-x)^n\,dx = \frac{m!\,n!}{(m+n+1)!}(\beta-\alpha)^{m+n+1}$$
と一般化できる．証明は，置換積分を使ってベータ関数に帰着するか，または n に関する帰納法で部分積分法を使えばできるので，興味ある読者は試みられたい（第 **4.8** 節のベータ関数に関するところを参照）．

　さらに，この公式は思わぬところで使える．3 次関数 $f(x) = ax^3 + bx^2 + cx + d$ が極値を持つとき，$f'(x) = 0$ は異なる 2 つの実数解をもつ．それを α, β とおくと，$f'(x) = 3a(x-\alpha)(x-\beta)$ と因数分解されるので，
$$f(\alpha) - f(\beta) = \int_\beta^\alpha f'(x)\,dx = -\int_\beta^\alpha 3a(x-\alpha)(x-\beta)\,dx = \frac{a}{2}(\beta-\alpha)^3$$
と極値の差を求めることができる．

媒介表示された曲線と面積

　媒介変数表示された曲線に関する面積を求める問題では，

（ア）簡単に媒介変数が消去できる場合には，y を x の式で表す．

（イ）媒介変数のままで考える．

の2つのアプローチがある．ここでは，(イ) の例を考えてみよう．

以下の例題において $x : a \to b$ は x が a から b まで単調に変化することを意味する．

例題 5.5 媒介変数表示された曲線
$$x = 2\cos\theta, \ y = 2\sin\theta \quad (0 \leqq \theta \leqq \pi)$$
で表された曲線 C と x 軸で囲まれた部分の面積を求めよ．

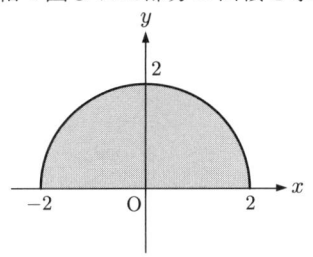

解答 $\theta : 0 \to \pi$ のとき，$x : 2 \to -2$（単調減少），$y : 0 \to 2 \to 0$ なので，面積を表す式は $\displaystyle\int_{-2}^{2} y\,dx$ である．

$x = 2\cos\theta$ より $dx = -2\sin\theta\,d\theta$．

x	$2 \to -2$
θ	$0 \to \pi$

よって，求める面積は，
$$S = \int_{-2}^{2} y\,dx = \int_{\pi}^{0} 2\sin\theta(-2\sin\theta)\,d\theta = 4\int_{0}^{\pi} \sin^2\theta\,d\theta$$
$$= 2\int_{0}^{\pi} (1 - \cos 2\theta)\,d\theta = 2\left[\theta - \frac{\sin 2\theta}{2}\right]_{0}^{\pi} = 2\pi.$$

注意 5.5 この曲線 C は，原点を中心とする半径 2 の円の上半分を表しているので，求める面積は半径 2 の円の面積の半分であるが，上の結果はそれと一致している．

例題 5.6 媒介変数表示された曲線
$$x = 2\cos\theta, \ y = \sin 2\theta \quad \left(0 \leqq \theta \leqq \frac{\pi}{2}\right)$$
で表された曲線 C と x 軸で囲まれた部分の面積を求めよ．

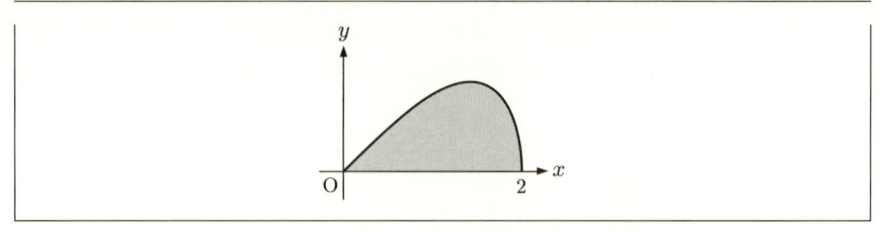

解答 $\theta : 0 \to \dfrac{\pi}{2}$ のとき,$x : 2 \to 0$(単調減少),$y : 0 \to 1 \to 0$ なので,面積を表す式は $\displaystyle\int_0^2 y\,dx$ である.

$x = 2\cos\theta$ より $dx = -2\sin\theta\,d\theta$.

x	$2 \to 0$
θ	$0 \to \dfrac{\pi}{2}$

よって,求める面積は,
$$\int_0^2 y\,dx = \int_{\frac{\pi}{2}}^0 \sin 2\theta(-2\sin\theta)\,d\theta = \int_0^{\frac{\pi}{2}} 4\sin^2\theta \cos\theta\,d\theta$$
$$= \int_0^{\frac{\pi}{2}} 4\sin^2\theta (\sin\theta)'\,d\theta = \left[\frac{4}{3}\sin^3\theta\right]_0^{\frac{\pi}{2}} = \frac{4}{3}.$$

注意 5.6 この問題では,$y = x\sqrt{1 - \left(\dfrac{x}{2}\right)^2} = \dfrac{x}{2}\sqrt{4-x^2}$ と y を x で表して積分を計算することもできる.実際の計算は読者の演習とする.

問 5.2 $a > 0$ とする.サイクロイド
$$x = a(t - \sin t),\ y = a(1 - \cos t)\quad (0 \leqq t \leqq 2\pi)$$
と x 軸で囲まれた部分の面積を求めよ.

極座標による面積の計算

平面上の点の位置を表す方法として,これまで用いてきた x 座標と y 座標の組 (x, y) で表した直交座標のほかに,次のような方法がある.

平面上に点 O と半直線 OX を定めると,この平面上の点 P の位置は,OP の長さ r と OX から OP へ測った角の大きさで決まる.このとき,2 つの数の組 (r, θ) を点 P の**極座標**という.点 O を直交座標の原点,OX を x 軸の正の方向

にとると，直交座標と極座標の間には，
$$x = r\cos\theta, \quad y = r\sin\theta, \quad r^2 = x^2 + y^2$$
という関係が成り立つ．

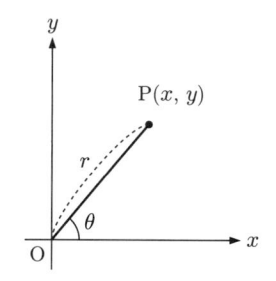

平面上の曲線が，極座標 (r,θ) の方程式で表されるとき，その方程式をこの曲線の**極方程式**という．

さて，曲線 C の極方程式を $r = f(\theta)$ とし，C 上の点 P の極座標を (r,θ) とする．ただし，$f(\theta)$ は連続とする．角 θ が $\theta = \alpha$ から $\theta = \beta$ まで増加するときに線分 OP が通過する領域の面積を S とする．

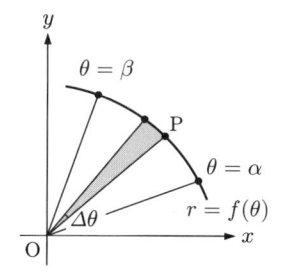

区間 $[\alpha, \beta]$ を n 等分する分割 $\Delta : \alpha = \theta_0 < \theta_1 < \cdots < \theta_n = \beta$ を与え，小区間 $[\theta_{k-1}, \theta_k]$ の 1 点を η_k とする．このとき，$\Delta\theta = \dfrac{\beta - \alpha}{n}$ とすると，曲線 $r = f(\theta)$ と $\theta = \theta_{k-1}, \theta = \theta_k$ で囲まれた扇形の面積は $\dfrac{1}{2}(f(\eta_k))^2 \Delta\theta$ と近似できる．そこで，これらの和
$$\sum_{k=1}^{n} \frac{1}{2}(f(\eta_k))^2 \Delta\theta$$
を考え，$n \to \infty$ として $[\alpha, \beta]$ の分割を一様に細かくしたときのこの和の極限

を考えると，これが S であることがわかる．したがって，
$$S = \lim_{|\Delta| \to 0} \sum_{k=1}^{n} \frac{1}{2}(f(\eta_k))^2 \Delta\theta = \frac{1}{2}\int_{\alpha}^{\beta}(f(\theta))^2 d\theta$$
を得る．

定理 5.4 曲線 C の極方程式を $r = f(\theta)$ とし，C 上の点を P の極座標を (r,θ) とする．角 θ が $\theta = \alpha$ から $\theta = \beta$ まで増加するときに線分 OP が通過する領域の面積を S とすると，$S = \dfrac{1}{2}\int_{\alpha}^{\beta} r^2\, d\theta = \dfrac{1}{2}\int_{\alpha}^{\beta}(f(\theta))^2\, d\theta$ である．

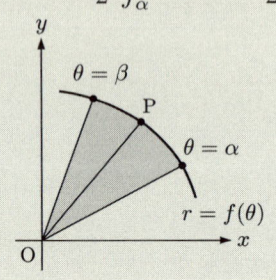

例題 5.7 極方程式 $r = \cos\dfrac{\theta}{2}$ で表された曲線の $0 \leqq \theta \leqq \dfrac{\pi}{2}$ の部分と x 軸，y 軸で囲まれた部分の面積 S を求めよ．

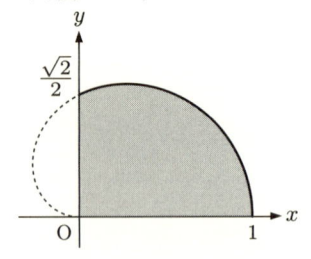

解答 $S = \dfrac{1}{2}\int_{0}^{\frac{\pi}{2}} \cos^2\dfrac{\theta}{2}\, d\theta = \dfrac{1}{4}\int_{0}^{\frac{\pi}{2}}(1 + \cos\theta)\, d\theta = \dfrac{1}{4}\Big[\theta + \sin\theta\Big]_{0}^{\frac{\pi}{2}}$
$= \dfrac{\pi}{8} + \dfrac{1}{4}$． ∎

問 5.3 $a > 0$ とする．カージオイド $r = a(1 + \cos\theta)$ $(0 \leqq \theta \leqq 2\pi)$ で囲まれた部分の面積を求めよ．

○コラム 19 (極座標における r, θ の範囲)

極座標は，上で述べたように OP の長さ r と OX から OP へ測った角の大きさの組 (r, θ) で与えられるとしたので，$r \geqq 0$ である．ただし，極方程式のように，$r < 0$ のときの極座標の点 (r, θ) は $(|r|, \theta + \pi)$ を表すこととして，$r < 0$ の場合も考えると便利な場合がある．

平面のすべての点を極座標で表すには「$r \geqq 0, 0 \leqq \theta < 2\pi$」を考えれば十分であるし，「$r \geqq 0, -\pi < \theta \leqq \pi$」としてもよい．また，平面上の領域の点を 1 通りの極座標で表すために，「$r > 0, 0 < \theta < 2\pi$」や「$r > 0, -\pi < \theta < \pi$」のときを考える場合もある (ただし，このときは，平面のすべての点を表すことができない)．

このように，状況や流儀によって r, θ の範囲が異なるので，極座標を考えるときは，r, θ の範囲に注意した方がよい．

5.2 定積分と体積

体積

面積と同様に，定積分を利用して立体の体積を求めることができる．適当な方向に x 軸を定め，それに垂直な断面で立体を切り，断面積を $S(x)$ とする．これに微小な厚さ Δx をかけて微小体積 $S(x) \cdot \Delta x$ を考え，それを足し合わせて $\Delta x \to 0$ としたものがこの立体の体積 V であると考える．したがって，$S(x)$ が x の連続関数とすると，次のことが成り立つ．

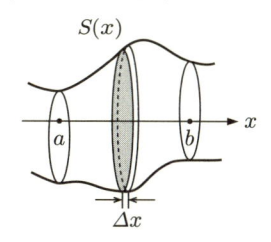

定理 5.5 与えられた立体に対して，適当な方向に x 軸を定める．x 軸に垂直で，x 軸との交点の座標が x である平面でこの立体を切ったときの断面積を $S(x)$ とすると，この立体の 2 平面 $x = a, x = b$ の間の部分の体積 V は，$V = \int_a^b S(x)\, dx$ である．

円錐の体積は「$\frac{1}{3} \times 底面積 \times 高さ$」で求まることが知られているが，$\frac{1}{3}$ を掛ける理由は，次の例題で明らかになる．

例題 5.8 底面の半径が r，高さが h である円錐の体積を求めよ．

解答 円錐の頂点を原点 O とし，頂点から底面に引いた垂線を x 軸にとる．$0 \leqq x \leqq h$ として，x 軸に垂直で，x 軸との交点の座標が x である平面でこの立体を切ったときの断面積を $S(x)$ とすると，
$$S(x) : S(h) = x^2 : h^2$$
である．$S(h) = \pi r^2$ より，$S(x) = \dfrac{\pi r^2}{h^2} x^2$ であるから，
$$V = \int_0^h \frac{\pi r^2}{h^2} x^2 \, dx = \frac{\pi r^2}{h^2} \left[\frac{x^3}{3} \right]_0^h = \frac{1}{3} \pi r^2 h.$$

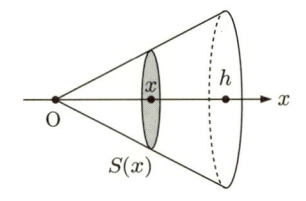

まったく同様にして，角錐の体積も求められる．

例題 5.9 中心 O，半径 r の円を底面とする円柱がある．点 O を通り，底面と $45°$ の角度で交わる平面によってこの円柱が切り取られる部分の体積を求めよ．

解答 O を原点，底面と切り取る平面との交線を x 軸とし，x 軸上の点 A を通り x 軸に垂直な平面を考え，この平面による切り口の直角二等辺三角形 ABC の面積を $S(x)$ とすると，
$$S(x) = \frac{1}{2} \mathrm{AB} \cdot \mathrm{BC} = \frac{1}{2}(r^2 - x^2).$$
よって，求める体積 V は，
$$V = \int_{-r}^r \frac{1}{2}(r^2 - x^2) \, dx = \frac{1}{2} \left[r^2 x - \frac{1}{3} x^3 \right]_{-r}^r$$

$$= \frac{1}{2}\left(r^3 - \frac{1}{3}r^3 - \left(-r^3 + \frac{1}{3}r^3\right)\right) = \frac{2}{3}r^3.$$

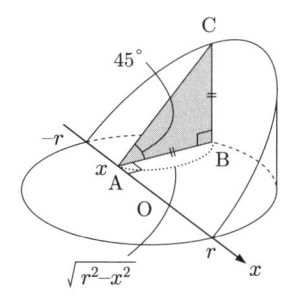

問 5.4 次の式で与えられる底面の半径が 2，高さが 1 の円柱 C を考える．
$$C = \{(x, y, z) \mid x^2 + y^2 \leqq 4,\ 0 \leqq z \leqq 1\}$$
xy 平面上の直線 $y = 1$ を含み，xy 平面と $45°$ の角をなす平面のうち，点 $(0, 2, 1)$ を通るものを H とする．円柱 C を平面 H で 2 つに分けるとき，点 $(0, 2, 0)$ を含む方の体積を求めよ． (2008 年 京都大)

例題 5.10 直交する半径 1 の円柱の共通部分の体積を求めよ．

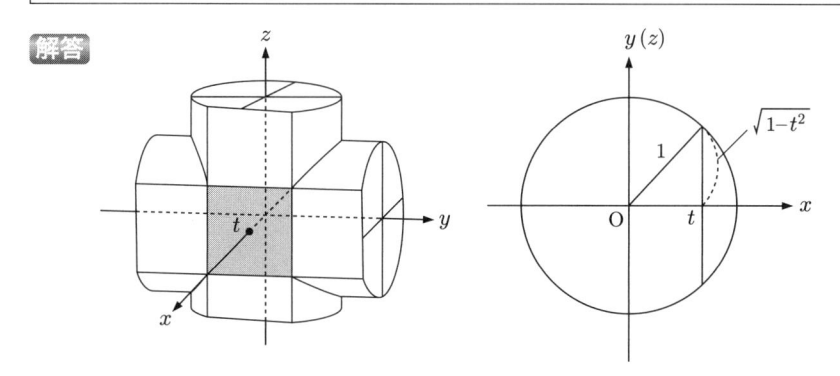

解答

2 つの円柱の中心軸は y 軸と z 軸であるとしてよい．このとき，2 つの円柱の共通部分を $x = t$ で表される平面で切ったときの切り口は，1 辺が $2\sqrt{1-t^2}$ の正方形である (上図を参照)．この正方形の面積は $2\sqrt{1-t^2}^2 = 4(1-t^2)$．よっ

て，求める体積は
$$\int_{-1}^{1} 4(1-t^2)dt = 8\left[t - \frac{t^3}{3}\right]_0^1 = \frac{16}{3}$$
である．

注意 5.7 例題 5.10 の解答は，例題 5.9 で $r=1$ としたときの解答の 8 倍になっている．

注意 5.8 直交 2 円柱の共通部分の体積を求める問題は，以前の高校の教育課程 (基礎解析) では，教科書の章末問題として載せられていた．2 次元で考えたことを 3 次元に拡張して考えることは，数学ではよく使われる考え方であるが，直交 3 円柱の共通部分の体積になるとかなりの難問になる．2002 年近畿大，2003 年芝浦工業大，2004 年名古屋市立大などで出題されているので，興味のある人は調べてみるとよい (直交する 3 円柱の半径が 1 の場合，共通部分の体積は，$16 - 8\sqrt{2}$ である)[1]．

回転体の体積

$a < b$ とし，$f(x)$ を区間 $[a,b]$ で連続な関数とする．曲線 $y = f(x)$ と x 軸，および 2 直線 $x = a, x = b$ で囲まれた部分を x 軸のまわりに 1 回転させてできる立体の体積を V とする．点 $(x,0)$ を通り x 軸に垂直な平面でこの立体を切ると，その断面は半径 $|f(x)|$ の円であり，その断面積 $S(x)$ は $\pi(f(x))^2$ に等しいから，定理 5.5 より $V = \int_a^b \pi(f(x))^2 dx$ となる．したがって，次が成り立つ．

定理 5.6 $a < b$ のとき，曲線 $y = f(x)$ と x 軸，および 2 直線 $x = a, x = b$ で囲まれた部分を x 軸のまわりに 1 回転させてできる立体の体積を V とすると，
$$V = \pi \int_a^b (f(x))^2 \, dx = \pi \int_a^b y^2 \, dx.$$

---

[1] 安田亨著 「東大数学で 1 点でも多くとる方法 −理系編 [増補版]」 pp.356–357 を参照

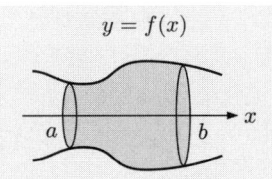

例題 5.11 曲線 $y = \cos x$ $\left(0 \leqq x \leqq \dfrac{\pi}{2}\right)$ と x 軸および y 軸で囲まれた部分を，x 軸のまわりに 1 回転してできる立体の体積 V を求めよ．

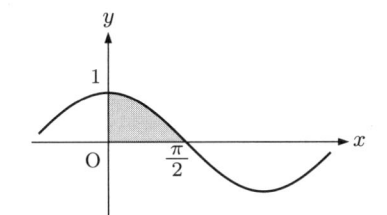

解答

$$V = \pi \int_0^{\frac{\pi}{2}} \cos^2 x \, dx = \pi \int_0^{\frac{\pi}{2}} \frac{1 + \cos 2x}{2} \, dx = \frac{\pi}{2} \left[x + \frac{\sin 2x}{2} \right]_0^{\frac{\pi}{2}} = \frac{\pi^2}{4}.$$

例題 5.12 半径 r の球の体積 V を求めよ．

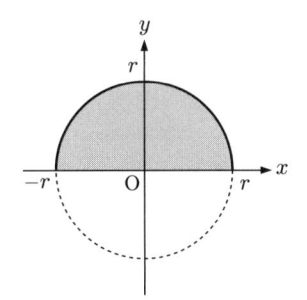

解答

半径 r の球は，半円 $y = \sqrt{r^2 - x^2}$ と x 軸で囲まれた部分が，x 軸のまわりに 1 回転するとできるので，求める体積 V は，

$$V = \pi \int_{-r}^{r} y^2 \, dx = \pi \int_{-r}^{r} (r^2 - x^2) \, dx = 2\pi \int_0^r (r^2 - x^2) \, dx$$

$$= 2\pi \left[r^2 x - \frac{x^3}{3} \right]_0^r = 2\pi \left(r^3 - \frac{r^3}{3} \right) = \frac{4}{3}\pi r^3.$$

例題 5.13 $0 < r < b$ とする．円 $x^2 + (y-b)^2 = r^2$ を x 軸のまわりに 1 回転してできる立体の体積 V を求めよ．

解答 方程式 $x^2 + (y-b)^2 = r^2$ を y について解くと，$y = b \pm \sqrt{r^2 - x^2}$．半円 $y = b + \sqrt{r^2 - x^2}$ と x 軸および 2 直線 $x = r, x = -r$ で囲まれた部分を x 軸のまわりに 1 回転してできる立体の体積を V_1，半円 $y = b - \sqrt{r^2 - x^2}$ と x 軸および 2 直線 $x = r, x = -r$ で囲まれた部分を x 軸のまわりに 1 回転してできる立体の体積を V_2 とすると，求める体積 V は，

$$V = V_1 - V_2 = \pi \int_{-r}^{r} (b + \sqrt{r^2 - x^2})^2 \, dx - \pi \int_{-r}^{r} (b - \sqrt{r^2 - x^2})^2 \, dx$$

$$= 4\pi b \int_{-r}^{r} \sqrt{r^2 - x^2} \, dx = 4\pi b \cdot \frac{\pi}{2} r^2 = 2\pi^2 r^2 b$$

(定積分 $\int_{-r}^{r} \sqrt{r^2 - x^2} \, dx$ は，原点を中心とする半径 r の半円の面積を表し，その値が $\frac{\pi}{2} r^2$ であることを用いた)．

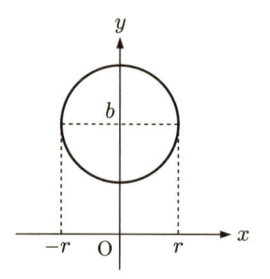

注意 5.9 例題 5.13 の立体を円環体 (トーラス) という．また，この体積は，円の面積 πr^2 と円の重心，すなわち円の中心が x 軸のまわりに描く円の周の長さ $2\pi b$ の積に等しくなっている (パップス・ギュルダンの原理)．

定理 5.6 において，x と y の役割を入れ替えることによって，次のことが成り立つ．

定理 5.7　$a < b$ のとき，曲線 $x = g(y)$ と y 軸および 2 直線 $y = a, y = b$ で囲まれた部分を y 軸のまわりに 1 回転してできる立体の体積を V とすると，

$$V = \pi \int_a^b (g(y))^2 \, dy = \pi \int_a^b x^2 \, dy$$

(ただし，$g(y)$ は $a \leqq y \leqq b$ で連続とする)．

例題 5.14　放物線 $y = \dfrac{1}{2}x^2$ と直線 $y = 3$ とで囲まれた図形を y 軸のまわりに 1 回転してできる立体の体積を求めよ．

解答　$V = \pi \displaystyle\int_0^3 x^2 \, dy = \pi \int_0^3 2y \, dy = \pi \left[y^2 \right]_0^3 = 9\pi.$

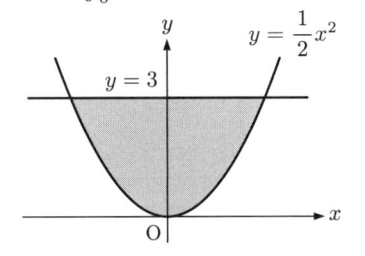

注意 5.10　定理 5.7 において，被積分関数を y で表すことが難しい場合もあるが，そのときには，置換積分を行って，$V = \pi \displaystyle\int_\alpha^\beta x^2 \dfrac{dy}{dx} \, dx$ として計算するか，後で出てくる例題 5.17 のように $V = 2\pi \displaystyle\int_\alpha^\beta x f(x) \, dx$ (バウムクーヘン分割) となることを用いると解決できることがある．

問 5.5　放物線 $y = x^2$ と直線 $y = x$ とで囲まれた図形を x 軸のまわりに 1 回転してできる立体の体積を求めよ．

いろいろな体積の計算

例題 5.15（媒介変数で表された曲線と体積） $a > 0$ とする．サイクロイド
$$x = a(t - \sin t),\ y = a(1 - \cos t) \quad (0 \leqq t \leqq 2\pi)$$
と x 軸とで囲まれた部分を x 軸のまわりに 1 回転してできる立体の体積を求めよ．

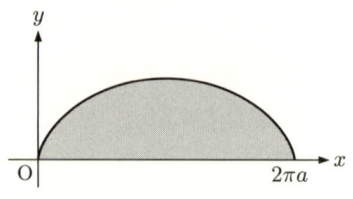

解答 $V = \pi \displaystyle\int_0^{2\pi a} y^2\, dx$ であり，$x = a(t - \sin t)$ より $dx = a(1 - \cos t)\, dt$.

x	$0 \to 2\pi a$
t	$0 \to 2\pi$

よって，
$$V = \pi \int_0^{2\pi} a^2(1 - \cos t)^2 \cdot a(1 - \cos t)\, dt = \pi a^3 \int_0^{2\pi} (1 - \cos t)^3\, dt$$
$$= \pi a^3 \int_0^{2\pi} (1 - 3\cos t + 3\cos^2 t - \cos^3 t)\, dt.$$

ここで，
$$\int_0^{2\pi} dt = 2\pi,\ \int_0^{2\pi} \cos t\, dt = \Big[\sin t\Big]_0^{2\pi} = 0$$
$$\int_0^{2\pi} \cos^2 t\, dt = \int_0^{2\pi} \frac{1 + \cos 2t}{2}\, dt = \left[\frac{t}{2} + \frac{\sin 2t}{4}\right]_0^{2\pi} = \pi$$
$$\int_0^{2\pi} \cos^3 t\, dt = \int_0^{2\pi} (1 - \sin^2 t)\cos t\, dt = \left[\sin t - \frac{\sin^3 t}{3}\right]_0^{2\pi} = 0$$

であるから，$V = \pi a^3(2\pi - 0 + 3\pi - 0) = 5\pi^2 a^3$.

ここまでの例は，回転させる部分が回転軸をまたいでいなかった．回転させる部分が回転軸をまたいでいる場合には，回転させる部分を回転軸の一方に集めて（たとえば回転軸が x 軸の場合には，x 軸より下側の部分を対称に上側に

折り返すことによって）考えればよいが，次の例のように計算は面倒になることが多い．

例題 5.16 放物線 $y = 2x^2 - 4x$ と直線 $y = 2x$ とで囲まれた部分を x 軸のまわりに 1 回転してできる立体の体積を求めよ．　　　　　(2010 年　駒澤大)

解答　求める立体の体積は，図の網目部分を x 軸のまわりに 1 回転してできる立体の体積なので，

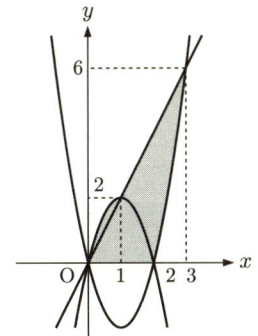

$$V = \pi \int_0^1 (4x - 2x^2)^2 \, dx + \left(\frac{1}{3} \cdot 6^2 \pi \cdot 3 - \frac{1}{3} \cdot 2^2 \pi \cdot 1\right)$$
$$- \pi \int_2^3 (2x^2 - 4x)^2 \, dx$$
$$= 4\pi \int_0^1 (x^4 - 4x^3 + 4x^2) \, dx + \frac{104}{3}\pi - 4\pi \int_2^3 (x^4 - 4x^3 + 4x^2) \, dx$$
$$= 4\pi \left[\frac{x^5}{5} - x^4 + \frac{4}{3}x^3\right]_0^1 + \frac{104}{3}\pi - 4\pi \left[\frac{x^5}{5} - x^4 + \frac{4}{3}x^3\right]_2^3$$
$$= 4\pi \left(\frac{1}{5} - 1 + \frac{4}{3}\right) + \frac{104}{3}\pi - 4\pi \left(\frac{243}{5} - 81 + 36 - \frac{32}{5} + 16 - \frac{32}{3}\right)$$
$$= \left(112 + 40 + \frac{128}{3} - \frac{840}{5}\right)\pi = \left(152 + \frac{128}{3} - 168\right)\pi = \frac{80}{3}\pi. \quad\blacksquare$$

例題 5.17（「バウムクーヘン分割」）　$f(x) = \pi x^2 \sin \pi x^2$ とする．$y = f(x)$ のグラフの $0 \leqq x \leqq 1$ の部分と x 軸で囲まれた図形を y 軸のまわりに回転させてできる立体の体積 V は $V = 2\pi \int_0^1 x f(x) \, dx$ で与えられることを示し，この値を求めよ．　　　　　(1989 年　東京大)

解答

右図の網目部分を y 軸のまわりに回転して得られる円筒形の体積 ΔV は, $\Delta x \fallingdotseq 0$ のとき, 底面の半径 x で高さ $f(x)$ の円筒の側面積 $2\pi x \cdot f(x)$ に円筒の厚み Δx を掛けたもの, すなわち $\Delta V \fallingdotseq 2\pi x f(x) \Delta x$ とみなすことができる. $\Delta x \to 0$ として, $0 \leqq x \leqq 1$ にわたって ΔV を加えたものが V であるから,

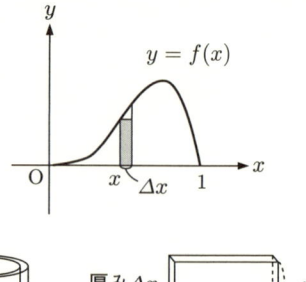

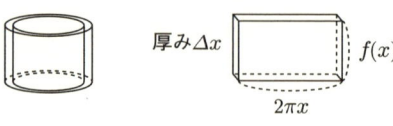

$$V = 2\pi \int_0^1 x f(x)\, dx$$

である. したがって, $V = 2\pi \displaystyle\int_0^1 \pi x^3 \sin \pi x^2\, dx$ であり, $\pi x^2 = t$ とおくと,

$$V = \int_0^\pi t \sin t\, dt = \Big[-t \cos t\Big]_0^\pi + \int_0^\pi \cos t\, dt = \pi + \Big[\sin t\Big]_0^\pi = \pi.$$

参考問題 (立方体の回転)　座標空間内で, $O(0,0,0)$, $A(1,0,0)$, $B(1,1,0)$, $C(0,1,0)$, $D(0,0,1)$, $E(1,0,1)$, $F(1,1,1)$, $G(0,1,1)$ を頂点にもつ立方体を考える. この立方体を対角線 OF を軸にして回転させて得られる回転体の体積を求めよ.　　　　　　　　　　　　　　　　(2010 年　京都大)

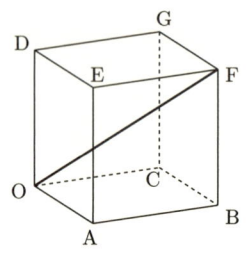

この問題は, どんな立体ができるのかが想像できるかという点でも興味深い. 回転軸に垂直な断面で切った切り口の図形で, 回転軸から最も遠い点との距離を考える. 1993 年に東京工大, 1988 年に東京理科大, 1998 年に慶應大でも誘導付きで出題されている有名問題である. 解答は読者の演習とする (答え

は $\frac{\sqrt{3}}{3}\pi$).

○コラム 20 (斜回転体)

いままで考えてきた回転体は，回転軸が x 軸や y 軸など座標軸に平行な直線であったが，回転軸が座標軸に平行でない場合の回転体 (ここでは「斜回転体」と呼ぶ) も考えることができ，1980~1990 年代の大学入試によく出題された.

直線 $y = mx$ と x 軸の正の部分とのなす角を θ とする．曲線 $y = f(x)$ に対して, $f(x) = mx$ の解が 0 と $a(> 0)$ だけのとき，直線 $y = mx$ と曲線 $y = f(x)$ で囲まれた図形を直線 $y = mx$ のまわりに 1 回転してできる立体の体積は，次のように求められる．

図の網目部分 ($y = mx$ と $y = f(x)$ の間の x から $x + \Delta x$ までの部分) を回転させた厚さ Δx の傘形の部分を PQ に沿って切ってできる半径が PQ, 弧の長さが $2\pi \text{PH} = 2\pi \text{PQ} \cos\theta$ の扇形，厚さ Δx の立体で近似すると，微小体積 ΔV は

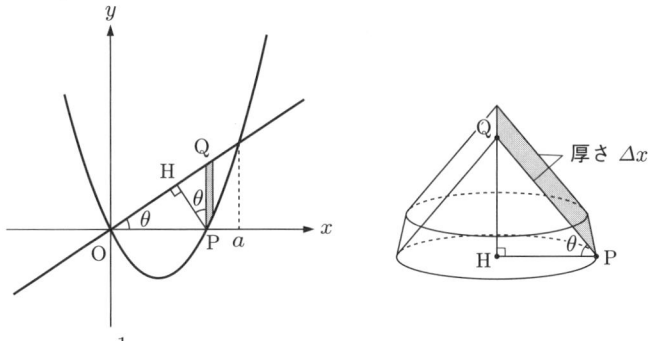

$$\Delta V = \frac{1}{2}\text{PQ} \cdot 2\pi \text{PQ}\cos\theta \Delta x = \pi \cos\theta \, (f(x) - mx)^2 \, \Delta x$$

なので，$V = \pi \cos\theta \int_0^a (f(x) - mx)^2 \, dx$ となる．

たとえば，直線 $y = x$ と放物線 $y = x^2$ によって囲まれる図形を直線 $y = x$ のまわりに 1 回転してできる立体の体積を求めてみると次のようになる (2009 年山梨大などで出題).

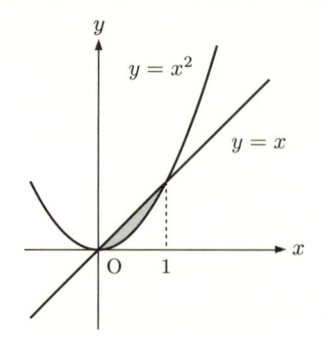

直線と放物線の交点の x 座標は $0,1$ であり，直線 $y=x$ と x 軸の正の部分とのなす角は $\dfrac{\pi}{4}$ なので，

$$V = \pi \cos\dfrac{\pi}{4} \int_0^1 (x-x^2)^2\, dx = \dfrac{1}{\sqrt{2}}\pi \int_0^1 (x^4 - 2x^3 + x^2)\, dx$$

$$= \dfrac{1}{\sqrt{2}}\pi \left[\dfrac{x^5}{5} - \dfrac{x^4}{2} + \dfrac{x^3}{3}\right]_0^1$$

$$= \dfrac{\sqrt{2}}{2}\pi \left(\dfrac{1}{5} - \dfrac{1}{2} + \dfrac{1}{3}\right) = \dfrac{\sqrt{2}}{60}\pi.$$

注意 5.11 上図の斜回転体の体積は，$V = \pi\cos\theta \int_a^b (f(x) - mx)^2\, dx$ で与えられるが，これは図の領域 D を x 軸のまわりに 1 回転してできる立体の体積の $\cos\theta$ 倍に等しくなっている．

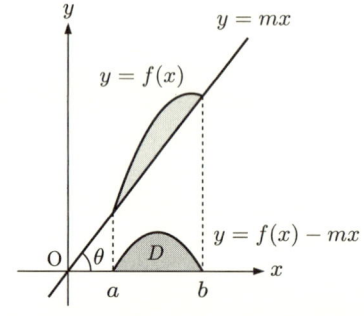

○コラム 21 (表面積の公式)

回転体の体積を求める公式はすでに導いたが，回転体の表面積を求める公式はあるのだろうか？　区間 $a \leqq x \leqq b$ において $f(x)$ が微分可能で，$f(x) \geqq 0$ であるとき，曲

線 $y = f(x)$ と x 軸とで囲まれた部分を x 軸のまわりに回転させてできる立体の微小区間 $[x, x+\Delta x]$ での側面積 ΔS は，この区間での微小な弧長 $\Delta l = \sqrt{1+(f'(x))^2}\Delta x$ を用いて

$$\Delta S \fallingdotseq 2\pi f(x)\Delta l = 2\pi f(x)\sqrt{1+(f'(x))^2}\Delta x.$$

これを $a \leqq x \leqq b$ にわたって加えて $\Delta x \to 0$ としたものがこの立体の側面積 S なので，

$$S = 2\pi \int_a^b f(x)\sqrt{1+(f'(x))^2}\,dx$$

である．これを用いて，半径 r の球面の表面積を計算してみよう．半径 r の球面は，曲線 $y = \sqrt{r^2 - x^2}$ $(-r \leqq x \leqq r)$ を x 軸のまわりに回転させてできる立体なので，

$$\begin{aligned}
S &= 2\pi \int_{-r}^r \sqrt{r^2-x^2}\sqrt{1+\left(\frac{-x}{\sqrt{r^2-x^2}}\right)^2}\,dx \\
&= 2\pi \int_{-r}^r \sqrt{r^2-x^2}\frac{r}{\sqrt{r^2-x^2}}\,dx \\
&= 4\pi r \int_0^r dx = 4\pi r[x]_0^r = 4\pi r^2.
\end{aligned}$$

5.3 曲線の長さ

平面上で 2 点 $A(a,b)$, $B(c,d)$ 間の距離 (最短距離) が，

$$AB = \sqrt{(c-a)^2 + (d-b)^2}$$

で与えられることは，すでに学んでいる．それでは，たとえば原点 O から点 $A(1,0)$ までの放物線 $y = x^2$ の長さのように，曲線の長さというのは求めることができるのであろうか？ これについても，定積分の考え方を使って求めることができる場合がある．

いま，曲線 C の方程式が媒介変数 t を用いて $x = f(t), y = g(t)$ $(\alpha \leqq t \leqq \beta)$ と表され，$f(t), g(t)$ の導関数が連続であるとする．このとき，この曲線の長さを L とする．

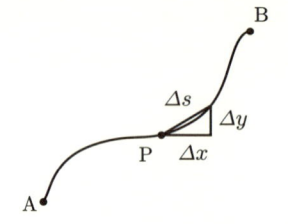

$A(\alpha, f(\alpha))$, $B(\beta, f(\beta))$ とし，点 A から点 $P(t, f(t))$ までの曲線の長さを t の関数と考えて $s(t)$ で表す．t の増分 Δt に対する $s(t), x(t), y(t)$ の増分をそれぞれ $\Delta s, \Delta x, \Delta y$ とすると，

$$\Delta t \fallingdotseq 0 \text{ のとき} \quad \Delta s \fallingdotseq \sqrt{(\Delta x)^2 + (\Delta y)^2} \tag{5.2}$$

と考えることができる．

点 P が曲線上を A から B に向かって動くとき，$s(t)$ は単調増加で，Δt と Δs は同符号である．よって，(5.2)から

$$\frac{\Delta s}{\Delta t} \fallingdotseq \sqrt{\left(\frac{\Delta x}{\Delta t}\right)^2 + \left(\frac{\Delta y}{\Delta t}\right)^2} \quad \text{すなわち} \quad \Delta s \fallingdotseq \sqrt{\left(\frac{\Delta x}{\Delta t}\right)^2 + \left(\frac{\Delta y}{\Delta t}\right)^2} \Delta t. \tag{5.3}$$

この微小な長さ Δs を $t = \alpha$ から $t = \beta$ まで足し合わせて $\Delta t \to 0$ としたものが L だから，

$$L = \int_\alpha^\beta \sqrt{\left(\frac{dx}{dt}\right)^2 + \left(\frac{dy}{dt}\right)^2} dt.$$

以上より，次の定理が成り立つ．

定理 5.8 曲線 $x = f(t), y = g(t)$ $(\alpha \leqq t \leqq \beta)$ の長さ L は，

$$L = \int_\alpha^\beta \sqrt{\left(\frac{dx}{dt}\right)^2 + \left(\frac{dy}{dt}\right)^2} dt = \int_\alpha^\beta \sqrt{(f'(t))^2 + (g'(t))^2} \, dt$$

である．

例 5.1
原点中心，半径 r の円の媒介変数表示は，
$$x = r\cos t, \ y = r\sin t \quad (0 \leqq t \leqq 2\pi)$$
である．

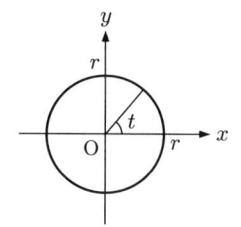

$\dfrac{dx}{dt} = -r\sin t,\ \dfrac{dy}{dt} = r\cos t$ であるから，この円の周の長さ L は，

$$L = \int_0^{2\pi} \sqrt{(-r\cos t)^2 + (r\sin t)^2}\, dt = \int_0^{2\pi} \sqrt{r^2(\cos^2 t + \sin^2 t)}\, dt$$
$$= \int_0^{2\pi} r\, dt = r[t]_0^{2\pi} = 2\pi r.$$

また，曲線の方程式が $y = f(x)\ (a \leqq x \leqq b)$ の形で与えられている場合は，
$$x = t,\ y = f(t) \quad (a \leqq x \leqq b)$$
と考えると，
$$\frac{dx}{dt} = 1,\quad \frac{dy}{dt} = \frac{dy}{dx} \cdot \frac{dx}{dt} = \frac{dy}{dx}$$
であるから，次の定理が成り立つ．

定理 5.9 曲線 $y = f(x)\ (a \leqq x \leqq b)$ の長さ L は，
$$L = \int_a^b \sqrt{1 + \left(\frac{dy}{dx}\right)^2}\, dx = \int_a^b \sqrt{1 + (y')^2}\, dx$$
である．

例 5.2 曲線 $y = \dfrac{1}{2}(e^x + e^{-x})\ (0 \leqq x \leqq 1)$ の長さ L は，
$$L = \int_0^1 \sqrt{1 + (y')^2}\, dx = \int_0^1 \sqrt{1 + \left(\frac{1}{2}(e^x - e^{-x})\right)^2}\, dx$$
$$= \int_0^1 \frac{1}{2}(e^x + e^{-x})\, dx = \frac{1}{2}[e^x - e^{-x}]_0^1 = \frac{1}{2}\left(e - \frac{1}{e}\right).$$

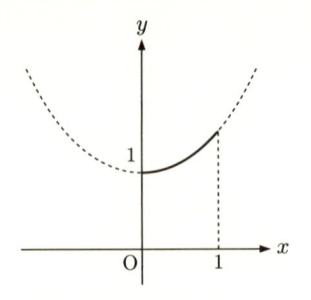

問 5.6 $a > 0$ とする. サイクロイド $x = a(t - \sin t), y = a(1 - \cos t)$ の $0 \leqq t \leqq 2\pi$ の部分の弧の長さを求めよ.

さらに, 極座標における曲線の長さを求める公式も作ることができる.

定理 5.10 極方程式 $r = r(\theta)$ で表される曲線の $\alpha \leqq \theta \leqq \beta$ における曲線の長さ L は,

$$L = \int_\alpha^\beta \sqrt{r^2 + \left(\frac{dr}{d\theta}\right)^2} d\theta$$

である.

証明 定理 5.8 において $x = r(\theta) \cos\theta$, $y = r(\theta) \sin\theta$ とおくと,
$\dfrac{dx}{d\theta} = \dfrac{dr}{d\theta} \cos\theta - r \sin\theta$, $\dfrac{dy}{d\theta} = \dfrac{dr}{d\theta} \sin\theta + r \cos\theta$ より,

$$\left(\frac{dx}{d\theta}\right)^2 + \left(\frac{dy}{d\theta}\right)^2 = \left(\frac{dr}{d\theta}\right)^2 (\sin^2\theta + \cos^2\theta) + r^2(\sin^2\theta + \cos^2\theta)$$
$$= \left(\frac{dr}{d\theta}\right)^2 + r^2.$$

よって, 定理 5.8 より,

$$L = \int_\alpha^\beta \sqrt{\left(\frac{dx}{d\theta}\right)^2 + \left(\frac{dy}{d\theta}\right)^2} d\theta = \int_\alpha^\beta \sqrt{r^2 + \left(\frac{dr}{d\theta}\right)^2} d\theta.$$

問 5.7 極方程式 $r = 1 + \cos\theta$ $(0 \leqq \theta \leqq \pi)$ で表される曲線の長さを求めよ.

5.3 曲線の長さ

不定積分 $\int \sqrt{x^2+a}\,dx$ について

曲線の長さを求めることは，被積分関数が根号を含む形になるので，一般には簡単ではない．たとえば，放物線 $y=x^2$ の $0 \leqq x \leqq 1$ の部分の長さを求めることも難しい．

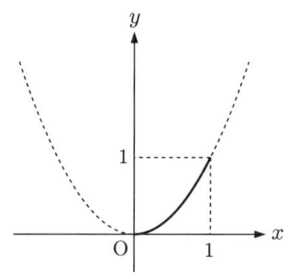

この場合は，$L = \int_0^1 \sqrt{1+4x^2}\,dx$ を計算することになるが，不定積分 $\int \sqrt{x^2+a}\,dx$ を計算することは，高校生にとっては容易ではない (定理 4.7(9) を参照)．なお，この積分が誘導付きで大学入試で出題されることがある．

例題 5.18 微分して，$\dfrac{d}{dx}\log\left(2x+\sqrt{4x^2+1}\right) = \dfrac{\boxed{}}{\sqrt{4x^2+1}}$

$\dfrac{d}{dx}(x\sqrt{4x^2+1}) = 2\sqrt{4x^2+1} - \dfrac{\boxed{}}{\sqrt{4x^2+1}}$

これを利用すれば，$\int_0^1 \sqrt{4x^2+1}\,dx = \boxed{}$ である．

(2010 年　同志社大)

解答 $\dfrac{d}{dx}\log\left(2x+\sqrt{4x^2+1}\right) = \dfrac{1}{2x+\sqrt{4x^2+1}} \cdot \left(2 + \dfrac{4x}{\sqrt{4x^2+1}}\right)$

$= \dfrac{1}{2x+\sqrt{4x^2+1}} \cdot \dfrac{2\sqrt{4x^2+1}+4x}{\sqrt{4x^2+1}}$

$= \dfrac{2}{\sqrt{4x^2+1}}.$ \hfill (5.4)

$\dfrac{d}{dx}\left(x\sqrt{4x^2+1}\right) = \sqrt{4x^2+1} + x \cdot \dfrac{4x}{\sqrt{4x^2+1}}$

$$= \frac{4x^2 + 1 + 4x^2}{\sqrt{4x^2 + 1}}$$
$$= \frac{2(4x^2 + 1) - 1}{\sqrt{4x^2 + 1}}$$
$$= 2\sqrt{4x^2 + 1} - \frac{1}{\sqrt{4x^2 + 1}}. \tag{5.5}$$

$(5.4) + (5.5) \times 2$ より
$$\frac{d}{dx}\left(\log\left(2x + \sqrt{4x^2 + 1}\right) + 2x\sqrt{4x^2 + 1}\right) = 4\sqrt{4x^2 + 1}.$$

よって，
$$\int_0^1 \sqrt{4x^2 + 1}\, dx = \left[\frac{1}{4}\log\left(2x + \sqrt{4x^2 + 1}\right) + \frac{1}{2}x\sqrt{4x^2 + 1}\right]_0^1$$
$$= \frac{\sqrt{5}}{2} + \frac{1}{4}\log\left(2 + \sqrt{5}\right).$$

注意 5.12 例題 5.18 の積分は，$x = \frac{1}{2}\tan\theta$ と置換しても求めることができる．実際の計算は読者の演習とする．

練習問題

1. 座標平面上で，点 $(1, 2)$ を通り傾き a の直線と放物線 $y = x^2$ によって囲まれる部分の面積を $S(a)$ とする．a が $0 \leqq a \leqq 6$ の範囲を変化するとき，$S(a)$ を最小にするような a の値を求めよ．

   (2010 年 京都大 他類題多数)

2. 2 曲線 $y = \sin x$, $y = \sin 2x$ $(0 \leqq x \leqq \pi)$ がある．
   (1) この 2 曲線で囲まれた図形の面積 S を求めよ．
   (2) この 2 曲線で囲まれた図形を x 軸のまわりに 1 回転してできる立体の体積 V を求めよ． (2001 年 東京農業大)

3. 原点から曲線 $C: y = \log 3x$ に引いた接線と曲線 C および x 軸で囲まれた図形の面積を求めよ．

4. 曲線 $\sqrt{x}+\sqrt{y}=1$ と x 軸および y 軸とで囲まれた図形を D とするとき，次の各問いに答えよ．
   (1) D の面積を求めよ．
   (2) D を x 軸のまわりに 1 回転してできる立体の体積を求めよ．

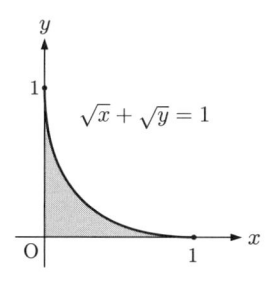

5. 前問の曲線は，$x=\cos^4\theta, y=\sin^4\theta\ \left(0\leqq\theta\leqq\dfrac{\pi}{2}\right)$ と媒介変数表示できる．このことを用いて，前問と同じ問いに答えよ．

6. 底面の半径が 10 の円筒状の容器に水が入っている．水がこぼれ始めるぎりぎりまで容器を傾けたところ，容器は鉛直方向に対し 60° 傾き，水面は底面の中心を通った．水の量を求めよ．

(1996 年　東京都立大　前半の問いを削除)

7. 曲線 $x=\sin\theta, y=\sin 2\theta\ \left(0\leqq\theta\leqq\dfrac{\pi}{2}\right)$ と x 軸とで囲まれた図形 D とするとき，次の各問いに答えよ．
   (1) D の面積を求めよ．
   (2) D を x 軸のまわりに 1 回転してできる立体の体積を求めよ．

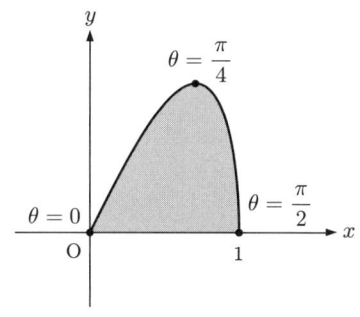

8. xyz 空間内に半径と高さがともに 1 である直円柱があり，この直円柱の下底は xy 平面上にあって，その中心は原点と一致している．点 P，点 Q は点 A(1, 0, 1)，点 B(0, 1, 0) を出発し，それぞれ上底，下底の周上を同じ方向に線分 PQ の長さを変えないで 1 回転するものとする．このとき，線分 PQ が通過してできる曲面と，上底，下底で囲まれる立体の体

積を求めよ． (2002年 京都大)

9. 曲線 $y = \dfrac{2}{3}\sqrt{x^3}$ $(0 \leqq x \leqq 8)$ の長さを求めよ．

10. (1) $x \geqq 0$ で定義された関数 $y = \log\left(x + \sqrt{1+x^2}\right)$ について，導関数 $f'(x)$ を求めよ．
    (2) 極方程式 $r = \theta$ $(\theta \geqq 0)$ で定義される曲線の，$0 \leqq \theta \leqq \pi$ の部分の長さを求めよ． (2002年 京都大)

11. 次の問に答えよ．(1) において log は自然対数である．
    (1) a を定数とするとき，$\log\left|x + \sqrt{x^2+a}\right|$ を微分せよ．
    (2) 次の定積分を求めよ．$\displaystyle\int_2^3 \sqrt{x^2-4}\,dx$ (2008年 島根大 改)

問と練習問題の解答

第1章

問 1.1 ε を任意の正の数とする. $\{a_n\}$ が 0 に収束することから, ある自然数 m が存在して, その m 以上のすべての自然数 n に対して $|a_n| < \varepsilon$ が成立する. このとき, $m+1$ 以上のすべての自然数 n に対して, $m \leqq n-1 < n+1$ であることから, $|b_n| = |a_{n+1}| < \varepsilon$ および $|c_n| = |a_{n-1}| < \varepsilon$ が成立する. したがって, $\{b_n\}$ および $\{c_n\}$ は 0 に収束する.

問 1.2 条件より, ある自然数 m が存在して, m 以上のすべての自然数 n に対して $a_n = b_n$ が成立する. $\{a_n\}$ が 0 に収束すると仮定すると, 任意の $\varepsilon > 0$ に対して, 自然数 l が存在して, l 以上のすべての自然数 n に対して $|a_n| < \varepsilon$ が成立する. m と l の大きい方を $\max\{m,l\}$ と表すと, 自然数 $\max\{m,l\}$ 以上のすべての自然数 n に対して $a_n = b_n$ かつ $|a_n| < \varepsilon$ であるので, $|b_n| < \varepsilon$ が成立する. よって $\{b_n\}$ も 0 に収束する.

問 1.3 $a_n' = a_{n+m}, b_n' = b_{n+m}$ として数列 $\{a_n'\}, \{b_n'\}$ を定義すると, 問 1.1 を繰り返し使うことにより, $\{a_n'\}$ が 0 に収束することがわかる. また $0 \leqq b_n' \leqq a_n'$ がすべての自然数で成立するので, 定理 1.2 を用いると, $\{b_n'\}$ が 0 に収束する. 再び問 1.1 を繰り返し使うことによって, $\{b_n\}$ が 0 に収束することがわかる.

問 1.4 (1) $\displaystyle\lim_{n\to\infty} \frac{1}{n} = 0$ であることはすでに示した. これと定理 1.1 の 2 により, $\displaystyle\lim_{n\to\infty} \frac{3}{n} = 0$ が成り立つことは明らかである.

(2) 任意の自然数 n に対して $0 \leqq \dfrac{1}{n^2} \leqq \dfrac{1}{n}$ が成立している. $\displaystyle\lim_{n\to\infty} \frac{1}{n} = 0$ と定理 1.2 を用いることで $\displaystyle\lim_{n\to\infty} \frac{1}{n^2} = 0$ が示される.

(3) (1), (2) および定理 1.1 の 1 により明らかである.

(4) 例題 1.1 と同様にして $h = \dfrac{1}{t} - 1$ とおくと $h > 0$ であり，
$$\left(\frac{1}{t}\right)^n = (1+h)^n = 1 + nh + {}_nC_2 h^2 + \cdots + nh^{n-1} + h^n$$
$$> {}_nC_2 h^2 = \frac{n(n-1)}{2} h^2$$
すなわち $n \geqq 2$ となるすべての自然数に対して $0 < nt^n < \dfrac{2}{(n-1)h^2}$ がいえる．これと $\displaystyle\lim_{n\to\infty} \dfrac{2}{(n-1)h^2} = 0$ に対しておよび定理 1.2 を用いることで $\displaystyle\lim_{n\to\infty} nt^n = 0$ が示される．

問 1.5 (1) $\displaystyle\lim_{n\to\infty} a_n = \alpha$, $\displaystyle\lim_{n\to\infty} b_n = \beta$ とすると，定義から $\displaystyle\lim_{n\to\infty}(a_n - \alpha) = 0$, $\displaystyle\lim_{n\to\infty}(b_n - \beta) = 0$ がいえ，定理 1.1 より $\displaystyle\lim_{n\to\infty}((a_n - \alpha) + (b_n - \beta)) = 0$, すなわち $\displaystyle\lim_{n\to\infty}((a_n + b_n) - (\alpha + \beta)) = 0$ となるので，再び定義から $\displaystyle\lim_{n\to\infty}(a_n + b_n) = \alpha + \beta$ がいえる．

(2) $\displaystyle\lim_{n\to\infty} a_n = \alpha$ とすると，定義から $\displaystyle\lim_{n\to\infty}(a_n - \alpha) = 0$ がいえ，定理 1.1 より $\displaystyle\lim_{n\to\infty} M(a_n - \alpha) = 0$, すなわち $\displaystyle\lim_{n\to\infty}(Ma_n - M\alpha) = 0$ となるので，再び定義から $\displaystyle\lim_{n\to\infty} Ma_n = M\alpha$ がいえる．

問 1.6 前者については，$\displaystyle\lim_{n\to\infty} \dfrac{1}{b_n} = \dfrac{1}{\beta}$ に定理 1.3 の (3) を用いることで，(4) が示されるからである．また後者については，$\beta \neq 0$ であるので，正の数として $\dfrac{|\beta|}{2}$ を選ぶと，$b_n \to \beta$ より，次を満たす自然数 m が存在する．
$$n \geqq m \implies |b_n - \beta| < \frac{|\beta|}{2}.$$
これに $|\beta| - |b_n| \leqq |b_n - \beta|$ を用いると，$n \geqq m \implies \dfrac{|\beta|}{2} < |b_n|$ が示される．

問 1.7 (1) 1 (2) -1 (3) 0 (4) $\dfrac{4}{3}$ (5) $+\infty$ (6) $\dfrac{1}{3}$

問 1.8 $\{a_n\}$ の一般項を求めると，

(i) $p \neq 1$ のとき，$a_n = \left(a - \dfrac{q}{1-p}\right) p^{n-1} + \dfrac{q}{1-p}$

(ii) $p = 1$ のとき，$a_n = a + (n-1)q$

となる．したがって，

$|p|<1$ のとき $\lim_{n\to\infty} a_n = \dfrac{q}{1-p}$

$p=1, q=0$ のとき $\lim_{n\to\infty} a_n = a$

これ以外のとき $\{a_n\}$ は発散する.

この問題は一般項を求めずに解くことも可能である. $\lim_{n\to\infty} a_n$ の存在性は後で示すことにし, まずは $\lim_{n\to\infty} a_n$ がどんな値であるか当たりをつける. $x = \lim_{n\to\infty} a_n$ とすると, $a_{n+1} = pa_n + q$ に対して $n \to \infty$ とすることで $x = px + q$ が得られる. $p=1$ のときは上と同様に処理する. $p \neq 1$ のとき $x = \dfrac{q}{1-p}$ となるが, $\{a_n\}$ が本当に $\dfrac{q}{1-p}$ に収束するかどうかを見ていく.

$$\left|a_{n+1} - \frac{q}{1-p}\right| = |p| \cdot \left|a_n - \frac{q}{1-p}\right| = \cdots = |p|^n \cdot \left|a_1 - \frac{q}{1-p}\right|$$

であるので, $\{a_n\}$ は $|p|<1$ のとき収束し, $\lim_{n\to\infty} a_n = \dfrac{q}{1-p}$, $|p| \geqq 1$ のとき発散することがわかる.

問 1.9 まず (1)⇒(2) を示す. $0 < \varepsilon < \lambda$ を満たす任意の ε に対して, 正の数 $M\varepsilon$ に対して (1) を用いると, ある自然数 m が存在して
$$n \geqq m \Rightarrow |a_n - \alpha| < M\varepsilon$$
がいえる. よって (2) は示された.

次に (2)⇒(1) を示す. $0 < \varepsilon$ を満たす任意の ε に対して, $\dfrac{\varepsilon}{M+1}$ と $\dfrac{\lambda}{2}$ の小さい方を ε' とおくと, $0 < \varepsilon' < \lambda$ であるので, (2) よりある自然数 m が存在して,
$$n \geqq m \Rightarrow |a_n - \alpha| < M\varepsilon'$$
がいえる. ここで $M\varepsilon' \leqq M\dfrac{\varepsilon}{M+1} < \varepsilon$ であるので (1) は示された.

問 1.10 $0 < \varepsilon < 1$ を満たす任意の正の数に対して, 自然数 m_1, m_1 が存在して
$$n \geqq m_1 \Rightarrow |a_n - \alpha| < \varepsilon, \quad n \geqq m_2 \Rightarrow |b_n - \beta| < \varepsilon$$
がいえる. m_1, m_2 の大きい方を m とおくと, $n \geqq m$ を満たす任意の自然数 n に対して
$$|a_n b_n - \alpha\beta| \leqq |a_n - \alpha||b_n - \beta| + |\beta||a_n - \alpha| + |\alpha||b_n - \beta|$$

$$< \varepsilon^2 + |\beta|\varepsilon + |\alpha|\varepsilon$$
$$= (\varepsilon + |\beta| + |\alpha|)\varepsilon$$
$$< (1 + |\beta| + |\alpha|)\varepsilon$$

がいえる．ここで $1, 1 + |\beta| + |\alpha|$ はいずれも正の定数であるので，問 1.9 から $\lim_{n\to\infty} a_n b_n = \alpha\beta$ は示された．

問 1.11 数列 $\{a_n\}$ が条件
(a) ある数 M があって，任意の自然数 n に対して $a_n \geqq M$
(b) 任意の自然数 n に対して $a_n \geqq a_{n+1}$
を満たすとする．$b_n = -a_n$ として数列 $\{b_n\}$ を定めると，
(a) 任意の自然数 n に対して $b_n \leqq -M$
(b) 任意の自然数 n に対して $b_n \leqq b_{n+1}$
となるので，数列 $\{b_n\}$ に定理 1.9 の 1 を用いることで，$\{b_n\}$ はある数 b に収束する．このことから，$\{a_n\}$ は $-b$ に収束することがわかる．

問 1.12 $x_1 > 0$ であり，$x_{n+1} = \dfrac{x_n}{2} + \dfrac{1}{x_n}$ であることから，すべての自然数 n に対して $x_n > 0$ である．相加相乗平均より $x_{n+1} = \dfrac{x_n}{2} + \dfrac{1}{x_n} \geqq 2\sqrt{\dfrac{x_n}{2} \cdot \dfrac{1}{x_n}} = \sqrt{2}$ であるので，$\{x_n\}$ は下に有界である．また，$x_{n+1} - x_n = -\dfrac{x_n}{2} + \dfrac{1}{x_n} = \dfrac{-x_n^2 + 2}{2x_n} \leqq 0$ より，$\{x_n\}$ は単調減少列である．よって定理 1.9 より $\{x_n\}$ は収束する．極限を α とおくと，$x_{n+1} = \dfrac{x_n}{2} + \dfrac{1}{x_n}$ において $n \to \infty$ とすることにより $\alpha = \dfrac{\alpha}{2} + \dfrac{1}{\alpha}$ となり，これを解くと $\alpha = \pm\sqrt{2}$ であるが，$x_n \geqq \sqrt{2}$ より $\alpha = \sqrt{2}$ である．

問 1.13 (1) 9   (2) 3   (3) 1

問 1.14 $\lim_{x\to a} f(x) = b$ とする．このとき，任意の正の数 ε に対して，ある正の数 δ が存在して $0 < |x - a| < \delta$ となるすべての x に対して $|f(x) - b| < \varepsilon$ が成り立つ．したがって，$a - \delta < x < a$ となるすべての x に対して $|f(x) - b| < \varepsilon$ が成立し，$a < x < a + \delta$ となるすべての x に対して $|f(x) - b| < \varepsilon$ が成立する．以上より $\lim_{x\to a+0} f(x) = b$ かつ

$\lim_{x \to a-0} f(x) = b$ が示された.

逆に $\lim_{x \to a+0} f(x) = b$ かつ $\lim_{x \to a-0} f(x) = b$ であるとすると,任意の正の数 ε に対して,ある正の数 δ_1 が存在して $a - \delta_1 < x < a$ となるすべての x に対して $|f(x) - b| < \varepsilon$ が成立する.同様に,ある正の数 δ_2 が存在して $a < x < a + \delta_2$ となるすべての x に対して $|f(x) - b| < \varepsilon$ が成立する.ここで $\delta = \min\{\delta_1, \delta_2\}$ とおくと $\delta > 0$ であり,$0 < |x - a| < \delta$ となるすべての x に対して,$a - \delta < x < a$ ならば $a - \delta_1 < x < a$ であるので $|f(x) - b| < \varepsilon$ がいえ,$a < x < a + \delta$ ならば $a < x < a + \delta_2$ であるので $|f(x) - b| < \varepsilon$ がいえる.以上より,$0 < |x - a| < \delta$ となるすべての x に対して $|f(x) - b| < \varepsilon$ が成り立つので,$\lim_{x \to a} f(x) = b$ が示された.

問 1.15 (1) まず任意に $\varepsilon > 0$ をとる.$\lim_{x \to a} f(x) = b$ であるので,正の数として $\varepsilon/2$ を選ぶと,次を満たす正の数 δ_1 が存在する.

$0 < |x - a| < \delta_1$ となるすべての x に対して
$$|f(x) - b| < \frac{\varepsilon}{2}$$ が成り立つ.

同様に $\lim_{x \to a} g(x) = c$ であるので,次を満たす正の数 δ_2 が存在する.

$0 < |x - a| < \delta_2$ となるすべての x に対して
$$|g(x) - c| < \frac{\varepsilon}{2}$$ が成り立つ.

ここで,正の数 δ_1, δ_2 の小さい方を δ とおくと,$0 < |x - a| < \delta$ となるすべての x に対して

$$|(f(x) + g(x)) - (b + c)| \leqq |f(x) - b| + |g(x) - c| < \frac{\varepsilon}{2} + \frac{\varepsilon}{2} = \varepsilon$$

となり,$\lim_{x \to a}(f(x) + g(x)) = b + c$ は示された.

(2) (3) において $g(x) = M$ (恒等写像) とすることで示される.

(3) 次の三角不等式による変形が有効である.

$$0 \leqq |f(x)g(x) - bc|$$
$$= |(f(x) - b)(g(x) - c) - b(g(x) - c) - c(f(x) - b)|$$
$$\leqq |f(x) - b||g(x) - c| + |b||g(x) - c| + |c||f(x) - b|$$

まず任意に $\varepsilon > 0$ をとる.$\lim_{x \to a} f(x) = b$ であることから,正の数として 1 を選ぶと,次を満たす正の数 δ_1 が存在する.

$0 < |x - a| < \delta_1$ となるすべての x に対して $|f(x) - b| < 1$
また, 正の数として $\dfrac{\varepsilon}{1 + |b| + |c|}$ をとると, 次を満たす正の数 δ_2 が存在する.
$0 < |x - a| < \delta_2$ となるすべての x に対して $|f(x) - b| < \dfrac{\varepsilon}{1 + |b| + |c|}$
次に, $\lim_{x \to a} g(x) = c$ であることから, また, 正の数として $\dfrac{\varepsilon}{1 + |b| + |c|}$
をとると, 次を満たす正の数 δ_3 が存在する.
$0 < |x - a| < \delta_3$ となるすべての x に対して $|g(x) - c| < \dfrac{\varepsilon}{1 + |b| + |c|}$
ここで, 正の数 $\delta_1, \delta_2, \delta_3$ で最も小さい値を δ とおくと, $0 < |x - a| < \delta$
となるすべての x に対して

$$\begin{aligned} 0 &\leqq |f(x)g(x) - bc| \\ &\leqq |f(x) - b||g(x) - c| + |b||g(x) - c| + |c||f(x) - b| \\ &\leqq 1 \cdot \frac{\varepsilon}{1 + |b| + |c|} + |b|\frac{\varepsilon}{1 + |b| + |c|} + |c|\frac{\varepsilon}{1 + |b| + |c|} \\ &= \varepsilon \end{aligned}$$

(4s) まず $c \neq 0$ であるので, 次を満たす正の数 δ_1 が存在する.
$$0 < |x - a| < \delta_1 \Rightarrow |g(x) - c| < \frac{|c|}{2}.$$
これに $|c| - |g(x)| \leqq |g(x) - c|$ を用いると, $0 < |x - a| < \delta_1 \Rightarrow \dfrac{|c|}{2} < |g(x)|$ が示される. 次に $\lim_{x \to a} \dfrac{1}{g(x)} = \dfrac{1}{c}$ を示すために任意の正の数 ε をとる. 正の数として $\dfrac{c^2}{2}\varepsilon$ を選ぶと, $\lim_{x \to a} g(x) = c$ より, 次を満たす正の数 δ_2 が存在する.
$$0 < |x - a| < \delta_2 \Rightarrow |g(x) - c| < \frac{c^2}{2}\varepsilon$$
ここで, 正の数 δ_1, δ_2 の小さい方を δ とおくと, $0 < |x - a| < \delta$ となるすべての x に対して
$$0 \leqq \left|\frac{1}{g(x)} - \frac{1}{c}\right| = \frac{|g(x) - c|}{|g(x)||c|} < \frac{\frac{c^2}{2}\varepsilon}{\frac{|c|}{2}|c|} = \varepsilon$$
よって $\lim_{x \to a} \dfrac{1}{g(x)} = \dfrac{1}{c}$ は示された. このことに (3) を使うことで

$$\lim_{x \to a} \frac{f(x)}{g(x)} = \frac{b}{c} \ \text{が得られる.}$$

問 1.16 まず任意に $\varepsilon > 0$ をとる. $\lim_{x \to a} f(x) = b$, $\lim_{x \to a} h(x) = b$ であるので, 次を満たす正の数 δ_1, δ_2 が存在する.

$$0 < |x - a| < \delta_1 \implies |f(x) - b| < \varepsilon,$$
$$0 < |x - a| < \delta_2 \implies |h(x) - b| < \varepsilon.$$

ここで, 正の数 $\delta, \delta_1, \delta_2$ で最も小さい値を δ_3 とおくと, $0 < |x-a| < \delta_3$ を満たす任意の x に対して

$$|f(x) - b| < \varepsilon, \quad |h(x) - b| < \varepsilon, \quad f(x) \leqq g(x) \leqq h(x)$$

が成り立つ. したがって

$$b - \varepsilon < f(x) \leqq g(x) \leqq h(x) < b + \varepsilon,$$

すなわち $|g(x) - b| < \varepsilon$ となる. 以上により, $\lim_{x \to a} g(x) = b$ は示された.

問 1.17 背理法で示す. すなわち, $\lim_{x \to a} f(x) = b$, $\lim_{x \to a} g(x) = c$ が存在し,

$$0 < |x - a| < \delta \implies f(x) \leqq g(x)$$

を満たす $\delta > 0$ があるが, $c < b$ であるとする. ここで $\varepsilon = (b-c)/2$ とおくと, $\varepsilon > 0$ であるので, $\lim_{x \to a} f(x) = b$ より次を満たす正の数 δ_1 が存在する.

$$0 < |x - a| < \delta_1 \implies |f(x) - b| < \varepsilon$$

同様に $\lim_{x \to a} g(x) = c$ 次を満たす正の数 δ_2 が存在する.

$$0 < |x - a| < \delta_2 \implies |g(x) - c| < \varepsilon$$

ここで, 正の数 $\delta, \delta_1, \delta_2$ で最も小さい値を δ_3 とおくと, $0 < |x-a| < \delta_3$ となるすべての x に対して $f(x) \leqq g(x)$, $|f(x) - b| < \varepsilon$, $|g(x) - c| < \varepsilon$ となるので,

$$b - \varepsilon < f(x) \leqq g(x) < c + \varepsilon$$

すなわち $b - c < 2\varepsilon$ が成立するが, これは $\varepsilon = (b-c)/2$ に矛盾する.

問 1.18 定理 1.13 の右極限に関する結果のみ示す. このときの性質は以下の通りである.

$\lim_{x \to a+0} f(x)$, $\lim_{x \to a+0} g(x)$ が存在し，次を満たす $\delta > 0$ があるとする．
$$a < x < a + \delta \Longrightarrow f(x) \leqq g(x)$$
このとき $\lim_{x \to a+0} f(x) \leqq \lim_{x \to a+0} g(x)$ が成立する．

これを背理法で示す．すなわち，$\lim_{x \to a+0} f(x) = b$, $\lim_{x \to a+0} g(x) = c$ が存在し，
$$a < x < a + \delta \Longrightarrow f(x) \leqq g(x)$$
を満たす $\delta > 0$ があるが，$c < b$ であるとする．ここで $\varepsilon = (b-c)/2$ とおくと，$\varepsilon > 0$ であるので，$\lim_{x \to a+0} f(x) = b$ より次を満たす正の数 δ_1 が存在する．
$$a < x < a + \delta_1 \Longrightarrow |f(x) - b| < \varepsilon$$
同様に $\lim_{x \to a+0} g(x) = c$ 次を満たす正の数 δ_2 が存在する．
$$a < x < a + \delta_2 \Longrightarrow |g(x) - c| < \varepsilon$$
ここで，正の数 $\delta, \delta_1, \delta_2$ で最も小さい値を δ_3 とおくと，$a < x < a + \delta_3$ となるすべての x に対して $f(x) \leqq g(x)$, $|f(x) - b| < \varepsilon$, $|g(x) - c| < \varepsilon$ となるので，
$$b - \varepsilon < f(x) \leqq g(x) < c + \varepsilon$$
すなわち $b - c < 2\varepsilon$ が成立するが，これは $\varepsilon = (b-c)/2$ に矛盾する．

問 1.19 まず (1)⇒(2) を示す．$0 < \varepsilon < \lambda$ を満たす任意の ε に対して，正の数 $M\varepsilon$ に対して (1) を用いると，ある正の数 δ が存在して，
$$0 < |x - a| < \delta \Rightarrow |f(x) - b| < M\varepsilon$$
がいえる．よって (2) は示された．

次に (2)⇒(1) を示す．$0 < \varepsilon$ を満たす任意の ε に対して，$\dfrac{\varepsilon}{M+1}$ と $\dfrac{\lambda}{2}$ の小さい方を ε' とおくと，$0 < \varepsilon' < \lambda$ であるので，(2) よりある正の数 δ が存在して，
$$0 < |x - a| < \delta \Rightarrow |f(x) - b| < M\varepsilon'$$
がいえる．ここで $M\varepsilon' \leqq M\dfrac{\varepsilon}{M+1} < \varepsilon$ であるので (1) は示された．

解答　233

問 1.20　数列 $\{a_n\}$ が実数 α に収束するとし，$\{a_{n(k)}\}$ を $\{a_n\}$ の部分列とする．任意の $\varepsilon > 0$ に対して，$\{a_n\}$ が α に収束することから，ある自然数 m が存在し，m 以上のすべての自然数 n に対して $|a_n - \alpha| < \varepsilon$ が成立する．ここで $n(1) < n(2) < n(3) < \cdots < n(k) < \cdots$ であることと各 $n(k)$ は自然数であることから，$k \leqq n(k)$．m 以上のすべての自然数 k に対して $m \leqq n(k)$ が成立する．まとめると，m 以上のすべての自然数 k に対して，$m \leqq n(k)$ が成立するので，結果として $|a_{n(k)} - \alpha| < \varepsilon$ が成立する．したがって，$\{a_{n(k)}\}$ は α に収束する．

問 1.21　任意の $\varepsilon > 0$ に対して，$\{a_{n(k)}\}$ が α に収束することから，ある自然数 k_0 が存在して，k_0 以上のすべての自然数 k に対して $|a_{n(k)} - \alpha| < \varepsilon$ が成立する．$\{a_{m(l)}\}$ が α に収束することから同様にして，ある自然数 l_0 が存在して，l_0 以上のすべての自然数 l に対して $|a_{m(l)} - \alpha| < \varepsilon$ が成立する．ここで，n_0 として $n(k_0)$ と $m(l_0)$ の大きい方をとると，n_0 以上のどんな自然数 n に対して，仮定および部分列の定義から $n = n(k)$ ($k \geqq k_0$) または $n = m(l)$ ($l \geqq l_0$) と書き表される．したがって $|a_n - \alpha| < \varepsilon$ が成立する．

問 1.22　$f(x)$ が区間 $[a,b]$ において連続であることから，定理 1.16 により $-f(x)$ も区間 $[a,b]$ において連続である．したがって定理 1.21 より，$-f(x)$ は $[a,b]$ で最大値をもつ．すなわち，$d \in [a,b]$ が存在して，すべての $x \in [a,b]$ に対して $-f(x) \leqq -f(d)$ が成立する．このとき，すべての $x \in [a,b]$ に対して $f(d) \leqq f(x)$ がいえるので，d は $f(x)$ の最小値を与える $[a,b]$ の点である．以上により，$f(x)$ は $[a,b]$ で最小値をもつ．

問 1.23　第 n 部分和は，
$$S_n = \frac{1}{3}\left(1 - \frac{1}{4}\right) + \frac{1}{3}\left(\frac{1}{4} - \frac{1}{7}\right) + \frac{1}{3}\left(\frac{1}{7} - \frac{1}{10}\right)$$
$$+ \cdots + \frac{1}{3}\left(\frac{1}{3n-2} - \frac{1}{3n+1}\right)$$
$$= \frac{1}{3}\left(1 - \frac{1}{3n+1}\right)$$

であり，$\lim_{n \to \infty} S_n = \dfrac{1}{3}$　よって，収束し，和は $\dfrac{1}{3}$

問 1.24　収束するための条件は，初項 $x = 0$ または，公比について $-1 <$

$1-x<1$ である．したがって，$0\leqq x<2$．

問 1.25 (1) $0.\dot{1}2\dot{3}=\dfrac{123}{999}=\dfrac{41}{333}$

(2) $2.\dot{3}\dot{4}=2+\dfrac{34}{99}=\dfrac{232}{99}$

問 1.26 $\sqrt{n(n+2)}-n=\dfrac{n(n+2)-n^2}{\sqrt{n(n+2)}+n}=\dfrac{2n}{\sqrt{n(n+2)}+n}=\dfrac{2}{\sqrt{1+\frac{2}{n}}+1}\to 1$ であるので，定理 1.24 より，無限級数 $\displaystyle\sum_{n=1}^{\infty}\sqrt{n(n+2)}-n$ は収束しない．

問 1.27 初項から第 n 項までの部分和を

$$S_n=\frac{1}{1^p}+\frac{1}{2^p}+\frac{1}{3^p}+\frac{1}{4^p}+\cdots+\frac{1}{n^p}$$

とおく．まずは $p>1$ のときを考える．$n=2^{m+1}-1\ (m\geqq 1)$ のとき，

$$\begin{aligned}S_n &= \frac{1}{1^p}+\left(\frac{1}{2^p}+\frac{1}{3^p}\right)+\left(\frac{1}{4^p}+\frac{1}{5^p}+\frac{1}{6^p}+\frac{1}{7^p}\right)\\ &\quad +\cdots+\left(\frac{1}{(2^m)^p}+\frac{1}{(2^m+1)^p}+\cdots+\frac{1}{(2^{m+1}-1)^p}\right)\\ &< \frac{1}{1^p}+\left(\frac{1}{2^p}+\frac{1}{2^p}\right)+\left(\frac{1}{4^p}+\frac{1}{4^p}+\frac{1}{4^p}+\frac{1}{4^p}\right)\\ &\quad +\cdots+\left(\frac{1}{(2^m)^p}+\frac{1}{(2^m)^p}+\cdots+\frac{1}{(2^m)^p}\right)\\ &= 1+\frac{1}{2^{p-1}}+\left(\frac{1}{2^{p-1}}\right)^2+\cdots+\left(\frac{1}{2^{p-1}}\right)^m = \frac{1-\left(\frac{1}{2^{p-1}}\right)^{m+1}}{1-\frac{1}{2^{p-1}}}\end{aligned}$$

であり，$p-1>0$ より $2^{p-1}>1$，すなわち $1-\dfrac{1}{2^{p-1}}>0$ がいえるので，

$$S_n<\frac{1-\left(\frac{1}{2^{p-1}}\right)^{m+1}}{1-\frac{1}{2^{p-1}}}<\frac{1}{1-\frac{1}{2^{p-1}}}=\frac{2^{p-1}}{2^{p-1}-1}$$

となる．$n=2^{m+1}-1\ (m\geqq 1)$ のときだけでなく，すべての自然数 n について $S_n<\dfrac{2^{p-1}}{2^{p-1}-1}$ が成立する．なぜなら，どんな自然数 n' に対して $n'\leqq 2^{m+1}-1$ を満たす自然数 m が存在することと，$\{S_n\}$ が増

加数列であるからである．ゆえに，$\{S_n\}$ は上に有界な増加数列である．上に有界な増加数列は収束するので，以上により，$\displaystyle\sum_{n=1}^{\infty}\frac{1}{n^p}$ は $p>1$ のとき収束する．

次に，$0<p\leqq 1$ のときを考える．$n=2^{m+1}(m\geqq 1)$ のとき，

$$S_n = 1 + \frac{1}{2^p} + \left(\frac{1}{3^p}+\frac{1}{4^p}\right) + \left(\frac{1}{5^p}+\frac{1}{6^p}+\frac{1}{7^p}+\frac{1}{8^p}\right)$$
$$\quad + \cdots + \left(\frac{1}{(2^m+1)^p}+\frac{1}{(2^m+2)^p}+\cdots+\frac{1}{(2^{m+1})^p}\right)$$
$$> 1 + \frac{1}{2} + \left(\frac{1}{4}+\frac{1}{4}\right) + \left(\frac{1}{8}+\frac{1}{8}+\frac{1}{8}+\frac{1}{8}\right)$$
$$\quad + \cdots + \left(\frac{1}{2^{m+1}}+\frac{1}{2^{m+1}}+\cdots+\frac{1}{2^{m+1}}\right)$$
$$= 1 + \frac{1}{2} + \frac{1}{2} + \cdots + \frac{1}{2} = \frac{m+3}{2}$$

であり，$m\to\infty$ のとき $\dfrac{m+3}{2}\to\infty$．すなわち，$\{S_m\}$ は発散し，したがって $\{S_n\}$ も発散する．以上により，$\displaystyle\sum_{n=1}^{\infty}\frac{1}{n^p}$ は $0<p\leqq 1$ のとき発散する．

問1.28 $r>1$ のとき，$t=\dfrac{r+1}{2}$ とおくと $1<t<r$ であり，また $\varepsilon=t-1=r-t=\dfrac{r-1}{2}>0$ とおき，$\displaystyle\lim_{n\to\infty}\frac{a_{n+1}}{a_n}=r$ であることから，次を満たす自然数 m が存在する．

$$n\geqq m \Longrightarrow \left|\frac{a_{n+1}}{a_n}-r\right|<\varepsilon$$

$r<1$ のときと同様にして，$n\geqq m$ を満たす任意の自然数 n に対して
$$t^{n-m}a_m < a_n$$

がいえるが，無限等比級数 $\displaystyle\sum_{n=m}^{\infty} t^{n-m}a_m$ は公比 t が $t>1$ を満たすので，発散する．よって定理1.26より無限級数 $\displaystyle\sum_{n=m}^{\infty} a_n$ も発散し，以上により $\displaystyle\sum_{n=1}^{\infty} a_n$ は発散する．

練習問題

1. (1) 6   (2) 2

   (3) $\displaystyle\lim_{n\to\infty} r^{n+1}-3r^n = \lim_{n\to\infty} r^n(r-3) = \begin{cases} 0 & (|r|<1 \text{ または } r=3) \\ -2 & (r=1) \\ \text{なし (上記以外)} \end{cases}$

   (4) $\displaystyle\lim_{n\to\infty} \frac{r^{n+1}}{r^n+2} = \begin{cases} 0 & (|r|<1) \\ \dfrac{1}{3} & (r=1) \\ \text{なし} & (r=-1) \\ r & (|r|>1) \end{cases}$

2. すべての命題が偽である．反例をもって，偽であることを示す．

   (1) $a_n = \dfrac{1}{n^2}, b_n = \dfrac{1}{n}$ $(n=1,2,3,\ldots)$ のとき，$\displaystyle\lim_{n\to\infty} b_n = 0$ であるが，$\displaystyle\lim_{n\to\infty} \frac{a_n}{b_n} = \lim_{n\to\infty} \frac{1}{n} = 0$．

   (2) $a_n = n^2, b_n = \dfrac{1}{n}$ $(n=1,2,3,\ldots)$ のとき，$\displaystyle\lim_{n\to\infty} a_n = +\infty$, $\displaystyle\lim_{n\to\infty} b_n = 0$ であるが，$\displaystyle\lim_{n\to\infty} a_n b_n = \lim_{n\to\infty} n = +\infty$．

   (3) $a_n = \dfrac{1}{n}, b_n = \dfrac{1}{n^2}$ $(n=1,2,3,\ldots)$ のとき，$\displaystyle\lim_{n\to\infty} a_n = 0$, $\displaystyle\lim_{n\to\infty} b_n = 0$ であるが，$\displaystyle\lim_{n\to\infty} \frac{a_n}{b_n} = \lim_{n\to\infty} n = +\infty$．

   (4) $a_n = n^2+n, b_n = n$ $(n=1,2,3,\ldots)$ のとき，$\displaystyle\lim_{n\to\infty} a_n = +\infty$, $\displaystyle\lim_{n\to\infty} b_n = +\infty$ であるが，$\displaystyle\lim_{n\to\infty} (a_n-b_n) = \lim_{n\to\infty} n^2 = +\infty$．

   (5) $a_n = n + \dfrac{1}{n}, b_n = n$ $(n=1,2,3,\ldots)$ のとき，$\displaystyle\lim_{n\to\infty} (a_n-b_n) = \lim_{n\to\infty} \frac{1}{n} = 0$ であるが，$\displaystyle\lim_{n\to\infty} a_n$ および $\displaystyle\lim_{n\to\infty} b_n$ は存在しない．

   (6) $a_n = \dfrac{1}{n}, b_n = \dfrac{2}{n}$ $(n=1,2,3,\ldots)$ のとき，すべての n について $a_n < b_n$ であるが，$a=b=0$．

   (7) $a_n = \log n$ $(n=1,2,3,\ldots)$ のとき，$\displaystyle\lim_{n\to\infty} (a_{n+1}-a_n) = \lim_{n\to\infty} (\log(n+1)-\log n) = \lim_{n\to\infty} \log\left(1+\frac{1}{n}\right) = 0$ であるが，$\displaystyle\lim_{n\to\infty} a_n = +\infty$．

3. $\left(1 - \dfrac{1}{n}\right)^{-n} = \left(\dfrac{n}{n-1}\right)^n = \left(1 + \dfrac{1}{n-1}\right)^{n-1}\left(1 + \dfrac{1}{n-1}\right)$ であり，$\displaystyle\lim_{n\to\infty}\left(1 + \dfrac{1}{n-1}\right)^{n-1} = e$, $\displaystyle\lim_{n\to\infty}\left(1 + \dfrac{1}{n-1}\right) = 1$ であるので，$\displaystyle\lim_{n\to\infty}\left(1 - \dfrac{1}{n}\right)^{-n} = e$ は示された．

4. まず $a = 1$ のときは明らかである．$a > 1$ のとき，$\sqrt[n]{a} = a^{\frac{1}{n}} > 1$ であり，また $a^{\frac{n+1}{n}} > a$ であることから $a^{\frac{1}{n}} > a^{\frac{1}{n+1}}$ がいえる．すなわち，$\{\sqrt[n]{a}\}$ は下に有界な単調減少列であるので，1以上の数 α に収束する．$\alpha > 1$ であるとして矛盾を導く．$h = \alpha - 1$ とおくと $h > 0$ であり，任意の自然数 n に対して $\sqrt[n]{a} > \alpha = 1 + h$，すなわち $a > (1 + h)^n = 1 + nh + \dfrac{n(n-1)}{2}h^2 + \cdots + h^n > nh$ が成立するが，これはアルキメデスの公理に矛盾する．したがって $\alpha = 1$ である．$0 < a < 1$ のとき，$\sqrt[n]{a} = \dfrac{1}{\sqrt[n]{a^{-1}}}$ であり，$a^{-1} > 1$ であることから $\displaystyle\lim_{n\to\infty}\sqrt[n]{a^{-1}} = 1$ がいえ，したがって $\displaystyle\lim_{n\to\infty}\sqrt[n]{a} = 1$ が示された．

[別証明] $a > 1$ のとき，$h = a - 1 > 0$ とおいて $\left(1 + \dfrac{h}{n}\right)^n$ に対して二項定理を用いて，
$\left(1 + \dfrac{h}{n}\right)^n = 1 + n\left(\dfrac{h}{n}\right) + \dfrac{n(n-1)}{2}\left(\dfrac{h}{n}\right)^2 + \cdots + \left(\dfrac{h}{n}\right)^n > 1 + h = a.$
したがって $1 \leq \sqrt[n]{a} \leq 1 + \dfrac{h}{n}$ がいえる．$n \to \infty$ のとき右辺 $\to 1$ であるので，はさみうちの原理より，$\displaystyle\lim_{n\to\infty}\sqrt[n]{a} = 1$ が示される．

5. $\displaystyle\lim_{n\to\infty} a_n = a$ より，$\displaystyle\lim_{n\to\infty}(a_n - a) = 0$ である．したがって，
$\displaystyle\lim_{n\to\infty}\dfrac{(a_1 - a) + (a_2 - a) + \cdots + (a_n - a)}{n} = 0$ である．すなわち，
$\displaystyle\lim_{n\to\infty}\left(\dfrac{a_1 + a_2 + \cdots + a_n}{n} - a\right) = 0$ より $\displaystyle\lim_{n\to\infty}\dfrac{a_1 + a_2 + \cdots + a_n}{n} = a$ が示される．

6. $\displaystyle\lim_{n\to\infty} na_n = \lim_{n\to\infty}\dfrac{n}{2n-1}(2n-1)a_n = \lim_{n\to\infty}\dfrac{1}{2 - \frac{1}{n}}(2n-1)a_n = \dfrac{1}{2} \cdot 4 = 2.$

7. まず明らかに $a_1 = 2, b_1 = 1$ である．また，
$$a_{n+1} + b_{n+1}\sqrt{3} = (2+\sqrt{3})^{n+1} = (2+\sqrt{3})(2+\sqrt{3})^n$$
$$= (2+\sqrt{3})(a_n + b_n\sqrt{3})$$
$$= (2a_n + 3b_n) + (a_n + 2b_n)\sqrt{3}$$

であるので，次の漸化式が得られる．
$$\begin{cases} a_{n+1} = 2a_n + 3b_n, & a_1 = 2, \\ b_{n+1} = a_n + 2b_n, & b_1 = 1. \end{cases}$$

このような連立漸化式を解くには3項間の漸化式に帰着したり，2次正方行列を用いたりするなどいくつかの方法があるが，いずれかの方法でこの漸化式を解くと
$$a_n = \frac{(2+\sqrt{3})^n + (2-\sqrt{3})^n}{2}, \quad b_n = \frac{(2+\sqrt{3})^n - (2-\sqrt{3})^n}{2\sqrt{3}}$$

が得られる．したがって
$$c_n = \sqrt{3} \cdot \frac{(2+\sqrt{3})^n + (2-\sqrt{3})^n}{(2+\sqrt{3})^n - (2-\sqrt{3})^n} = \sqrt{3} \cdot \frac{1 + \left(\frac{2-\sqrt{3}}{2+\sqrt{3}}\right)^n}{1 - \left(\frac{2-\sqrt{3}}{2+\sqrt{3}}\right)^n}$$
$$\to \sqrt{3} \quad (n \to \infty).$$

[別解] この問題では，一般項 c_n を求めなくとも解ける．$\lim_{n\to\infty} c_n$ の存在性は後で示すことにし，まず $\lim_{n\to\infty} c_n$ がどんな値であるか当たりをつける．
$$c_{n+1} = \frac{a_{n+1}}{b_{n+1}} = \frac{2a_n + 3b_n}{a_n + 2b_n} = \frac{2c_n + 3}{c_n + 2}$$

であるので，$x = \lim_{n\to\infty} c_n$ とすると $x = \frac{2x+3}{x+2}$ となり，したがって $x^2 = 3$ であるが，$c_n \geqq 0$ であるため，$x = \sqrt{3}$ が得られる．この値に $\{c_n\}$ が収束することを示す．
$$|c_{n+1} - \sqrt{3}| = (2-\sqrt{3})\frac{|c_n - \sqrt{3}|}{c_n + 2} < \frac{2-\sqrt{3}}{2}|c_n - \sqrt{3}|$$

であることから，
$$0 < |c_{n+1} - \sqrt{3}| < \left(\frac{2-\sqrt{3}}{2}\right)^n |c_1 - \sqrt{3}| \to 0 \quad (n \to \infty)$$

となり，はさみうちの原理より $\lim_{n\to\infty}(c_n - \sqrt{3}) = 0$, すなわち $\lim_{n\to\infty} c_n = \sqrt{3}$ が示された．

8. (1) $\left|r^n \sin\dfrac{n\pi}{4}\right| = |r|^n \left|\sin\dfrac{n\pi}{4}\right| \leqq |r|^n$ であるので, $|r| < 1$ のとき 0 に収束する．一方，$|r| \geqq 1$ のとき, $n = 4k-2$ とすると $\left|\sin\dfrac{n\pi}{4}\right| = 1$ であり, $|r|^n \to \infty \ (n\to\infty)$ であるので，発散する．

 (2) $n - 1 \leqq n + \sin n$ であるので $\lim_{n\to\infty}(n + \sin n) = \infty$ である．

 (3) $0 < \dfrac{1}{(n+1)^2} + \dfrac{1}{(n+2)^2} + \cdots + \dfrac{1}{(2n)^2} < \dfrac{1}{n^2} + \dfrac{1}{n^2} + \cdots + \dfrac{1}{n^2} = \dfrac{1}{n}$ であり，$n\to\infty$ のとき右辺 $\to 0$ であるので，はさみうちの原理より極限は 0 となる．

9. まず，定理 1.20 より $\{x_n\}$ の部分列 $\{x_{n(k)}\}$ で収束するものが存在する．$\{y_{n(k)}\}$ も有界となるので，再び定理 1.20 より $\{y_{n(k)}\}$ の部分列 $\{y_{m(l)}\}$ で収束するものが存在する．$\{x_{m(l)}\}$ は $\{x_{n(k)}\}$ の部分列でもあるので，問 1.20 より，$\{x_{m(l)}\}$ も収束列となる．以上により示された．

10. (1) n (2) 0 (3) 0 (4) $\dfrac{1}{2}$ (5) $\dfrac{1}{2}$ (6) 2

11. (1) $||f(x)| - |f(a)|| \leqq |f(x) - f(a)|$ であることから示される．

 (2) $\max\{\alpha, \beta\} = \dfrac{\alpha + \beta + |\alpha - \beta|}{2}$ であることを用いると, $h(x) = \dfrac{f(x) + g(x) + |f(x) - g(x)|}{2}$ となるので，定理 1.16 および (1) から示される．

 (3) $\min\{\alpha, \beta\} = \dfrac{\alpha + \beta - |\alpha - \beta|}{2}$ であるので, (2) と同様にして示される．

12. (1) $x = 1, -3$ を除いて連続 (2) 連続 (3) $x = 0$ を除いて連続

 (4) 連続 (5) $x = 0$ を除いて連続

13. (1) $f(x) = x^3 - 3x^2 + 3$ とおくと, $f(-1) = -1 < 0, f(1) = 1 > 0$ であるので，中間値の定理より $f(c) = 0$ を満たす $c \in (-1, 1)$ が存在する．

 (2) $f(x) = \sqrt{x^4 + 1} - \sqrt{x^2 + 3}$ とおくと, $f(0) = 1 - \sqrt{3} < 0$,

$f(2) = \sqrt{17} - \sqrt{7} > 0$ であるので，中間値の定理より $f(c) = 0$ を満たす $c \in (0, 2)$ が存在する．

(3) $f(x) = x\sin x - \cos x$ とおくと，$f(\pi) = 1 > 0$, $f\left(\frac{3}{2}\pi\right) = -\frac{3}{2}\pi < 0$ であるので，中間値の定理より $f(c) = 0$ を満たす $c \in \left(\pi, \frac{3}{2}\pi\right)$ が存在する．

14. すべての B の要素 b に対して，$b \leqq \sup B$ が成り立つことは明らかである．ここで，どんな A の要素 a に対しても，$a \in B$ であるので，上のことから $a \leqq \sup B$ が成り立つ．すなわち，$\sup B$ は A の上界である．$\sup A$ は A の上界の最小数であるので，$\sup A \leqq \sup B$ が成り立つ．

15. (i) $|x| < 1$ のとき $f(x) = x^2 - x$.

(ii) $|x| > 1$ のとき $x^2 > 1$ より，$0 < \frac{1}{x^2} < 1$ であるから，
$$f(x) = \lim_{n \to \infty} \frac{\frac{1}{x} + (x^2 - x)\left(\frac{1}{x^2}\right)^n}{1 + \left(\frac{1}{x^2}\right)^n} = \frac{1}{x}.$$

(iii) $x = 1$ のとき，$f(x) = f(1) = \frac{1}{2}$.

(iv) $x = -1$ のとき，$f(x) = f(-1) = \frac{1}{2}$.

16. (1) $\displaystyle\lim_{x \to 0} \frac{\sin 2x}{3x} = \lim_{x \to 0} \frac{2}{3} \frac{\sin 2x}{2x} = \frac{2}{3}$.

(2) $\displaystyle\lim_{x \to \infty} \left(1 + \frac{1}{3x}\right)^{2x} = \lim_{x \to \infty} \left(\left(1 + \frac{1}{3x}\right)^{3x}\right)^{\frac{2}{3}} = e^{\frac{2}{3}}$.

17. $a \geqq 0$ とすると $\displaystyle\lim_{x \to \infty}\left(\sqrt{4x^2 + 3x + 6} + ax\right) = \infty$ となり極限値をもたないので，$a < 0$ であることが必要条件である．$x > 0$ のとき，

$$\sqrt{4x^2 + 3x + 6} + ax = \frac{(\sqrt{4x^2 + 3x + 6} + ax)(\sqrt{4x^2 + 3x + 6} - ax)}{\sqrt{4x^2 + 3x + 6} - ax}$$

$$= \frac{(4 - a^2)x^2 + 3x + 6}{\sqrt{4x^2 + 3x + 6} - ax}$$

$$= \frac{(4 - a^2)x + 3 + \frac{6}{x}}{\sqrt{4 + \frac{3}{x} + \frac{6}{x^2}} - a}$$

となるが，$x \to \infty$ とすると分母 $\sqrt{4 + \dfrac{3}{x} + \dfrac{6}{x^2}} - a \to 2 - a \neq 0$ であるので，極限値をもつのは分子 $(4-a^2)x + 3 + \dfrac{6}{x}$ の極限値が存在するときのみである．すなわち，$4 - a^2 = 0$ のときのみ極限値をもつ．ここで $a < 0$ であったので，$a = -2$ が導かれる．このとき，求める極限値は $\displaystyle\lim_{x\to\infty} \dfrac{3 + \frac{6}{x}}{\sqrt{4 + \frac{3}{x} + \frac{6}{x^2}} + 2} = \dfrac{3}{4}$．

18. (1) $\dfrac{1}{n(n+1)} = \dfrac{1}{n} - \dfrac{1}{n+1}$ であることを用いると，$S_n = 1 - \dfrac{1}{n+1}$ であり，$\displaystyle\lim_{n\to\infty} S_n = 1$ だから収束して和は 1．

(2) $S_{2m-1} = 1, S_{2m} = 1 - \dfrac{1}{m+1}$ であり，$\displaystyle\lim_{m\to\infty} S_{2m-1} = \lim_{m\to\infty} S_{2m} = 1$ だから，$\displaystyle\lim_{m\to\infty} S_n = 1$ よって，収束して和は 1．

(3) $S_{2m-1} = \dfrac{1}{2}, S_{2m} = \dfrac{1}{2} - \dfrac{m+1}{m+2}$ であり，$\displaystyle\lim_{m\to\infty} S_{2m} = \dfrac{1}{2} - 1 \neq \lim_{m\to\infty} S_{2m-1}$．したがって，$\displaystyle\lim_{n\to\infty} S_n$ は存在しないので，発散する．

(4) $\dfrac{1}{n^3 - n} = \dfrac{1}{(n-1)n(n+1)} = \dfrac{1}{2}\left\{\dfrac{1}{(n-1)n} - \dfrac{1}{n(n+1)}\right\}$ であることを用いると，$S_n = \dfrac{1}{2}\left\{\dfrac{1}{2} - \dfrac{1}{n(n+1)}\right\}$ であり，$\displaystyle\lim_{n\to\infty} S_n = \dfrac{1}{4}$ だから 収束して和は $\dfrac{1}{4}$．

19. (1) $\dfrac{1}{n(n+2)} = \dfrac{1}{2}\left(\dfrac{1}{n} - \dfrac{1}{n+2}\right)$ であることを用いると，n 項までの部分和について $S_n = \dfrac{1}{2}\left(1 + \dfrac{1}{2} - \dfrac{1}{n+1} - \dfrac{1}{n+2}\right)$ が得られるので，$\displaystyle\lim_{n\to\infty} S_n = \dfrac{3}{4}$ より級数は収束して和は $\dfrac{3}{4}$ である．

(2) $\dfrac{n}{(n+1)!} = \dfrac{(n+1)-1}{(n+1)!} = \dfrac{1}{n!} - \dfrac{1}{(n+1)!}$ であることを用いると，n 項までの部分和について
$$S_n = \left(\dfrac{1}{1!} - \dfrac{1}{2!}\right) + \left(\dfrac{1}{2!} - \dfrac{1}{3!}\right) + \cdots + \left(\dfrac{1}{n!} - \dfrac{1}{(n+1)!}\right)$$

$$= 1 - \frac{1}{(n+1)!}$$

が得られるので, $\lim_{n \to \infty} S_n = 1$ より級数は収束して和は 1 である.

(3) $\sum_{n=1}^{\infty} \frac{1}{2^n} \cos \frac{n\pi}{2} = 0 + \left(-\frac{1}{4}\right) + 0 + \frac{1}{16} + 0 + \left(-\frac{1}{64}\right) + \cdots$ だから, $S_{2m} = \dfrac{-\frac{1}{4}\left\{1-\left(-\frac{1}{4}\right)^m\right\}}{1-\left(-\frac{1}{4}\right)}$, $S_{2m-1} = S_{2m} - \left(-\frac{1}{4}\right)^m$ であり, $\lim_{m \to \infty} S_{2m} = \lim_{m \to \infty} S_{2m-1} = -\frac{1}{5}$ なので, 収束して和は $-\frac{1}{5}$.

20. まず, 級数が収束することから $\lim_{n \to \infty} a_n = 0$ である. これと $\lim_{n \to \infty} S_{2n} = T$ であることから, $\lim_{n \to \infty} S_{2n+1} = \lim_{n \to \infty} (S_{2n} + a_{2n+1}) = T + 0 = T$ が示される. 問 1.21 より, $\lim_{n \to \infty} S_n = T$ が示される.

21. 無限級数 $\sum_{n=1}^{\infty} nr^{n-1} = 1 + 2r + 3r^2 + 4r^3 + \cdots$ の第 n 項までの部分和を S_n とする.

$|r| < 1$ のとき, $S_n = 1 + 2r + 3r^2 + 4r^3 + \cdots + nr^{n-1}$, $rS_n = r + 2r^2 + 3r^3 + \cdots + (n-1)r^{n-1} + nr^n$ より,

$$(1-r)S_n = 1 + r + r^2 + r^3 + \cdots + r^{n-1} - nr^n = \frac{1-r^n}{1-r} - nr^n$$

すなわち $S_n = \dfrac{1-r^n}{(1-r)^2} - \dfrac{nr^n}{1-r}$ となる. ここで, $|r| < 1$ より $\lim_{n \to \infty} nr^n = 0$ であるので, $\sum_{n=1}^{\infty} nr^{n-1} = \dfrac{1}{(1-r)^2}$

※ $|r| \geqq 1$ のとき, この無限級数は発散する.

22. (1) $\sqrt{3}l_1 = 2$ より, $l_1 = \dfrac{2}{\sqrt{3}}$.

(2) $2r_2 = l_1 = \dfrac{2}{\sqrt{3}}$ より, $r_2 = \dfrac{1}{\sqrt{3}} = \dfrac{1}{\sqrt{3}} r_1$.

同様に, $r_{n+1} = \dfrac{1}{\sqrt{3}} r_n$ なので, $r_n = \left(\dfrac{1}{\sqrt{3}}\right)^{n-1}$.

(3) $V_n = \dfrac{4}{3}\pi r_n^3 = \dfrac{4}{3}\pi \left(\dfrac{\sqrt{3}}{9}\right)^{n-1}$ なので, $S_k = \dfrac{\frac{4}{3}\pi\left\{1 - \left(\frac{\sqrt{3}}{9}\right)^k\right\}}{1 - \frac{\sqrt{3}}{9}}$.

$\left|\dfrac{\sqrt{3}}{9}\right| < 1$ なので, $\displaystyle\lim_{k\to\infty} S_k = \dfrac{\frac{4}{3}\pi}{1 - \frac{\sqrt{3}}{9}} = \dfrac{12\pi}{9 - \sqrt{3}} = \dfrac{2(9 + \sqrt{3})}{13}\pi$.

第 2 章

問 2.1 $\displaystyle\lim_{h\to 0}\dfrac{f(a+h) - f(a)}{h} = \lim_{h\to 0}\dfrac{(a+h)^3 - a^3}{h}$
$= \displaystyle\lim_{h\to 0}\dfrac{3a^2 h + 3ah^2 + h^3}{h} = \lim_{h\to 0}(3a^2 + 3ah + h^2) = 3a^2$.
よって $f'(a) = 3a^2$.

問 2.2 (1) $\displaystyle\lim_{h\to 0}\dfrac{f(2+h) - f(2)}{h} = \lim_{h\to 0}\dfrac{3(2+h) + 2 - (3\cdot 2 + 2)}{h}$
$= \displaystyle\lim_{h\to 0}\dfrac{3h}{h} = \lim_{h\to 0} 3 = 3$.

(2) $\displaystyle\lim_{h\to 0}\dfrac{f(2+h) - f(2)}{h} = \lim_{h\to 0}\dfrac{(2+h)^2 + 2(2+h) - (2^2 + 2\cdot 2)}{h}$
$= \displaystyle\lim_{h\to 0}\dfrac{6h + h^2}{h} = \lim_{h\to 0}(6+h) = 6$.

(3) $\displaystyle\lim_{h\to 0}\dfrac{f(2+h) - f(2)}{h}$
$= \displaystyle\lim_{h\to 0}\dfrac{2(2+h)^2 + (2+h) + 1 - (2\cdot 2^2 + 2 + 1)}{h}$
$= \displaystyle\lim_{h\to 0}\dfrac{9h + 2h^2}{h} = \lim_{h\to 0}(9 + 2h^2) = 9$.

問 2.3 $\displaystyle\lim_{h\to 0}\dfrac{f(\frac{1}{2}+h) - f(\frac{1}{2})}{h} = \lim_{h\to 0}\dfrac{[\frac{1}{2}+h] - [\frac{1}{2}]}{h} = \lim_{h\to 0}\dfrac{0 - 0}{h}$
$= \displaystyle\lim_{h\to 0} 0 = 0$. よって, 関数 $f(x) = [x]$ は $x = \dfrac{1}{2}$ において微分可能であり, $f'\left(\dfrac{1}{2}\right) = 0$.

問 2.4 例 2.2 を参照.

問 2.5 (1) $f'(x) = 4x + 1$ (2) $f'(x) = 15x^2 - 6x + 2$.

問 2.6 　(1) $f'(x) = 8x^3 + 3x^2 - 2$ 　(2) $f'(x) = 18x^8 - 10x^4$

問 2.7 　(1) $f'(x) = -\dfrac{2x}{(x^2+1)^2}$ 　(2) $f'(x) = -\dfrac{2(3x^2 - 3x - 2)}{(3x^2 + 2x + 1)^2}$

　　　(3) $f'(x) = -\dfrac{4x^2 + 2x - 17}{(x^2 - x + 4)^2}$

問 2.8 　(1) $f'(x) = 14x(x^2+3)^6$ 　(2) $f'(x) = -\dfrac{48}{(4x+1)^5}$

問 2.9 　(1) $f'(x) = \dfrac{2x}{\sqrt{2x^2+1}}$ 　(2) $f'(x) = -\dfrac{3x^2}{2(x^3+1)\sqrt{x^3+1}}$

問 2.10 　(1) $f'(x) = 2x \cos(x^2)$ 　(2) $f(x) = -3 \sin x \cos^2 x$

　　　(3) $f(x) = \dfrac{2 \tan x}{\cos^2 x}$

問 2.11 　(1) $\mathrm{Sin}^{-1} \dfrac{1}{\sqrt{2}} = \dfrac{\pi}{4}$

　　　(2) $-\dfrac{\pi}{2} \leqq \dfrac{1}{\sqrt{2}} \leqq \dfrac{\pi}{2}$ より $\mathrm{Sin}^{-1} \left(\sin \dfrac{1}{\sqrt{2}} \right) = \dfrac{1}{\sqrt{2}}$

　　　(3) $\mathrm{Sin}^{-1} \left(\sin \dfrac{2\pi}{3} \right) = \mathrm{Sin}^{-1} \dfrac{\sqrt{3}}{2} = \dfrac{\pi}{3}$

　　　(4) $\mathrm{Sin}^{-1} \left(\cos \dfrac{\pi}{6} \right) = \mathrm{Sin}^{-1} \dfrac{\sqrt{3}}{2} = \dfrac{\pi}{3}$

問 2.12 　(1) $\mathrm{Cos}^{-1} \dfrac{1}{2} = \dfrac{\pi}{3}$ 　(2) $0 \leqq \dfrac{1}{2} \leqq \pi$ より $\mathrm{Cos}^{-1} \left(\cos \dfrac{1}{2} \right) = \dfrac{1}{2}$

　　　(3) $\mathrm{Cos}^{-1} \left(\cos \left(-\dfrac{\pi}{6} \right) \right) = \mathrm{Cos}^{-1} \dfrac{\sqrt{3}}{2} = \dfrac{\pi}{6}$

　　　(4) $\mathrm{Cos}^{-1} \left(\sin \dfrac{\pi}{6} \right) = \mathrm{Cos}^{-1} \dfrac{1}{2} = \dfrac{\pi}{3}$

問 2.13 　(1) $\mathrm{Tan}^{-1} \sqrt{3} = \dfrac{\pi}{3}$

　　　(2) $-\dfrac{\pi}{2} < \dfrac{1}{\sqrt{2}} < \dfrac{\pi}{2}$ より $\mathrm{Tan}^{-1} \left(\tan \dfrac{1}{\sqrt{2}} \right) = \dfrac{1}{\sqrt{2}}$

　　　(3) $\mathrm{Tan}^{-1} \left(\dfrac{1}{\tan \frac{\pi}{6}} \right) = \mathrm{Tan}^{-1} \sqrt{3} = \dfrac{\pi}{3}$

問 2.14 　定理 2.13 の (1) の証明と同様である．$y = \mathrm{Cos}^{-1} x$ とおく．$-1 < x < 1$ より $0 < y < \pi$．また，$x = \cos y$ より $\dfrac{dx}{dy} = -\sin y$．ここで，

$0 < y < \pi$ において $\dfrac{dx}{dy} < 0$. ゆえに, 逆関数の微分法 (定理 2.9) より $y = \mathrm{Cos}^{-1} x$ は微分可能で,
$$(\mathrm{Cos}^{-1} x)' = \frac{dy}{dx} = \frac{1}{\frac{dx}{dy}} = -\frac{1}{\sin y} = -\frac{1}{\sqrt{1-\cos^2 y}} = -\frac{1}{\sqrt{1-x^2}}.$$

問 **2.15** (1) $f'(x) = -\dfrac{1}{\sqrt{1-x^2}}$ (2) $f'(x) = -\dfrac{2x}{\sqrt{1-x^4}}$
(3) $f(x) = -\dfrac{1}{x^2+1}$

問 **2.16** (1) $f'(x) = \dfrac{1}{x \log 2}$ (2) $f'(x) = \dfrac{2}{x}$ (3) $f'(x) = \dfrac{2x}{x^2+1}$
(4) $f'(x) = 5^x \log 5$ (5) $f'(x) = 2x e^{x^2+1}$
(6) $f'(x) = \pi x^{\pi-1} - \pi e^{\pi x}$

問 **2.17** (1) $f'(x) = x^{2x}(2 \log x + 2)$ (2) $f'(x) = x^{x^2}(2x \log x + x)$
(3) $f'(x) = (x^2+1)^x \left(\log(x^2+1) + \dfrac{2x^2}{x^2+1} \right)$

問 **2.18** (1) $f(x) = 20x^3 + 18x - 4$ (2) $f(x) = -\dfrac{1}{x^2}$
(3) $f(x) = \dfrac{1}{(x^2+1)\sqrt{x^2+1}}$

問 **2.19** (1) $f^{(n)}(x) = \dfrac{(-1)^n n!}{x^{n+1}}$ (2) $f^{(n)}(x) = 3^n e^{3x}$

問 **2.20** (1) $\dfrac{dy}{dx} = \dfrac{y - x^2}{y^2 - x}$ (2) $\dfrac{dy}{dx} = -\dfrac{y e^{xy} + e^x}{x e^{xy} - e^y}$

問 **2.21** (1) $\dfrac{dy}{dx} = \dfrac{3t^2}{1 - 2t}$ (2) $\dfrac{dy}{dx} = \dfrac{\sin t}{1 - \cos t}$

練習問題

1. (1) $f'(x) = \dfrac{5\sqrt[3]{x^2}}{3} - \dfrac{3}{4\sqrt[4]{x}}$ (2) $f'(x) = -\dfrac{x^2(x^2-3)}{(x-1)^2(x+1)^2}$
(3) $f'(x) = 6x \cos(x^2+1) \sin^2(x^2+1)$

(4) $f'(x) = \dfrac{4\cos 2x}{\sin^2 2x} = \dfrac{4}{\sin 2x \tan 2x}$　(5) $f'(x) = -\dfrac{1}{2\sqrt{x(1-x)}}$

(6) $f'(x) = \dfrac{1}{\sqrt{1-x^2}(\mathrm{Cos}^{-1}x)^2}$　(7) $f'(x) = -\dfrac{3}{x^2+9}$

(8) $f'(x) = \dfrac{\log x + 1}{2}$　(9) $f'(x) = \dfrac{1}{\sqrt{x^2+2}}$　(10) $f'(x) = \dfrac{1}{\sin x}$

(11) $f'(x) = \log 2 \cdot 2^{\sin x} \cos x$　(12) $f'(x) = x^{\frac{1}{x}-2}(1-\log x)$

2. (1) $f^{(n)}(x) = \sin\left(x + \dfrac{\pi n}{2}\right)$ または，「$n=4k$ のとき $f^{(n)}(x) = \sin x$, $n=4k+1$ のとき $f^{(n)}(x) = \cos x$, $n=4k+2$ のとき $f^{(n)}(x) = -\sin x$, $n=4k+3$ のとき $f^{(n)}(x) = -\cos x$」．

(2) $f^{(n)}(x) = (-1)^n \dfrac{n!}{(1+x)^{n+1}}$

(3) $f^{(n)}(x) = \dfrac{e^x + (-1)^n e^{-x}}{2}$ または，「$n=2k$ のとき $f^{(n)}(x) = \dfrac{e^x + e^{-x}}{2}$, $n=2k+1$ のとき $f^{(n)}(x) = \dfrac{e^x - e^{-x}}{2}$」．

(4) $f^{(n)}(x) = (-1)^n (x-n) e^{-x}$

3. (1) $\dfrac{dy}{dx} = -\dfrac{y^2(2x^2y+1)}{x^2(2xy^2+1)}$　(2) $\dfrac{dy}{dx} = -\dfrac{y-\sqrt{1-x^2y^2}}{x-\sqrt{1-x^2y^2}}$

(3) $\dfrac{dy}{dx} = \dfrac{y(y - x\log y)}{x(x - y\log x)}$

4. (1) $\dfrac{dy}{dx} = t^2 + 2t$　(2) $\dfrac{dy}{dx} = -\dfrac{t}{(1+t)^2}$　(3) $\dfrac{dy}{dx} = -2\sin t$

5. $x \neq 1$ において微分可能．$x=1$ において微分可能ではない．

(解説) $x<0$, $1<x$ において定数関数, $0<x<1$ において整関数であるから，これらの区間においては，微分可能である．

(i) $x=0$ において,
$$\lim_{h\to +0} \dfrac{f(0+h)-f(0)}{h} = \lim_{h\to +0} \dfrac{(0+h)^n - 0^n}{h}$$
$$= \lim_{h\to +0} h^{n-1} = 0. \quad (n \geqq 2 \text{ より})$$
$$\lim_{h\to -0} \dfrac{f(0+h)-f(0)}{h} = \lim_{h\to -0} \dfrac{0 - 0^n}{h} = \lim_{h\to -0} \dfrac{0}{h} = 0.$$

よって，$\displaystyle\lim_{h\to 0}\frac{f(0+h)-f(0)}{h}=0$. ゆえに，$f(x)$ は $x=0$ において微分可能である．

(ii) $x=1$ において，
$$\lim_{h\to +0}\frac{f(1+h)-f(1)}{h}=\lim_{h\to +0}\frac{1-1^n}{h}=\lim_{h\to +0}\frac{0}{h}=0.$$
$$\lim_{h\to -0}\frac{f(1+h)-f(1)}{h}=\lim_{h\to -0}\frac{(1+h)^n-1^n}{h}$$
$$=\lim_{h\to -0}({}_nC_1+{}_nC_2 h+{}_nC_3 h^2+\cdots+{}_nC_n h^{n-1})=n.$$

$n\geqq 2$ であるから
$$\lim_{h\to +0}\frac{f(1+h)-f(1)}{h}\neq\lim_{h\to -0}\frac{f(1+h)-f(1)}{h}.$$
ゆえに，$f(x)$ は $x=1$ において微分可能ではない．

以上より，$f(x)$ は $x\neq 1$ において微分可能．$x=1$ において微分可能ではない．

6. (1) $f^{(n)}(x)=(x^2+2nx+n^2-n)e^x$ (2) $f^{(n)}(x)=\dfrac{(n-1)!}{x}$

(解説) (1)
$$f'(x)=2xe^x+x^2 e^x=(x^2+2x)e^x,$$
$$f''(x)=(2x+2)e^x+(x^2+2x)e^x=(x^2+4x+2)e^x,$$
$$f'''(x)=(2x+4)e^x+(x^2+4x+2)e^x=(x^2+6x+6)e^x,$$
$$f^{(4)}(x)=(2x+6)e^x+(x^2+6x+6)e^x=(x^2+8x+12)e^x,\cdots.$$

このことから，第 n 次導関数を予測することもできるだろうが，正確を期すには，ライプニッツの公式を利用して，
$$f^{(n)}(x)=(x^2 e^x)^{(n)}$$
$$={}_nC_0 (x^2)^{(n)} e^x+{}_nC_1(x^2)^{(n-1)}(e^x)'+{}_nC_2(x^2)^{(n-2)}(e^x)''+$$
$$\cdots+{}_nC_{n-3}(x^2)'''(e^x)^{(n-3)}+{}_nC_{n-2}(x^2)''(e^x)^{(n-2)}$$
$$+{}_nC_{n-1}(x^2)'(e^x)^{(n-1)}+{}_nC_n(x^2)(e^x)^{(n)}.$$

$n\geqq 3$ のとき $(x^2)^{(n)}=0$．また，任意の自然数 n に対して $(e^x)^{(n)}=e^x$．よって，
$$f^{(n)}(x)=\frac{n(n-1)}{2}\cdot 2e^x+n\cdot 2xe^x+x^2 e^x$$

$$= (x^2 + 2nx + n^2 - n)e^x.$$

(2) ライプニッツの公式を利用して，
$$f^{(n)}(x) = {}_nC_0(x^{n-1})^{(n)}\log x + {}_nC_1(x^{n-1})^{(n-1)}(\log x)'$$
$$+ {}_nC_2(x^{n-1})^{(n-2)}(\log x)''$$
$$+ \cdots + {}_nC_{n-2}(x^{n-1})''(\log x)^{(n-2)}$$
$$+ {}_nC_{n-1}(x^{n-1})'(\log x)^{(n-1)} + {}_nC_n x^{n-1}(\log x)^{(n)}$$
$$= {}_nC_1(n-1)!\frac{1}{x} + {}_nC_2\frac{(n-1)!}{1!}x \cdot (-1) \cdot \frac{1}{x^2} +$$
$$\cdots + {}_nC_{n-2}\frac{(n-1)!}{(n-3)!}x^{n-3} \cdot (-1)^{n-3}(n-3)! \cdot \frac{1}{x^{n-2}}$$
$$+ {}_nC_{n-1}\frac{(n-1)!}{(n-2)!}x^{n-2} \cdot (-1)^{n-2}(n-2)! \cdot \frac{1}{x^{n-1}}$$
$$+ {}_nC_n\frac{(n-1)!}{(n-1)!}x^{n-1} \cdot (-1)^{n-1}(n-1)! \cdot \frac{1}{x^n}$$
$$= \frac{(n-1)!}{x}\sum_{k=1}^{n}{}_nC_k(-1)^{k-1}$$
$$= \frac{(n-1)!}{x}\left(-\sum_{k=0}^{n}{}_nC_k(-1)^k + 1\right)$$
$$= \frac{(n-1)!}{x}.$$

（二項展開を用いると $\sum_{k=0}^{n}{}_nC_k(-1)^k = (1-1)^n = 0$ なの

7. (1) $\dfrac{d^2y}{dx^2} = \dfrac{y^2 - x^2}{y^3}$ (2) $\dfrac{d^2y}{dx^2} = \dfrac{1 - \cos t}{\sin^3 t}$

(解説) (1) $x^2 - y^2 = a^2$ の両辺を x で微分すると，
$2x - 2y\dfrac{dy}{dx} = 0$ から $x - y\dfrac{dy}{dx} = 0 \cdots\cdots$ ①.

① の両辺をさらに x で微分すると，$1 - \dfrac{dy}{dx} \cdot \dfrac{dy}{dx} - y\dfrac{d^2y}{dx^2} = 0$. ゆえに $y\dfrac{d^2y}{dx^2} = 1 - \left(\dfrac{dy}{dx}\right)^2$. ① から $y \neq 0$ のとき $\dfrac{dy}{dx} = \dfrac{x}{y}$ よって
$\dfrac{d^2y}{dx^2} = \dfrac{1}{y}\left(1 - \dfrac{x^2}{y^2}\right) = \dfrac{y^2 - x^2}{y^3}$.

(別解) ① まで同様. その後, $y \neq 0$ のとき, $\dfrac{dy}{dx} = \dfrac{x}{y}$. ゆえに
$$\dfrac{d^2y}{dx^2} = \dfrac{y - x\frac{dy}{dx}}{y^2} = \dfrac{y - \frac{x^2}{y}}{y^2} = \dfrac{y^2 - x^2}{y^3}.$$

(2) $\dfrac{dx}{dt} = \sin t$, $\dfrac{dy}{dt} = 1 - \cos t$. よって $\dfrac{dx}{dt} \neq 0$ において $\dfrac{dy}{dx} = \dfrac{\frac{dy}{dt}}{\frac{dx}{dt}} = \dfrac{1 - \cos t}{\sin t}$.

ゆえに
$$\dfrac{d^2y}{dx^2} = \dfrac{d}{dx}\left(\dfrac{dy}{dx}\right) = \dfrac{d}{dx}\left(\dfrac{1 - \cos t}{\sin t}\right) = \dfrac{d}{dt}\left(\dfrac{1 - \cos t}{\sin t}\right) \cdot \dfrac{1}{\frac{dx}{dt}}$$
$$= \dfrac{\sin t \sin t - (1 - \cos t)\cos t}{\sin^2 t} \cdot \dfrac{1}{\sin t} = \dfrac{1 - \cos t}{\sin^3 t}.$$

8. (1) $\log a$ (2) 0

(解説) (1) $f(x) = a^x$ とおくと $f'(x) = a^x \log a$, $f(0) = 1$. よって
$$\lim_{x \to 0} \dfrac{a^x - 1}{x} = \lim_{x \to 0} \dfrac{f(0 + x) - f(0)}{x} = f'(0) = \log a.$$

(2) $f(x) = \log(\cos x)$ とおくと $f'(x) = \dfrac{-\sin x}{\cos x} = -\tan x$, $f(0) = 0$. よって
$$\lim_{x \to 0} \dfrac{\log(\cos x)}{x} = \lim_{x \to 0} \dfrac{f(0 + x) - f(0)}{x} = f'(0) = -\tan 0 = 0.$$

9. (1) $\dfrac{dy}{dx} = \dfrac{2\sqrt{y+1}}{3y+2}$ (2) $\dfrac{dy}{dx} = \dfrac{2}{e^y + e^{-y}}$

(解説) (1) $\dfrac{dx}{dy} = \sqrt{y+1} + \dfrac{y}{2\sqrt{y+1}} = \dfrac{3y+2}{2\sqrt{y+1}}$.

x は y の関数であり, $y > 0$ において狭義単調増加関数かつ, 微分可能で $\dfrac{dx}{dy} \neq 0$. よって, 逆関数も微分可能で
$$\dfrac{dy}{dx} = \dfrac{1}{\frac{dx}{dy}} = \dfrac{2\sqrt{y+1}}{3y+2}.$$

(2) $x = \dfrac{1}{2}(e^y - e^{-y}) \cdots (*)$, $\dfrac{dx}{dy} = \dfrac{1}{2}(e^y + e^{-y}) > 0$. x は y の関数で, $(*)$ は狭義単調増加関数かつ, 微分可能で $\dfrac{dx}{dy} \neq 0$. よって, 逆関数

が存在し，逆関数も微分可能で，
$$\frac{dy}{dx} = \frac{1}{\frac{dx}{dy}} = \frac{2}{e^y + e^{-y}}.$$

10. (1) $f'(x) = \dfrac{1}{\sqrt{1-x^2}} = (1-x^2)^{-\frac{1}{2}}$ より $(1-x^2)^{\frac{1}{2}} f'(x) = 1$. 両辺を2乗して
$$(1-x^2)(f'(x))^2 = 1.$$
この両辺を x で微分して
$$-2x \cdot (f'(x))^2 + (1-x^2) \cdot 2f'(x) \cdot f''(x) = 0.$$
$f'(x) \neq 0$ であるから，両辺を $2f'(x)$ で割ると
$$(1-x^2) \cdot f''(x) - x \cdot f'(x) = 0.$$

(2) (1) の式の両辺を n 回微分する．ライプニッツの公式を用いて，
$$\left({}_n C_0 (1-x^2) f^{(n+2)}(x) + {}_n C_1 \cdot (-2x) f^{(n+1)}(x)\right.$$
$$\left. + {}_n C_2 \cdot (-2) f^{(n)}(x)\right) - \left({}_n C_0 x f^{(n+1)}(x) + {}_n C_1 \cdot 1 \cdot f^{(n)}(x)\right) = 0$$
$$(1-x^2) f^{(n+2)}(x) - (2n+1) x f^{(n+1)}(x) - n^2 f^{(n)}(x) = 0.$$
$x = 0$ とおくと，
$$f^{(n+2)}(0) = n^2 f^{(n)}(0) \quad (n = 0, 1, 2, 3, \ldots).$$
n を $n-2$ に代えると，
$$f^{(n)}(0) = (n-2)^2 f^{(n-2)}(0) \quad (n = 2, 3, 4, \ldots).$$
以下，$(n-4), (n-6), \ldots$ と代えていくと，n が偶数ならば $f(0)$ に，n が奇数ならば $f'(0)$ に，それぞれ達する．ただし，$f(0) = \mathrm{Sin}^{-1} 0 = 0$, $f'(0) = 1$ なので，
$$f^{(n)}(0) = \begin{cases} 0 & (n \text{ は偶数}) \\ (n-2)^2 (n-4)^2 \cdots \cdots 5^2 \cdot 3^2 \cdot 1^2 & (n \text{ が奇数}) \end{cases}.$$

第3章

問 3.1　略

問 3.3　略

問 3.4　$\sqrt{\dfrac{7}{3}}$

問 **3.5** 略

問 **3.6**
  (1) $\dfrac{1}{2}$ (2) $-\dfrac{1}{6}$ (3) 0

問 **3.7**

問 **3.8** 略

問 **3.9** $f(x) = x^4 + x^3 - 2 \quad f'(x) = 4x^3 + 3x^2 = 4x^2\left(x + \dfrac{3}{4}\right)$

x	$\cdots$	$-\dfrac{3}{4}$	$\cdots$	0	$\cdots$
$f'(x)$	$-$	0	$+$	0	$+$
$f(x)$	↘	$-\dfrac{539}{256}$	↗	-2	↗

$x = -\dfrac{3}{4}$ で極小となり，極小値は $-\dfrac{539}{256}$ である．

$$\lim_{x \to \pm\infty} f(x) = \lim_{x \to \pm\infty} x^4\left(1 + \dfrac{1}{x} - \dfrac{2}{x^4}\right) = +\infty$$

したがって，グラフの概形は次のようになる．

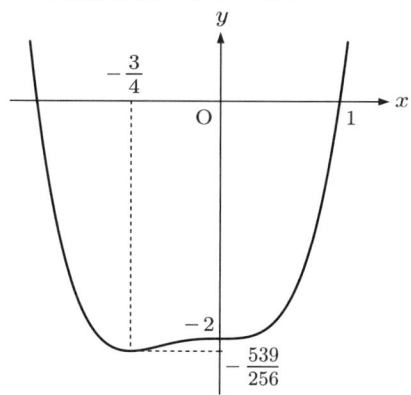

問 **3.10** 略

問 **3.11** $f'(x) = px^{p-1}e^{-x} + x^p(-e^{-x}) = -(x-p)x^{p-1}e^{-x}$ であるから，増減表は，

x	0	$\cdots$	p	$\cdots$
$f'(x)$	0	$+$	0	$-$
$f(x)$	0	$\nearrow$	$\dfrac{p^p}{e^p}$	$\searrow$

となるので，$f(x)$ は $x=p$ で極大値 $p^p e^{-p}$ をとる．

問 3.12
$$f'(x) = 2\cos x - 2\cos 2x = -4\left(\cos x + \frac{1}{2}\right)(\cos x - 1)$$
であるから，増減表は，

x	0	$\cdots$	$\dfrac{2}{3}\pi$	$\cdots$	$\dfrac{4}{3}\pi$	$\cdots$	0
$f'(x)$	0	$+$	0	$-$	0	$+$	0
$f(x)$	1	$\nearrow$	$\dfrac{3\sqrt{3}}{2}$	$\searrow$	$-\dfrac{3\sqrt{3}}{2}$	$\nearrow$	0

よって，$x = \dfrac{2}{3}\pi$ で最大値 $\dfrac{3\sqrt{3}}{2}$ をとり，$x = \dfrac{4}{3}\pi$ で最小値 $-\dfrac{3\sqrt{3}}{2}$ をとる．

問 3.13 一辺の長さが $\dfrac{\ell}{4}$ の正方形

問 3.14 一辺の長さが $\sqrt{2}\,r$ の正方形

問 3.15 (1) $e^x = 1 + x + \dfrac{1}{2!}x^2 + \cdots + \dfrac{1}{n!}x^n + \dfrac{e^c}{(n+1)!}x^{n+1}$

(2) $\cos x = 1 - \dfrac{1}{2!}x^2 + \dfrac{1}{4!}x^4 - \cdots + (-1)^n \dfrac{\cos c}{(2n)!}x^{2n}$

問 3.16 略

問 3.17 (1) $a^x = 1 + x\log a + \dfrac{1}{2}(x\log a)^2 + \dfrac{1}{3!}(x\log a)^3$
$$+ \cdots + \dfrac{1}{n!}(x\log a)^n + \cdots$$

(2) $\sin 2x = 2x - \dfrac{2^3}{3!}x^3 + \dfrac{2^5}{5!}x^5 - \cdots + \dfrac{(-1)^{n-1}2^{2n-1}}{(2n-1)!}x^{2n-1} + \cdots$

(3) $\dfrac{1}{1+x} = 1 - x + x^2 - \cdots + (-1)^n x^n + \cdots$

問 3.18 略

問 3.22 $f(x) = e^x - 1 - x$ とおく．$f'(x) = e^x - 1$ であるから，増減表は，

x	$\cdots$	0	$\cdots$
$f'(x)$	$-$	0	$+$
$f(x)$	$\searrow$	0	$\nearrow$

よって, $f(x)$ は $x=0$ のとき最小値 0 をとる. したがって, すべての x に対して, $f(x) = e^x - 1 - x \geqq 0$, すなわち, $e^x \geqq 1+x$.

問 3.23 $f(x) = x - \dfrac{x^2}{2} + ax^3 - \log(1+x)$ とする.

(1) 真数条件より $1+x > 0$ なので $x > -1$ (例題 3.30 では, 条件に 「$x > 0$」 があるが, このように隠されている場合もある. 注意したい.)

$$f'(x) = 1 - x + 3ax^2 - \frac{1}{1+x} = \frac{1 - x^2 + 3ax^2 + 3ax^3 - 1}{1+x}$$
$$= \frac{x^2\{3ax - (1-3a)\}}{1+x}$$

よって, $x = \dfrac{1-3a}{3a} = \dfrac{1}{3a} - 1$ で, y は最小値をとる.

(2) (1) の $f(x)$ の最小値が 0 以上となるような a の値を求めればよい.
$f(0) = 0 - 0 + 0 - \log 1 = 0$ であるので,

(ア) $\dfrac{1}{3a} - 1 \neq 0$ ならば, $f\left(\dfrac{1}{3a} - 1\right) < f(0) = 0$ つまり, $f(x)$ の最小値 < 0

(イ) $\dfrac{1}{3a} - 1 = 0$ ならば, $f\left(\dfrac{1}{3a} - 1\right) = f(0) = 0$ つまり, $f(x)$ の最小値 $= 0$ となる.

よって, (イ) より, $1 = 3a$ なので, $a = \dfrac{1}{3}$

問 3.24 $f(x) = \dfrac{\log x}{x}$ とおく.

(1) $f'(x) = \dfrac{(\log x)' \cdot x - (\log x) \cdot x'}{x^2} = \dfrac{\frac{1}{x} \cdot x - \log x}{x^2} = \dfrac{1 - \log x}{x^2}$

よって, グラフは, 次図のようになる.

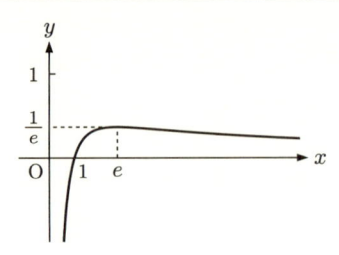

(2) $\quad a^b = b^a \iff \log a^b = \log b^a \iff b\log a = a\log b$
$$\iff \frac{\log a}{a} = \frac{\log b}{b} \iff f(a) = f(b)$$

これを満たす a, b が存在するためには, $y = k$ (k は定数) と $y = \dfrac{\log x}{x}$ が 2 つの交点をもつ必要がある. さらには, a, b は正の整数であり, $a < b$ でもあるので, グラフより, $1 < a < e, e < b$ となり, (ここで, 関数 $f(x)$ が, $0 < x < e$ で単調増加, $e < x$ で単調減少であることが重要である. そのため, $0 < x < e, e < x$ それぞれで, $k = \dfrac{\log x}{x}$ の解が 1 つずつになっている.) $2 < e < 3$ なので, $a = 2$ のみがこれらを満たす. $a = 2$ とすると, $2^b = b^2$ であり, これを満たす正の整数 b は, $b = 4$ である. よって, $a = 2$, $b = 4$ である.

練習問題

1. (1) $\displaystyle\lim_{x \to 0} \frac{e^{3x} - 1}{x} = \lim_{x \to 0} \frac{3e^{3x}}{1} = 3$

   (2) $\displaystyle\lim_{x \to 0} \frac{4^x - 1}{3^x - 1} = \lim_{x \to 0} \frac{4^x \log 4}{3^x \log 3} = \frac{\log 4}{\log 3}$

   (3) $\displaystyle\lim_{x \to 0} \frac{e^x - \cos x}{\sin x} = \lim_{x \to 0} \frac{e^x + \sin x}{\cos x} = 1$

   (4) $\displaystyle\lim_{x \to 0} \frac{\sin x - x}{x \sin x} = \lim_{x \to 0} \frac{\cos x - 1}{\sin x + x \cos x} = \lim_{x \to 0} \frac{-\sin x}{2\cos x - x \sin x} = 0$

   (5) $\displaystyle\lim_{x \to \infty} \frac{\log(1 + x^2)}{\log x} = \lim_{x \to \infty} \frac{2x^2}{1 + x^2} = \lim_{x \to \infty} \frac{2}{\frac{1}{x^2} + 1} = 2$

   (6) $\displaystyle\lim_{x \to +0} \frac{\log(e^x - 1)}{\log x} = \lim_{x \to +0} \frac{xe^x}{e^x - 1} = \lim_{x \to +0} \frac{e^x(1 + x)}{e^x}$
   $= \displaystyle\lim_{x \to +0} (1 + x) = 1$

(7) $\displaystyle\lim_{x \to 1} \frac{e^x - ex}{x \log x - x + 1} = \lim_{x \to 1} \frac{e^x - e}{\log x} = \lim_{x \to 1} xe^x = e$

(8) $\displaystyle\lim_{x \to +0} x(\log x)^2 = \lim_{x \to +0} \frac{(\log x)^2}{\frac{1}{x}} = \lim_{x \to +0} \frac{2(\log x)}{\left(-\frac{1}{x}\right)} = \lim_{x \to +0} 2x = 0$

2. 求める直円柱の底面の半径を x, 直円柱の高さを y とすると $(0 < x < r)$,

$$h : y = r : (r - x) \text{ であるから、} y = \frac{h(r - x)}{r} \text{ である。}$$

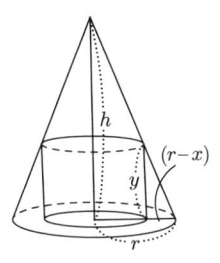

(1) 体積 $V = \pi x^2 y = \pi x^2 \dfrac{h(r-x)}{r} = \dfrac{\pi h}{r} x^2 (r - x)$

$\dfrac{dV}{dx} = -\dfrac{3\pi h}{r} x \left(x - \dfrac{2}{3} r \right)$

x	0	$\cdots$	$\frac{2}{3}r$	$\cdots$	r
V'		+	0	−	
V		↗	極大	↘	

$x = \dfrac{2}{3} r$ で極大で同時に最大となる。

このとき、$y = \dfrac{h}{3}$ となり、体積 V の最大値は $\dfrac{4\pi r^2 h}{27}$ である。

(2) 表面積 $S = 2\pi x^2 + 2\pi xy = 2\pi x^2 + \dfrac{2\pi h}{r}(r - x)x$

$\dfrac{dS}{dx} = 4\pi x + \dfrac{2\pi h}{r}(r - 2x) = -4\pi \left(\dfrac{h}{r} - 1 \right) x + 2\pi h$

(i) $2r \geqq h$ のとき、$0 < x < r$ において $\dfrac{dS}{dx} > 0$ だから、$0 < x < r$ における S の最大値は存在しない。

(ii) $2r < h$ のとき、

x	0	$\cdots$	$\dfrac{hr}{2(h-r)}$	$\cdots$	r
$\dfrac{dS}{dx}$		$+$	0	$-$	
S		↗	極大	↘	

$x = \dfrac{rh}{2(h-r)}$ で S は極大であり，最大である．このとき $y = \dfrac{h(h-2r)}{2(h-r)}$ となり，表面積 S の最大値は $\dfrac{\pi h^2 r}{2(h-r)}$ である．

3. (1) 直円柱の底面の半径を y，高さを x とすれば体積は，

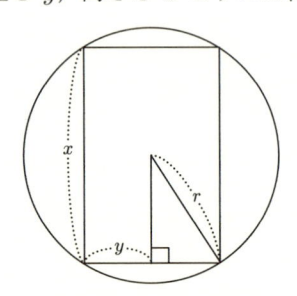

$$V = \pi y^2 x \quad (0 \leqq x \leqq 2r)$$

$$y^2 + \left(\dfrac{x}{2}\right)^2 = r^2 \text{から，} \quad y^2 = r^2 - \dfrac{x^2}{4}$$

$$V = \pi\left(r^2 - \dfrac{x^2}{4}\right)x \quad \dfrac{dV}{dx} = -\dfrac{3}{4}\pi\left(x - \dfrac{2}{\sqrt{3}}r\right)\left(x + \dfrac{2}{\sqrt{3}}r\right)$$

x	0	$\cdots$	$\dfrac{2}{\sqrt{3}}r$	$\cdots$	$2r$
$\dfrac{dV}{dx}$		$+$	0	$-$	
V		↗	極大	↘	

$x = \dfrac{2}{\sqrt{3}}r$ のとき極大，かつ最大である．

高さが $\dfrac{2}{\sqrt{3}}r$ のとき最大体積である．

(2) 直円錐の底面の半径を y，高さを x とすれば体積は，

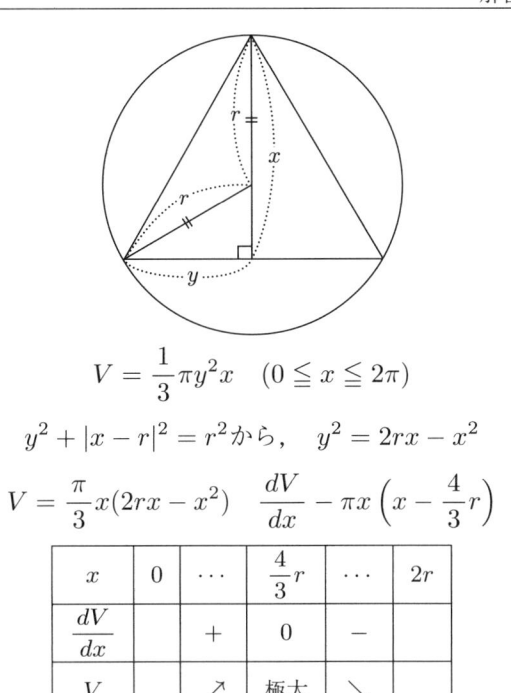

$$V = \frac{1}{3}\pi y^2 x \quad (0 \leqq x \leqq 2\pi)$$

$y^2 + |x-r|^2 = r^2$ から, $\quad y^2 = 2rx - x^2$

$$V = \frac{\pi}{3}x(2rx - x^2) \quad \frac{dV}{dx} = \pi x\left(x - \frac{4}{3}r\right)$$

x	0	$\cdots$	$\frac{4}{3}r$	$\cdots$	$2r$
$\dfrac{dV}{dx}$		+	0	−	
V		↗	極大	↘	

$x = \dfrac{4}{3}r$ のとき極大, かつ最大である.

高さが $\dfrac{4}{3}r$ のとき最大体積である.

(3) 直円錐の底面の半径を y, 高さを x とすれば側面積は,

$$S = \frac{1}{2}\sqrt{x^2+y^2} \cdot 2\pi y \quad (0 \leqq x \leqq 2r)$$

(2)と同様に, $y^2 = 2rx - x^2$

$$S = \pi\sqrt{2rx}\sqrt{2rx-x^2} = \pi x\sqrt{4r^2 - 2rx}$$

$$\frac{dS}{dx} = \pi\left(\sqrt{4r^2-2rx} - x\frac{r}{\sqrt{4r^2-2rx}}\right) = \pi r\frac{-3x+4r}{\sqrt{4r^2-2rx}}$$

x	0	$\cdots$	$\frac{4}{3}r$	$\cdots$	$2r$
$\dfrac{dS}{dx}$		+	0	−	
S		↗	極大	↘	

$x = \dfrac{4}{3}r$ のとき極大，かつ最大である．

$x = \dfrac{4}{3}r$ のとき最大側面積である．

4. (1) $f(x) = e^{2x}, f'(x) = 2e^{2x}, f''(x) = 2^2 e^{2x}, f^{(3)}(x) = 2^3 e^{2x}, \ldots$
$f^{(k)}(x) = 2^k e^{2x} \ (k = 0, 1, 2, 3, \ldots)$
$f(0) = 1, f'(0) = 2, f''(0) = 2^2, f^{(3)}(0) = 2^3, \ldots$
$f^{(k)}(0) = \quad 2^k \ (k = 0, 1, 2, 3, \ldots)$

$$e^{2x} = 1 + \frac{2}{1!}x + \frac{2^2}{2!}x^2 + \frac{2^3}{3!}x^3 + \cdots + \frac{2^n}{n!}x^n + \cdots$$
$$= 1 + 2x + \frac{(2x)^2}{2!} + \frac{(2x)^3}{3!} + \cdots + \frac{(2x)^n}{n!} + \cdots$$

(2) $f(x) = \cos^x = \dfrac{1}{2} + \dfrac{1}{2}\cos 2x$

$g(x) = \cos 2x, g'(x) = -2\sin 2x = 2\cos\left(2x + \dfrac{\pi}{2}\right)$,

$g''(x) = -2^2 \sin\left(2x + \dfrac{\pi}{2}\right) = 2^2 \cos\left(2x + \dfrac{2}{2}\pi\right)$

$g^{(3)}(x) = 2^3 \cos\left(2x + \dfrac{3}{2}\pi\right), \ldots \quad g^{(k)}(x) = 2^k \cos\left(2x + \dfrac{k}{2}\pi\right)$
$(k = 0, 1, 2, 3, \ldots)$

$g^{(2k-1)}(0) = 0, g^{(2k)}(0) = (-1)^k 2^{2k} \ (k = 0, 1, 2, 3, \ldots)$

$\cos^2 x = \dfrac{1}{2} + \dfrac{1}{2}\left(1 + \dfrac{0}{1!}x + \dfrac{-2^2}{2!}x^2 + \dfrac{0}{3!} + \cdots + \dfrac{(-1)^n 2^{2n}}{(2n)!}x^{2n}\right.$
$\left. + \cdots\right) = 1 - \dfrac{2}{2!}x^2 + \dfrac{8}{4!}x^4 + \cdots + (-1)^n \dfrac{2^{2n-1}}{(2n)!}x^{2n} + \cdots$

(3) $f(x) = \dfrac{1}{(1+x)^2} = (1+x)^{-2}, f'(x) = -2(1+x)^{-3}$,

$f''(x) = (-1)^2 \cdot 2 \cdot 3(1+x)^{-4}$

$f^{(3)}(x) = (-1)^3 \cdot 2 \cdot 3 \cdot 4(1+x)^{-5}, \ldots, f^{(k)}(x) = (-1)^k (k+1)!(1+x)^{-(k+2)} \ (k = 0, 1, 2, 3, \ldots)$

$f(0) = 1, f'(0) = -2, f''(0) = (-1)^2 3!, f^{(3)}(0) = (-1)^3 4!, \ldots,$
$f^{(k)}(0) = (-1)^k (k+1)! \ (k = 0, 1, 2, 3, \ldots)$

$$\frac{1}{(1+x)^2} = 1 + \frac{-2}{1!}x + \frac{(-1)^2 3!}{2!}x^2 + \frac{(-1)^3 4!}{3!}x^3 + \cdots$$

$$+ \frac{(-1)^n(n+1)!}{n!}x^n + \cdots$$
$$= 1 - 2x + 3x^2 - 4x^3 + \cdots + (-1)^n(n+1)x^n + \cdots$$

5. (1) $f(x) = xe^{-x^2}$ $f(-x) = -xe^{-x^2} = -f(x)$ なので, $y = f(x)$ のグラフは原点対称である.

$$f'(x) = e^{-x^2} - 2x^2 e^{-x^2}$$
$$= (1 - 2x^2)e^{-x^2} = -2\left(x - \frac{1}{\sqrt{2}}\right)\left(x + \frac{1}{\sqrt{2}}\right)e^{-x^2}$$
$$f''(x) = -4xe^{-x^2} - 2x(1 - 2x^2)e^{-x^2}$$
$$= 4x\left(x - \sqrt{\frac{3}{2}}\right)\left(x + \sqrt{\frac{3}{2}}\right)e^{-x^2}$$

x	$\cdots$	$-\sqrt{\frac{3}{2}}$	$\cdots$	$-\frac{1}{\sqrt{2}}$	$\cdots$	0	$\cdots$	$\frac{1}{\sqrt{2}}$	$\cdots$	$\sqrt{\frac{3}{2}}$	$\cdots$
$f'(x)$	$-$	$-$	$-$	0	$+$	$+$	$+$	0	$-$	$-$	$-$
$f''(x)$	$-$	0	$+$	$+$	$+$	0	$-$	$-$	$-$	0	$+$
$f(x)$	↘	$-\frac{\sqrt{6}}{2}e^{-\frac{3}{2}}$	↘	$-\frac{\sqrt{2}}{2}e^{-\frac{1}{2}}$	↗	0	↗	$\frac{\sqrt{2}}{2}e^{-\frac{1}{2}}$	↘	$\frac{\sqrt{6}}{2}e^{-\frac{3}{2}}$	↘

$$\lim_{x \to \pm\infty} xe^{-x^2} = 0$$

$x = -\frac{\sqrt{2}}{2}$ で極小となり,極小値は $-\frac{\sqrt{2}}{2}e^{-\frac{1}{2}}$ であり, $x = \frac{\sqrt{2}}{2}$ で極大となり,極大値は $\frac{\sqrt{2}}{2}e^{-\frac{1}{2}}$ である.また, $-\frac{\sqrt{6}}{2} \leqq x \leqq 0$, $\frac{\sqrt{6}}{2} \leqq x$ で下に凸であり, $x \leqq -\frac{\sqrt{6}}{2}$, $0 \leqq x \leqq \frac{\sqrt{6}}{2}$ で上に凸である.したがって,グラフの概形は,図のようになる.

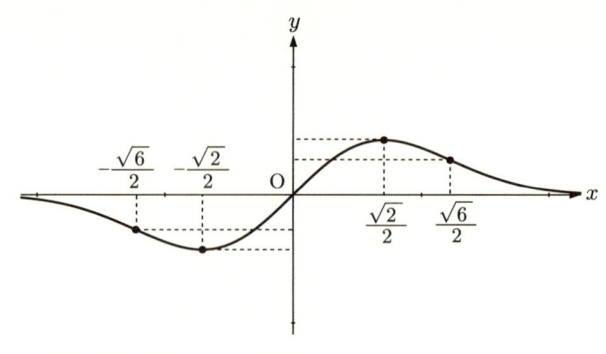

(2)　$f(x) = e^{-x}\cos x$

$f'(x) = -e^{-x}\cos x - e^{-x}\sin x = -e^{-x}(\sin x + \cos x)$
$ = -\sqrt{2}e^{-x}\sin\left(x + \dfrac{\pi}{4}\right)$

$f''(x) = e^{-x}(\sin x + \cos x) - e^{-x}(\cos x - \sin x) = 2e^{-x}\sin x$

定義域を $0 \leqq x \leqq 2\pi$ として増減表を作成すると，

x	0	$\cdots$	$\dfrac{3}{4}\pi$	$\cdots$	π	$\cdots$	$\dfrac{7}{4}\pi$	$\cdots$	2π
$f'(x)$	$-$	$-$	0	$+$	$+$	$+$	0	$-$	$-$
$f''(x)$	0	$+$	$+$	$+$	0	$-$	$-$	$-$	0
$f(x)$	1	↘	$-\dfrac{\sqrt{2}}{2}e^{-\frac{3}{4}\pi}$	↗	$-e^{-\pi}$	↗	$\dfrac{\sqrt{2}}{2}e^{-\frac{7}{4}\pi}$	↘	$e^{-2\pi}$

n を整数とすれば，一般角では，$x = \left(2n + \dfrac{3}{4}\right)\pi$ で極小で，極小値は $-\dfrac{\sqrt{2}}{2}e^{-(2n+\frac{3}{4})\pi}$ であり，$x = \left(2n + \dfrac{7}{4}\right)\pi$ で極大で，極大値は $\dfrac{\sqrt{2}}{2}e^{-(2n+\frac{7}{4})\pi}$ である．

また，n を整数とすると，$2n\pi \leqq x \leqq (2n+1)\pi$ で下に凸，$(2n+1)\pi \leqq x \leqq (2n+2)\pi$ で上に凸である．

さらに，$|\cos x| \leqq 1$ なので，$0 \leqq e^{-x}|\cos x| \leqq e^{-x}$ であり，$\displaystyle\lim_{x \to +\infty} e^{-x} = 0$ であるから，

$\displaystyle\lim_{x \to +\infty} e^{-x}\cos x = 0$

したがって，グラフの概形は図のようになる．

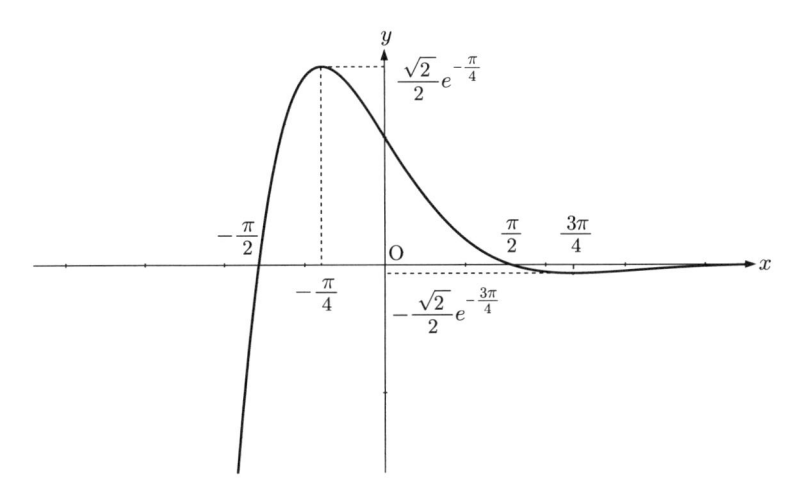

(3) $f(x) = x \log \dfrac{x}{2}$ 定義域は，$x > 0$.

$f'(x) = \log \dfrac{x}{2} + 1$ $f''(x) = \dfrac{1}{x}$

x	0	$\cdots$	$\dfrac{2}{e}$	$\cdots$
$f'(x)$	/	$-$	0	$+$
$f''(x)$	/	$+$	$+$	$+$
$f(x)$	/	↘	$-\dfrac{2}{e}$	↗

$x = \dfrac{2}{e}$ で極小となり，極小値は $-\dfrac{2}{e}$ である．また，$x > 0$ で下に凸である．ロピタルの定理より

$$\lim_{x \to +0} f(x) = \lim_{x \to +0} \dfrac{\log \frac{x}{2}}{\frac{1}{x}} = \lim_{x \to +0} \dfrac{\frac{1}{x}}{-\frac{1}{x^2}} = \lim_{x \to +0}(-x) = 0,$$

$$\lim_{x \to +\infty} f(x) = +\infty$$

したがって，グラフの概形は，次のようになる．

(4)　$f(x) = x^2 e^{-x}$
$f'(x) = (-x^2 + 2x)e^{-x} = -x(x-2)e^{-x}$
$f''(x) = (-2x+2)e^{-x} - (-x^2+2x)e^{-x}$
　　　$= (x-(2-\sqrt{2}))(x-(2+\sqrt{2}))e^{-x}$

x	$\cdots$	0	$\cdots$	$2-\sqrt{2}$	$\cdots$	2	$\cdots$	$2+\sqrt{2}$	$\cdots$
$f'(x)$	$-$	0	$+$	$+$	$+$	0	$-$	$-$	$-$
$f''(x)$	$+$	$+$	$+$	0	$-$	$-$	$-$	0	$+$
$f(x)$	↘	0	↗	$(6-4\sqrt{2})e^{-2+\sqrt{2}}$	↗	$\dfrac{4}{e^2}$	↘	$(6+4\sqrt{2})e^{-2-\sqrt{2}}$	↘

$x=0$ で極小となり，極小値は 0 であり，$x=2$ で極大となり，極大値は $\dfrac{4}{e^2}$ である．

また，$x \leqq 2-\sqrt{2}$，$2+\sqrt{2} \leqq x$ で下に凸であり，$2-\sqrt{2} \leqq x \leqq 2+\sqrt{2}$ で上に凸である．

$\displaystyle\lim_{x\to+\infty} f(x) = \lim_{x\to+\infty} \dfrac{2x}{e^x} = \lim_{x\to+\infty} \dfrac{2}{e^x} = 0,\ \lim_{x\to-\infty} f(x) = +\infty$

したがって，グラフの概形は次のようになる．

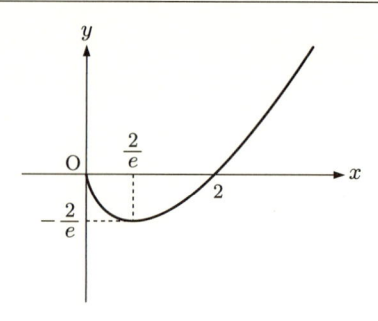

グラフ: $(6+4\sqrt{2})e^{-2-\sqrt{2}}$, $(6-4\sqrt{2})e^{-2+\sqrt{2}}$, $\dfrac{4}{e^2}$, x軸上の点 $-2, 0, 2-\sqrt{2}, 2, 2+\sqrt{2}, 4, 6$

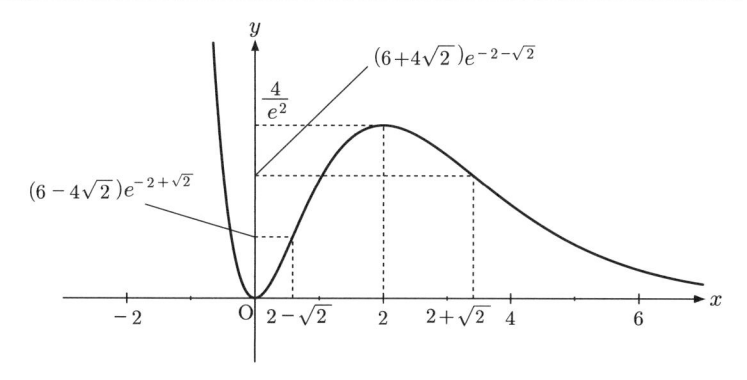

6. 数学的帰納法を用いて，$n \geqq 2$ を満たすすべての自然数について
$$f(\lambda_1 x_1 + \lambda_2 x_2 + \lambda_3 x_3 + \cdots + \lambda_n x_n)$$
$$\leqq \lambda_1 f(x_1) + \lambda_2 f(x_2) + \lambda_3 f(x_3) + \cdots + \lambda_n f(x_n) \qquad (*)$$
を証明する．

(ア) $n=2$ のとき，

関数 $f(x)$ が開区間 (a, b) で下に凸であるから，定義 (121 ページ)
$$f(\lambda_1 x_1 + \lambda_2 x_2) = f(\lambda_1 x_1 + (1-\lambda_1)x_2) \leqq \lambda_1 f(x_1) + (1-\lambda_1)f(x_2)$$
$$= \lambda_1 f(x_1) + \lambda_2 f(x_2)$$
よって，$n=2$ のとき成り立つ．

(イ) $n=k \ (\geqq 2)$ のとき，
$$f(\lambda_1 x_1 + \lambda_2 x_2 + \lambda_3 x_3 + \cdots + \lambda_k x_k)$$
$$\leqq \lambda_1 f(x_1) + \lambda_2 f(x_2) + \lambda_3 f(x_3) + \cdots + \lambda_k f(x_k) \qquad ①$$
(ただし，$\lambda_i > 0 \ (i=1, 2, 3, \cdots, k)$，$\lambda_1 + \lambda_2 + \lambda_3 + \cdots + \lambda_k = 1$)
が成り立つと仮定すると，

$n=k+1$ のとき
$$f(\lambda_1 x_1 + \lambda_2 x_2 + \lambda_3 x_3 + \cdots + \lambda_k x_k + \lambda_{k+1} x_{k+1})$$
$$= f\left((\lambda_1 + \lambda_2 + \lambda_3 + \cdots + \lambda_k)\frac{\lambda_1 x_1 + \lambda_2 x_2 + \lambda_3 x_3 + \cdots + \lambda_k x_k}{\lambda_1 + \lambda_2 + \lambda_3 + \cdots + \lambda_k} + \lambda_{k+1} x_{k+1}\right)$$
$$= f\left((\lambda_1 + \lambda_2 + \cdots + \lambda_k)\frac{\lambda_1 x_1 + \lambda_2 x_2 + \lambda_3 x_3 + \cdots + \lambda_k x_k}{\lambda_1 + \lambda_2 + \lambda_3 + \cdots + \lambda_k} + \lambda_{k+1} x_{k+1}\right)$$
定理 3.9(2) を用いて，
$$\leqq (\lambda_1 + \lambda_2 + \lambda_3 + \cdots + \lambda_k) f\left(\frac{\lambda_1 x_1 + \lambda_2 x_2 + \lambda_3 x_3 + \cdots + \lambda_k x_k}{\lambda_1 + \lambda_2 + \lambda_3 + \cdots + \lambda_k}\right) + \lambda_{k+1} f(x_{k+1})$$

① を用いて
$$\leqq (\lambda_1 + \lambda_2 + \lambda_3 + \cdots + \lambda_k)\left(\frac{\lambda_1}{\lambda_1 + \lambda_2 + \cdots + \lambda_k}f(x_1) + \frac{\lambda_2}{\lambda_1 + \lambda_2 + \cdots + \lambda_k}f(x_2)\right.$$
$$\left. + \cdots\cdots \quad \cdots + \frac{\lambda_k}{\lambda_1 + \lambda_2 + \cdots + \lambda_k}f(x_k)\right) + \lambda_{k+1}f(x_{k+1})$$
$$= \lambda_1 f(x_1) + \lambda_2 f(x_2) + \lambda_3 f(x_3) + \cdots + \lambda_{k+1}f(x_{k+1})$$

よって，$n = k+1$ のとき成り立つ．

(ア)(イ) より，2 以上のすべての自然数について，(*) は成り立つ．

7. $f(x) = -\log x \ (x > 0)$ とおく，$f'(x) = -\dfrac{1}{x}$, $f''(x) = \dfrac{1}{x^2}$
$f''(x) > 0$ なので，$x > 0$ で $f(x)$ は下に凸である．
6.について，$\lambda_1 = \lambda_2 = \lambda_3 = \cdots = \lambda_n = \dfrac{1}{n}$ とすると,
n 個の正の数 $x_1, x_2, x_3, \ldots, x_n$ に対して，$f\left(\dfrac{x_1 + x_2 + \cdots + x_n}{n}\right) \leqq$
$\dfrac{1}{n}(f(x_1) + f(x_2) + \cdots + f(x_n))$
等号成立は，$x_1 = x_2 = x_3 = \cdots = x_n$ のときに限る．
$$-\log\frac{x_1 + x_2 + \cdots + x_n}{n} \leqq \frac{1}{n}(-\log x_1 - \log x_2 - \log x_3 - \cdots - \log x_n)$$
$$\log\frac{x_1 + x_2 + \cdots + x_n}{n} \geqq \frac{1}{n}\log(x_1 x_2 x_3 \cdots x_n)$$
$$\log\frac{x_1 + x_2 + \cdots + x_n}{n} \geqq \log\sqrt[n]{x_1 x_2 x_3 \cdots x_n}$$
$$\frac{x_1 + x_2 + \cdots + x_n}{n} \geqq \sqrt[n]{x_1 x_2 x_3 \cdots x_n}$$

幾何的なアイディアを活用して，以下の別証明もある．

 与えられた不等式の両辺は正なので，
$$\frac{\log x_1 + \log x_2 + \cdots + \log x_n}{n} \leqq \log\frac{x_1 + x_2 + \cdots + x_n}{n}$$ が証明されればよい．

$g(x) = \log x$, $g'(x) = \dfrac{1}{x}$, $g''(x) = -\dfrac{1}{x^2} < 0$ であるから，$g(x)$ は上に凸，よって，$y = g(x)$ 上の n 個の点 $(x_k, \log x_k)$ $(k = 1, 2, 3, \ldots, n)$ を結ぶ凸多角形の重心
$G\left(\dfrac{x_1 + x_2 + \cdots + x_n}{n}, \dfrac{\log x_1 + \log x_2 + \cdots + \log x_n}{n}\right)$
は凸多角形の内部にある．

よって, $\log \dfrac{x_1 + x_2 + \cdots + x_n}{n} \geqq \dfrac{\log x_1 + \log x_2 + \cdots + \log x_n}{n}$

(以下, 略)

第 4 章

問 4.1 (1) $\displaystyle 0 \leqq \sum_{k=1}^{n} f(\xi_k)(x_k - x_{k-1}) = S(f, \Delta, \xi_1, \ldots, \xi_n)$

$\displaystyle \to \int_a^b f(x)\,dx \ (|\Delta| \to 0).$

よって, $\displaystyle \int_a^b f(x)\,dx \geqq 0.$

(2) まず, $f(x)$ が連続ならば, $|f(x)|$ も連続, よって $|f(x)|$ は積分可能であることに注意する. このとき,

$\displaystyle |S(f, \Delta, \xi_1, \ldots, \xi_n)| = \left|\sum_{k=1}^{n} f(\xi_k)(x_k - x_{k-1})\right|$

$\displaystyle \leqq \sum_{k=1}^{n} |f(\xi_k)|(x_k - x_{k-1}) = S(|f|, \Delta, \xi_1, \ldots, \xi_n).$

よって, 両辺の極限をとれば, $\displaystyle \left|\int_a^b f(x)\,dx\right| \leqq \int_a^b |f(x)|\,dx.$

問 4.2 明らかに,

$S(kf, \Delta, \xi_1, \ldots, \xi_n) = kS(f, \Delta, \xi_1, \ldots, \xi_n).$

よって, 両辺の極限をとれば, $\displaystyle \int_a^b kf(x)\,dx = k\int_a^b f(x)\,dx.$

問 4.3

$\displaystyle \dfrac{d}{dx}\left(\dfrac{1}{2}\left(x\sqrt{x^2+1} + \log\left|x + \sqrt{x^2+1}\right|\right) + C\right)$

$\displaystyle = \dfrac{1}{2}\left(\dfrac{d}{dx}x\sqrt{x^2+1} + \dfrac{d}{dx}\log\left|x + \sqrt{x^2+1}\right|\right)$

$\displaystyle = \dfrac{1}{2}\left(\left(\sqrt{x^2+1} + x \cdot \dfrac{x}{\sqrt{x^2+1}}\right) + \dfrac{1}{x + \sqrt{x^2+1}} \cdot \left(1 + \dfrac{x}{\sqrt{x^2+1}}\right)\right)$

$\displaystyle = \dfrac{1}{2}\left(\dfrac{x^2+1}{\sqrt{x^2+1}} + \dfrac{x^2}{\sqrt{x^2+1}} + \dfrac{1}{x + \sqrt{x^2+1}} \cdot \dfrac{\sqrt{x^2+1} + x}{\sqrt{x^2+1}}\right)$

$$= \frac{1}{2} \cdot \frac{2(x^2+1)}{\sqrt{x^2+1}}$$
$$= \sqrt{x^2+1}.$$

問 4.4　$F(x), G(x)$ をそれぞれ $f(x), g(x)$ の原始関数とする．このとき，$(F(x)+G(x))' = F'(x)+G'(x)$, $(kF(x))' = kF'(x)$ を積分すれば (1),(2) が得られる．(3) は積の微分公式 $(f(x)g(x))' = f'(x)g(x)+f(x)g'(x)$ を積分すれば得られる．

問 4.5　以下，C は積分定数を表す．

(1) $\dfrac{2}{3}x^{\frac{3}{2}}+C$ \qquad (2) $\log|x+1|+C$

(3) $\dfrac{1}{4}\log\left|\dfrac{x}{x+4}\right|+C$ \qquad (4) $\dfrac{1}{3}e^{3x}+C$

(5) $-\cos(x+\pi)+C$ \qquad (6) $\dfrac{1}{2}\sin 2x+C$

(7) $\dfrac{1}{3}\tan 3x+C$ \qquad (8) $(x+1)\log(x+1)-x+C$

(9) $\mathrm{Sin}^{-1}\dfrac{x}{3}+C$ \qquad (10) $\dfrac{1}{2}\mathrm{Tan}^{-1}\dfrac{x}{2}+C$

問 4.6　$\displaystyle\sum_{k=1}^{n}\frac{\sqrt[n]{e^k}}{n} = \sum_{k=1}^{n} e^{\frac{k}{n}}\frac{1}{n}$ とみて，$f(x) = e^x\ (0 \leqq x \leqq)$ を考え，補足 4.2 の (4.3) の記号を用いると，$\displaystyle\sum_{k=1}^{n}\frac{\sqrt[n]{e^k}}{n} = S_n(f)$ となる．よって，定理 4.3 と定理 4.6 により，
$$\lim_{n\to\infty}\sum_{k=1}^{n}\frac{\sqrt[n]{e^k}}{n} = \lim_{n\to\infty}S_n(f) = \int_0^1 e^x\,dx = [e^x]_0^1 = e-1.$$

問 4.7　$[-1, -\varepsilon], [\varepsilon, 1]$ といった特別な区間だけを考えてはいけない．

問 4.8　$[-R, R]$ といった特別な区間だけを考えてはいけない．

問 4.9　$$\int_{a+\varepsilon'}^{b-\varepsilon} f(x)\,dx = \int_{a+\varepsilon'}^{c} f(x)\,dx + \int_{c}^{b-\varepsilon} f(x)\,dx$$
であり，仮定から右辺の極限値が存在するので，左辺の極限値が存在し，
$$\int_a^b f(x)\,dx = \int_a^c f(x)\,dx + \int_c^b f(x)\,dx.$$

問 4.10 (1) $t = 1-x$ と変数変換すると，
$$B(p,q) = \int_0^1 x^{p-1}(1-x)^{q-1}\,dx = \int_0^1 (1-t)^p t^q\,dt = B(q,p).$$

(2) $\displaystyle B(p+1,q) = \int_0^1 x^p(1-x)^{q-1}\,dx$
$$= \left[\frac{1}{q}x^p(1-x)^q\right]_0^1 - \frac{p}{q}\int_0^1 x^{p-1}(1-x)^q\,dx = B(p,q+1).$$

(3)
$$B(m,n) = \frac{m-1}{n}B(m-1, n+1)$$
$$= \frac{m-1}{n}\frac{m-2}{n+1}B(m-2, n+2)$$
$$\vdots$$
$$= \frac{(m-1)!}{n(n+1)\cdots(m+n)}B(1, m+n-1)$$
$$= \frac{(m-1)!}{n(n+1)\cdots(m+n)}B(m+n-1, 1)$$
$$= \frac{(m-1)!}{n(n+1)\cdots(m+n)}\int_0^1 x^{m+n-2}\,dx$$
$$= \frac{(m-1)!\,(n-1)!}{n(n+1)\cdots(m+n-1)!}$$

(4) $x = \sin^2 t$ と変数変換すると，$\dfrac{dx}{dt} = 2\sin t \cos t$
$$B(p,q) = 2\int_0^{\frac{\pi}{2}} (\sin t)^{2p-2}(\cos t)^{2q-2}\sin t \cos t\,dt$$
$$= 2\int_0^{\frac{\pi}{2}} (\sin t)^{2p-1}(\cos t)^{2q-1}\,dt.$$

(5) $\displaystyle B\left(\frac{1}{2}, \frac{1}{2}\right) = 2\int_0^{\frac{\pi}{2}} 1\,dx = \pi.$

問 4.11 $\displaystyle B(m,n) = \frac{(m-1)!\,(n-1)!}{n(n+1)\cdots(m+n-1)!} = \frac{\Gamma(m)\Gamma(n)}{\Gamma(m+n)}.$

練習問題

1. (1) $2\log|x| + \dfrac{1}{x} + C$ (2) $\dfrac{1}{3}(\log|x-1| - \log|x+2|) + C$
   (3) $\dfrac{1}{2}x^2 - x + \log|x+1| + C$

2. (1) $\dfrac{1}{\log 2}$ (2) $\dfrac{1}{2}(e^2 - 1)$ (3) $\log 2$ (4) $\dfrac{\pi}{8} - \dfrac{1}{4}$ (5) $-\dfrac{9}{32}$
   (6) $\dfrac{3}{16}\pi$

3. $m \neq n$ のとき 0, $m = n$ のとき π.

4. (1) $-\dfrac{1}{2}x\cos 2x + \dfrac{1}{4}\sin 2x + C$
   (2) $-x^2 \cos x + 2x \sin x + 2\cos x + C$

5. (1) $\dfrac{\pi}{2} - 1$ (2) $1 - \dfrac{2}{e}$ (3) $\dfrac{1}{4}(e^2 + 1)$ (4) $e - 2$
   (5) $\dfrac{1}{2}(e^\pi + 1)$

6. (1) $I + J = e^x \sin x + C$, $I - J = -e^x \cos x + C$
   (2) $I = \dfrac{1}{2}e^x(\sin x - \cos x) + C$, $J = \dfrac{1}{2}e^x(\sin x + \cos x) + C$

7. (1) $\dfrac{1}{4}\sin^4 x + C$ (2) $-\dfrac{1}{6}(x^3 + 1)^{-2} + C$
   (3) $\dfrac{2}{5}(x-1)^{5/2} + \dfrac{2}{3}(x-1)^{3/2} + C$ (4) $-\dfrac{1}{2}e^{-x^2} + C$
   (5) $-\dfrac{1}{2}\cos x^2 + C$

8. (1) $\log 2$ (2) $\log \dfrac{1+e}{2}$ (3) $1 - \log \dfrac{1+e}{2}$ (4) $\dfrac{1}{2}$ (5) $\dfrac{1}{2}\log 2$
   (6) $\dfrac{2}{3}\pi + \dfrac{\sqrt{3}}{2}$ (7) $\dfrac{\pi}{2}$ (8) $\dfrac{\pi}{6}$ (9) $\dfrac{\pi}{8} + \dfrac{1}{4}$ (10) $\log(\sqrt{2}+1)$
   (11) $\dfrac{\sqrt{2}}{16}\pi + \dfrac{\sqrt{2}}{12} + \dfrac{1}{6}$

9. (1) $\sin x = \dfrac{2t}{1+t^2}$, $\cos x = \dfrac{1-t^2}{1+t^2}$ (2) $\dfrac{dx}{dt} = \dfrac{2}{1+t^2}$
   (3) $\log\left|\dfrac{2\tan\frac{x}{2} + 1}{2 - \tan\frac{x}{2}}\right| + C$

10. (1) $\pi - x = t$ と置換する (2) $\dfrac{\pi}{4}\log 3$

11. (1) $A = \dfrac{1}{3}, B = -\dfrac{1}{3}, C = \dfrac{2}{3}$ (2) $\dfrac{1}{3}\log 2 + \dfrac{\sqrt{3}}{9}\pi$

12. (1) 1 (2) $I_{n+1} = e - (n+1)I_n$ (3) $9e - 24$

13. (1) 略 (2) $\dfrac{35}{256}\pi$

14. (1) $I_0 = \dfrac{\pi}{4}, I_1 = \dfrac{1}{2}\log 2$ (2) 略 (3) $I_2 = 1 - \dfrac{\pi}{4}, I_3 = \dfrac{1}{2} - \dfrac{1}{2}\log 2$

15. (1) $I_0 = 1, I_1 = \dfrac{2}{3}$ (2) $I_n = \dfrac{2n}{2n+1}I_{n-1}$
    (3) $I_3 = \dfrac{16}{35}, I_4 = \dfrac{128}{315}$ (4) $I_n = \dfrac{2^{2n}(n!)^2}{(2n+1)!}$

16. (1) $\displaystyle\int_0^1 \sqrt{x}\,dx$ となり，$\dfrac{2}{3}$ (2) $\displaystyle\int_0^1 \sin \pi x\,dx$ となり，$\dfrac{2}{\pi}$

17. $\dfrac{4}{e}$ $\displaystyle\lim_{n\to\infty}\log a_n$ が $\displaystyle\int_0^1 \log(1+x)\,dx$ になることを使う．

第 5 章

問 5.1 $S = \displaystyle\int_0^1 (\sqrt{x} - x)\,dx = \left[\dfrac{2}{3}x^{\frac{2}{3}} - \dfrac{x^2}{2}\right]_0^1 = \dfrac{1}{6}$.

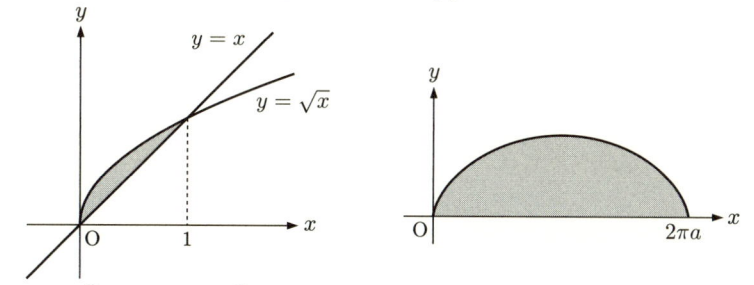

問 5.2 $S = \displaystyle\int_0^{2\pi a} y\,dx = \int_0^{2\pi} a(1-\cos t)\cdot a(1-\cos t)\,dt$

$= a^2 \displaystyle\int_0^{2\pi}(1 - 2\cos t + \cos^2 t)\,dt = a^2\left[t - 2\sin t + \dfrac{t}{2} + \dfrac{1}{4}\sin 2t\right]_0^{2\pi}$

$= 3\pi a^2$.

問 5.3 $S = \dfrac{1}{2}\displaystyle\int_0^{2\pi} a^2(1+\cos\theta)^2\,d\theta$

$= \dfrac{1}{2}a^2\displaystyle\int_0^{2\pi}(1+2\cos\theta+\cos^2\theta)\,d\theta$

$= \dfrac{1}{2}a^2\left[\theta+2\sin\theta+\dfrac{\theta}{2}+\dfrac{1}{4}\sin 2\theta\right]_0^{2\pi}$

$= \dfrac{3}{2}\pi a^2.$

問 5.4 平面 $x=t$ での切り口は，直角をはさむ 2 辺の長さが $\sqrt{4-t^2}-1$ の直角 2 等辺三角形で，断面積 $S(t) = \dfrac{1}{2}\left(\sqrt{4-t^2}-1\right)^2$．よって，求める体積 V は，

$V = 2\displaystyle\int_0^{\sqrt{3}} S(t)\,dt$

$= 2\displaystyle\int_0^{\sqrt{3}} \dfrac{1}{2}(5-t^2-2\sqrt{4-t^2})\,dt$

$= \displaystyle\int_0^{\sqrt{3}}(5-t^2)\,dt - 2\displaystyle\int_0^{\sqrt{3}}\sqrt{4-t^2}\,dt.$

第 1 項 $= \left[5t-\dfrac{t^3}{3}\right]_0^{\sqrt{3}} = 4\sqrt{3}.$

第 2 項の積分は右図の網目部分の面積で
$\dfrac{1}{2}\cdot 2^2\cdot\dfrac{\pi}{3}+\dfrac{1}{2}\sqrt{3}\cdot 1 = \dfrac{2}{3}\pi+\dfrac{\sqrt{3}}{2}.$
よって，
$V = 4\sqrt{3} - 2\left(\dfrac{2}{3}\pi+\dfrac{\sqrt{3}}{2}\right) = 3\sqrt{3}-\dfrac{4}{3}\pi.$

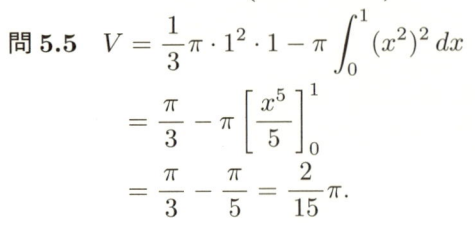

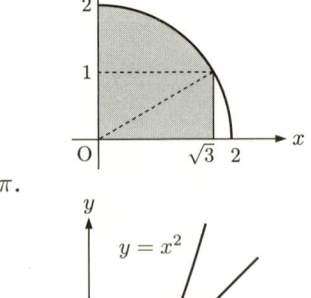

問 5.5 $V = \dfrac{1}{3}\pi\cdot 1^2\cdot 1 - \pi\displaystyle\int_0^1(x^2)^2\,dx$

$= \dfrac{\pi}{3} - \pi\left[\dfrac{x^5}{5}\right]_0^1$

$= \dfrac{\pi}{3} - \dfrac{\pi}{5} = \dfrac{2}{15}\pi.$

問 5.6 $\sqrt{\left(\dfrac{dx}{dt}\right)^2 + \left(\dfrac{dy}{dt}\right)^2} = a\sqrt{(1-\cos t)^2 + \sin^2 t} = a\sqrt{2(1-\cos t)}$

$$= a\sqrt{4\sin^2 \dfrac{t}{2}} = 2a\left|\sin \dfrac{t}{2}\right|.$$

よって,
$$l = \int_0^{2\pi} 2a\left|\sin \dfrac{t}{2}\right| dt = 2a\int_0^{2\pi} \sin \dfrac{t}{2}\, dt = 2a\left[-2\cos \dfrac{t}{2}\right]_0^{2\pi} = 8a.$$

問 5.7 $\sqrt{r^2 + \left(\dfrac{dr}{d\theta}\right)^2} = \sqrt{(1+\cos\theta)^2 + (-\sin\theta)^2} = \sqrt{2(1+\cos\theta)}$

$$= \sqrt{4\cos^2 \dfrac{\theta}{2}} = 2\left|\cos \dfrac{\theta}{2}\right|.$$

よって, $l = \displaystyle\int_0^\pi 2\left|\cos \dfrac{\theta}{2}\right| d\theta = 2\int_0^\pi \cos \dfrac{\theta}{2} d\theta = 2\left[2\sin \dfrac{\theta}{2}\right]_0^\pi = 4.$

練習問題

1. 点 $(1,2)$ を通り傾き a の直線の方程式は, $y = a(x-1) + 2$. 放物線 $y = x^2$ との交点の x 座標を α, β $(\alpha < \beta)$ とすると, α, β は 2 次方程式 $x^2 - ax + a - 2 = 0$ の解なので, 解と係数の関係より

$$\alpha + \beta = a, \quad \alpha\beta = a - 2.$$

このとき,
$$S(a) = \int_\alpha^\beta (a(x-1) + 2 - x^2)\, dx$$
$$= -\int_\alpha^\beta (x-\alpha)(x-\beta)\, dx$$
$$= \dfrac{(\beta-\alpha)^3}{6}$$
$$= \dfrac{((\alpha+\beta)^2 - 4\alpha\beta)^{\frac{3}{2}}}{6}$$
$$= \dfrac{(a^2 - 4a + 8)^{\frac{3}{2}}}{6} = \dfrac{((a-2)^2 + 4)^{\frac{3}{2}}}{6}.$$

したがって, $S(a)$ は $a = 2$ のときに最大となる.

2. 交点の x 座標は, $x = 0, \dfrac{\pi}{3}, \pi$

(1) $S = \displaystyle\int_0^{\frac{\pi}{3}} (\sin 2x - \sin x)\, dx + \int_{\frac{\pi}{3}}^{\pi} (\sin x - \sin 2x)\, dx$

$= \left[-\dfrac{1}{2}\cos 2x + \cos x\right]_0^{\frac{\pi}{3}} + \left[-\cos x + \dfrac{1}{2}\cos 2x\right]_{\frac{\pi}{3}}^{\pi} = \dfrac{5}{2}.$

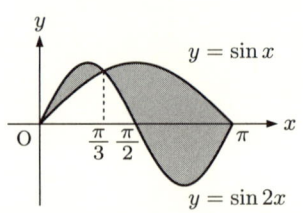

(2) $V = 2\pi \left(\displaystyle\int_0^{\frac{\pi}{3}} \sin^2 2x\, dx + \int_{\frac{\pi}{3}}^{\frac{\pi}{2}} \sin^2 x\, dx \right)$

$\qquad -\pi \left(\displaystyle\int_0^{\frac{\pi}{3}} \sin^2 x\, dx + \int_{\frac{\pi}{3}}^{\frac{\pi}{2}} \sin^2 2x\, dx \right)$

$= \cdots = \dfrac{\pi^2}{4} + \dfrac{9}{16}\sqrt{3}\pi.$

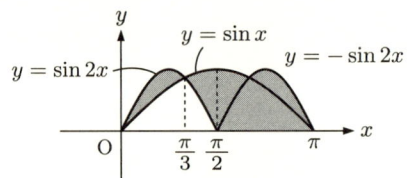

3. $y = \log 3x$ より $y' = \dfrac{1}{x}$ なので, 曲線上の点 $(t, \log 3t)$ における接線の方程式は,

$$y = \dfrac{1}{t}x - 1 + \log 3t. \qquad (*)$$

これが原点を通るとき, $-1 + \log 3t = 0$ より, $t = \dfrac{e}{3}$. したがって, $(*)$ は $y = \dfrac{3}{e}x$ で, 求める面積は

$\dfrac{1}{2} \cdot \dfrac{e}{3} \cdot 1 - \displaystyle\int_{\frac{1}{3}}^{\frac{e}{3}} \log 3x\, dx = \dfrac{e}{6} - \left[x\log 3x - x \right]_{\frac{1}{3}}^{\frac{e}{3}} = \dfrac{e}{6} - \dfrac{1}{3}.$

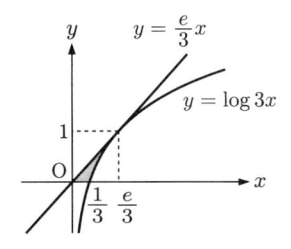

4. (1) $\sqrt{x}+\sqrt{y}=1$ より，$y=(1-\sqrt{x})^2$ なので，D の面積は

$$\int_0^1 (1-\sqrt{x})^2\,dx = \int_0^1 (1-2\sqrt{x}+x)\,dx = \left[x-\frac{4}{3}x^{\frac{3}{2}}+\frac{x^2}{2}\right]_0^1 = \frac{1}{6}.$$

(2) 求める立体の体積は

$$\pi\int_0^1 (1-\sqrt{x})^4\,dx = \pi\int_0^1 \left(1-4x^{\frac{1}{2}}+6x-4x^{\frac{3}{2}}+x^2\right)dx$$
$$= \pi\left[x-\frac{8}{3}x^{\frac{3}{2}}+3x^2-\frac{8}{5}x^{\frac{5}{2}}+\frac{x^3}{3}\right]_0^1 = \frac{\pi}{15}.$$

5. (1) $\displaystyle\int_0^1 y\,dx = \int_{\frac{\pi}{2}}^0 \sin^4\theta\cdot 4\cos^3\theta(-\sin\theta)\,d\theta = \int_0^{\frac{\pi}{2}} 4\sin^5\theta\cos^3\theta\,d\theta.$

(2) $\displaystyle\pi\int_0^1 y^2\,dx = \pi\int_{\frac{\pi}{2}}^0 \sin^8\theta\cdot 4\cos^3\theta(-\sin\theta)\,d\theta$
$$= 4\pi\int_0^{\frac{\pi}{2}} \sin^9\theta\cos^3\theta\,d\theta$$
$$= 4\pi\int_0^{\frac{\pi}{2}} \sin^9\theta(1-\sin^2\theta)\cos\theta\,d\theta$$
$$= 4\pi\left[\frac{\sin^{10}\theta}{10}-\frac{\sin^{12}\theta}{12}\right]_0^{\frac{\pi}{2}} = \frac{\pi}{15}.$$

6. AB を x 軸，O を原点とする．平面 $x=t$ による切り口は図のような直角三角形で，断面積 $S(t)$ は，

$$S(t) = \frac{1}{2}\cdot\sqrt{10^2-t^2}\cdot\sqrt{3}\sqrt{10^2-t^2} = \frac{\sqrt{3}}{2}(10^2-t^2).$$

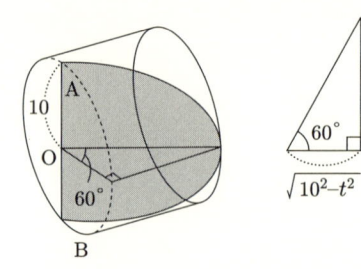

よって, $V = \displaystyle\int_{-10}^{10} \dfrac{\sqrt{3}}{2}(10^2 - t^2)\,dt = \sqrt{3}\left[100t - \dfrac{t^3}{3}\right]_0^{10} = \dfrac{2000}{3}\sqrt{3}.$

7. (1) $S = \displaystyle\int_0^1 y\,dx = \int_0^{\frac{\pi}{2}} \sin 2\theta \cos\theta\,d\theta = \int_0^{\frac{\pi}{2}} 2\cos^2\theta \sin\theta\,d\theta$
$= \left[-\dfrac{2}{3}\cos^3\theta\right]_0^{\frac{\pi}{2}} = \dfrac{2}{3}.$

(2) $V = \pi\displaystyle\int_0^1 y^2\,dx = \pi\int_0^{\frac{\pi}{2}} \sin^2 2\theta \cos\theta\,d\theta = \pi\int_0^{\frac{\pi}{2}} 4\sin^2\theta\cos^3\theta\,d\theta$
$= 4\pi\displaystyle\int_0^{\frac{\pi}{2}} \sin^2\theta(1-\sin^2\theta)\cos\theta\,d\theta = 4\pi\left[\dfrac{\sin^3\theta}{3} - \dfrac{\sin^5\theta}{5}\right]_0^{\frac{\pi}{2}}$
$= \dfrac{8}{15}\pi.$

8. 線分 PQ が通過してできる曲面は，線分 AB を z 軸のまわりに回転してできる曲面である．線分 AB を $1-t:t$ に内分する点は $(t, 1-t, t)$ なので，平面 $z=t$ による切り口は半径 $\sqrt{t^2 + (1-t)^2} = \sqrt{2t^2 - 2t + 1}$ の円である．

求める体積 V は
$$V = \pi\int_0^1 (2t^2 - 2t + 1)\,dt = \pi\left[\dfrac{2}{3}t^3 - t^2 + t\right]_0^1 = \dfrac{2}{3}\pi.$$

9. $l = \displaystyle\int_0^8 \sqrt{1 + (y')^2}\,dx = \int_0^8 \sqrt{1 + (\sqrt{x})^2}\,dx = \int_0^8 \sqrt{1+x}\,dx$
$= \left[\dfrac{2}{3}(1+x)^{\frac{3}{2}}\right]_0^8 = \dfrac{52}{3}.$

10. (1) 略 (2) 曲線上の点を (x,y) とすると, $r = \theta$ より, $x = \theta\cos\theta$, $y = \theta\sin\theta$.

$$\left(\frac{dx}{d\theta}\right)^2 + \left(\frac{dy}{d\theta}\right)^2 = (\cos\theta - \theta\sin\theta)^2 + (\sin\theta + \theta\cos\theta)^2 = 1 + \theta^2.$$

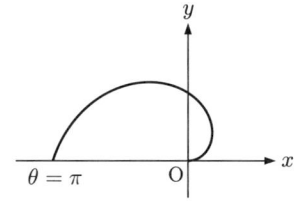

求める曲線の長さを l とすると,
$$l = \int_0^\pi \sqrt{1+\theta^2}\, d\theta = \frac{1}{2}\left[\theta\sqrt{1+\theta^2} + \log\left|\theta + \sqrt{1+\theta^2}\right|\right]_0^\pi$$
$$= \frac{1}{2}\left(\pi\sqrt{1+\pi^2} + \log\left(\pi + \sqrt{1+\pi^2}\right)\right)$$
$$\left(\int \sqrt{x^2+a}\, dx = \frac{1}{2}\left(x\sqrt{x^2+a} + a\log\left|x+\sqrt{x^2+a}\right|\right) + C \text{ を用いた}\right).$$

11. (1) $\dfrac{1}{\sqrt{x^2+a}}$.

(2) $I = \displaystyle\int \sqrt{x^2-4}\, dx$ とおくと,
$$I = x\sqrt{x^2-4} - \int x \cdot \frac{x}{\sqrt{x^2-4}}\, dx$$
$$= x\sqrt{x^2-4} - \int \left(\sqrt{x^2-4} + \frac{4}{\sqrt{x^2-4}}\right) dx$$
$$= x\sqrt{x^2-4} - I + 4\int \frac{dx}{\sqrt{x^2-4}}.$$

ここで, (1) より $\left(\log\left|x+\sqrt{x^2-4}\right|\right)' = \dfrac{1}{\sqrt{x^2-4}}$ なので,
$$I = \frac{1}{2}\left(x\sqrt{x^2-4} - 4\log\left|x+\sqrt{x^2-4}\right|\right) + C \text{ であり},$$
$$\int_2^3 \sqrt{x^2-4}\, dx = \frac{1}{2}\left[x\sqrt{x^2-4} - 4\log\left|x+\sqrt{x^2-4}\right|\right]_2^3$$
$$= \frac{3\sqrt{5}}{2} - 2\log\frac{3+\sqrt{5}}{2}.$$

さて，上の問題はこのように解答してしまえば何も問題はないのであるが，(2) の部分積分を定積分で行うと，途中で $\displaystyle\int_2^3 \frac{dx}{\sqrt{x^2-4}}$ が現れ，広義積分 (第 **4.7** 節を参照) を行う必要がある．

なお，この定積分の値は図の網掛け部分の面積を表している．

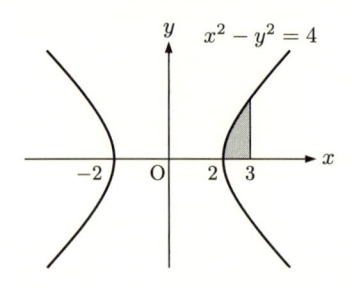

参考文献

執筆に当たっては，以下の文献と各社から出版された高校の数学の教科書を参考にした．

[1] チャート式 基礎からの数学 III+C, 数研出版.
[2] 大学への数学, 東京出版 (月刊誌).
[3] 大学への数学 臨時増刊号, 解法の探求 II, 東京出版, 1997.
[4] 有馬哲, 浅枝陽 著, 微積分 I, 東京図書, 1981.
[5] 池辺信範, 神崎正則, 中村幹雄, 緒方明夫 著, 微分積分学概説, 培風館, 1986.
[6] 一松 信 著, 解析学序説 上巻 (改訂版), 裳華房, 1981.
[7] ウィリアム・ダンハム 著, 一樂重雄, 實川敏明 訳, 微分積分名作ギャラリー, 日本評論社, 2009.
[8] 上野健爾 著, 測る, 東京図書, 2009.
[9] 押川元重, 南正義 著, 精選微分積分, 培風館, 1998.
[10] 久保忠雄, 後藤憲一 編, 基礎微分積分, 共立出版, 1983.
[11] 桑垣煥, 河合良一郎, 塹江誠夫, 佐藤三郎 著, 微分学と積分学, 学術図書出版, 1963.
[12] 小平邦彦 著 [軽装版] 解析入門, 岩波書店, 2003.
[13] 小林 龍一, 佐藤 總夫, 廣瀬 健 著, 解析序説, ちくま学芸文庫, 2010.
[14] 高木貞治 著, 定本 解析概論, 岩波書店, 2010.
[15] 田代嘉宏 著, 初等微分積分学, 裳華房, 1986.
[16] 田島一郎 著, 解析入門, 岩波書店, 1981.
[17] 松坂和夫 著, 数学読本 4, 岩波書店, 1990.
[18] 安田亨 著, 東大数学で 1 点でも多くとる方法 – 理系編 [増補版], 東京出版, 2012.

おわりに

　本書は，島根大学総合理工学部と島根県高等学校数学教育研究会との連携事業の一環として執筆されました．近年，高大連携事業が全国の大学において様々な形で展開されています．私たちは大学，高校双方の学生，生徒，教員にとってより有益な高大連携を目指して数年前から活動してきました．その事業の1つとして，高校の教員と大学の教員がそれぞれの立場から微分積分学の指導法について論じながら，微分積分学の教科書を執筆することに取り組んできました．そのねらいは，高校生が微分積分を学んでいく上でつまずきやすいところや，大学において学ぶべき事項とその高校数学からの接続について大学と高校の教員が互いの情報・意見を共有し，大学初年次生にとってより理解しやすい教科書を作成することにありました．さらに，本書は高校の数学教員が微分積分を教えていく上での補足的な内容を提供するとともに，高校における授業において生徒がつまずきやすい箇所については詳しい解説を加えるなど学習指導書の側面ももっています．これらの目的が達成されているかどうかは，読者の皆様のご批判を待つところです．

　本書は，以下の分担者が原案としての原稿を作成し，それらをたたき台として編者者全員による議論・検討を重ねて執筆しました．第1章：黒岩大史，正村修，第2章：山内貴光，第3章：冨田一志，藤井政之，第4章：瀬戸道生，第5章：正村修，大学入試問題の解析・解説：長野宏，佐藤誠．それに山田忠男，服部泰直，杉江実郎，中西敏浩が編集に加わりました．本書を執筆するにあたっての検討の過程が，高大接続事業の本質でありました．高校，大学双方向からの議論ができたことにより，高校および大学初年次における微分積分学の指導上の課題が明確になり，本書を執筆する上での私たちの考え方の基本になりました．

　本書が微分積分学を学ぶ大学初年次生の理解の一助になることはもちろんのことですが，本書の刊行を1つの機会として，より多くの大学，高校の教員が

高大連携事業に参加していただき，高大連携の輪がより広く大きく発展していくことを期待しています．本書の執筆にあたりましては，島根大学と島根県高等学校数学教育研究会から多大なご協力をいただきました．また，島根県教育委員会および島根大学法文学部・総合理工学部後援会からも暖かいご支援をいただきました．本書にたびたび登場する挿絵「かめうさ」は島根県立横田高校の立石春香さんが本書のために発案したオリジナルキャラクターです．「かめうさ」が読者のリフレッシュなどに活躍することを願っています．本書を作成していく中で，山田拓身氏他島根大学総合理工学研究科数理科学領域の諸先生方から貴重なご意見を頂きました．最後に，本書の企画にご理解・ご賛同いただいた学術図書出版社と，出版に際しては学術図書出版社の発田孝夫氏に多大なお世話をいただきました．これらの方々のご協力・ご支援がなかったら本書が出版されることはなかったことと思います．この場を借りまして，すべての方々に厚くお礼申し上げます．

平成 25 年 1 月

著者一同

索 引

英 数
C^1-級, 89
C^n-級, 89

あ 行
アークコサイン, 84
アークサイン, 82
アークタンジェント, 84
アルキメデスの原理, 3, 18
一様連続性, 38
陰関数, 91
上に有界
　　集合が――, 16
　　数列が――, 19
オイラーの公式, 148

か 行
カージオイド, 204
開区間, 15
回転体, 208
下界, 16
下限, 17
関数, 23
ガンマ関数, 185
逆三角関数, 85
逆正弦関数, 82
逆正接関数, 84
逆余弦関数, 84
級数, 39
狭義単調関数, 75
狭義単調減少関数, 75

狭義単調増加関数, 75
極限, 4
　　関数の値の――, 24
　　数列の――, 10
　　左――, 25
　　右――, 25
極座標, 202
極小, 119
　　――値, 119
曲線の長さ, 217
極大, 119
　　――値, 119
極値, 119
極方程式, 203
区間, 16
原始関数, 173
高位の無限小, 113
広義積分, 180
合成 (関数の), 33, 70
交代級数, 50

さ 行
サイクロイド, 202, 212
最小値, 16
最大値, 16
最大値・最小値の定理, 37
細分, 168
自然対数, 20
下に有界
　　集合が――, 16
　　数列が――, 19

実数の公理, 17
収束する
　　関数の値が――, 24
　　数列が 0 に――, 4
　　数列が実数に――, 10
　　無限級数が――, 40
従属変数, 74
循環小数, 42
上界, 16
上限, 16
条件収束, 50
数列, 1
積分定数, 173
接線, 59
絶対収束, 48
増分, 64

た 行
対偶, 31
体積, 205
単調減少, 19
単調減少関数, 118
単調増加, 19
単調増加関数, 118
値域, 23
置換積分法
　　定積分の――, 177, 178
　　不定積分の――, 174
中間値の定理, 33
調和級数, 44

定義域, 23
テイラー展開, 145
テイラーの定理, 140, 143
導関数, 63
　　第 2 次―, 89
　　第 n 次―, 89
独立変数, 74
凸
　　上に―, 130
　　下に―, 129

な 行
ネピア数, 20

は 行
媒介変数, 93, 200
媒介変数表示, 93
はさみうちの原理, 7, 28
発散する
　　関数の値が―, 29
　　数列が―, 13
　　無限級数が―, 40

半開区間, 15
微分, 64
微分可能
　　2 回―, 89
　　n 回―, 89
　　点において―, 59
微分係数, 59
微分する, 64
微分積分学の基本定理, 172, 173
表面積, 216
不定形, 111
不定積分, 173
部分積分法
　　定積分の―, 176
　　不定積分の―, 174
部分列, 35
部分和, 40
分割, 166
分点, 166
平均値の定理, 104
　　コーシーの―, 109
平均変化率, 58

閉区間, 15
ベータ関数, 184
べき級数, 51
変曲点, 135
法線, 101

ま 行
マクローリン展開, 145
マクローリンの定理, 144
無限級数, 39
無限等比級数, 41
面積, 192

ら 行
ライプニッツの公式, 90
ラグランジュの剰余, 143
リーマン和, 166
連続
　　集合で―, 32
　　点において―, 32
ロピタルの定理, 110, 111
ロルの定理, 102

<ruby>高大連携<rt>こうだいれんけい</rt></ruby> <ruby>微分積分学<rt>びぶんせきぶんがく</rt></ruby>

2013 年 3 月 30 日	第 1 版 第 1 刷	発行
2020 年 5 月 10 日	第 1 版 第 3 刷	発行

編集顧問	山田 忠男
編著者代表	服部 泰直
	正村 修
発 行 者	発田 和子
発 行 所	株式会社 学術図書出版社

〒113-0033　東京都文京区本郷 5 丁目 4 の 6
TEL 03-3811-0889　振替 00110-4-28454
印刷　三松堂印刷 (株)

定価はカバーに表示してあります．

本書の一部または全部を無断で複写 (コピー)・複製・転載することは，著作権法でみとめられた場合を除き，著作者および出版社の権利の侵害となります．あらかじめ，小社に許諾を求めて下さい．

ⓒ 2013　T. YAMADA　Printed in Japan
ISBN978-4-7806-0310-1　C3041